21世纪高等学校计算机类课程创新规划教材 · 微课版

计算机导论与实践

（第2版）

◎ 吕云翔 余钟亮 张岩 李朝宁 编著

清華大学出版社
北京

内容简介

本书以实验的形式讲述了计算机导论实践课程涉及的计算机硬件、操作系统、应用软件、多媒体、网络、编程和数据库、计算思维和自动化等方面的内容。全书注重实践，讲解细致、全面，旨在通过具体的操作指导，让读者在短时间内掌握计算机导论实践课程涉及的相关知识和相应的技能，有效提高实践能力。

本书既适合作为高等院校计算机相关专业计算机导论实践课程的教材，也适合非计算机专业的学生及广大计算机爱好者参阅。

图书在版编目(CIP)数据

计算机导论与实践/吕云翔等编著. —2版. —北京：清华大学出版社，2019 (2019.8重印)
(21世纪高等学校计算机类课程创新规划教材·微课版)
ISBN 978-7-302-51627-9

Ⅰ. ①计… Ⅱ. ①吕… Ⅲ. ①电子计算机—高等学校—教材 Ⅳ. ①TP3

中国版本图书馆CIP数据核字(2018)第252436号

策划编辑：魏江江
责任编辑：王冰飞
封面设计：刘 键
责任校对：时翠兰
责任印制：丛怀宇

出版发行：清华大学出版社
网　址：http://www.tup.com.cn，http://www.wqbook.com
地　址：北京清华大学学研大厦A座　**邮　编**：100084
社 总 机：010-62770175　**邮　购**：010-62786544
投稿与读者服务：010-62776969，c-service@tup.tsinghua.edu.cn
质量反馈：010-62772015，zhiliang@tup.tsinghua.edu.cn
课件下载：http://www.tup.com.cn，010-62795954
印 装 者：三河市君旺印务有限公司
经　销：全国新华书店
开　本：185mm×260mm　**印　张**：16.25　**字　数**：396千字
版　次：2013年9月第1版　2019年6月第2版　**印　次**：2019年8月第2次印刷
印　数：6001～8000
定　价：39.80元

产品编号：081638-01

前　言

出于顺应高速发展的信息技术背景的需要，本书在第1版出版5年后，进行了一次较大程度的改编。

考虑到计算机软件在设计上都有一定程度的相似性，我们认为实验课程不应简单地针对性介绍某一特定软件的使用方法，而应当对计算机软件的使用给出一个相对泛化的使用模式，帮助学生今后不论使用什么软件，都能通过一个较为通用的思路在使用的软件中找到想要使用的命令和操作，达到“授人以渔”的目的。因此，本书增加了“应用软件的使用——概述”一章，通过介绍一个浏览器和一个压缩文件管理软件的使用方法来讲解大部分应用软件的使用思路。

此外，我们对常规应用软件的相关内容进行了重新梳理，将第1版的“网页制作”“多媒体与Internet应用”两章整合为一章，去除了过时的部分；在讲解编程环境的配置时，将原来使用付费软件改为使用开源的Java和Python环境，使其对于初学者来说更加友好，提升了实验的可操作性。

我们还制作了一些微课视频，为的是对本书进行知识的补充和拓展，可以扫描附录A中的二维码进行学习。微课视频的具体内容见附表。

最后，我们希望本书更多体现计算机在计算这一任务本身上的巨大价值，同时培养读者的计算思维，或者至少做一个领路人的工作，让读者能够对计算机的应用有一个多角度的认识，所以增加了“计算思维和自动化”一章，通过两个选做实验分别体现了计算机强大的计算能力对于解决数学问题的巨大优势，以及当遇到重复劳动时要如何使用计算机以简化反复操作。这在目前的计算机入门教学中是非常缺失的，而我们认为这才是信息技术教学的核心所在。

本书的作者为吕云翔、余钟亮、张岩、李朝宁，另外，曾洪立参与了部分内容的编写并进行了素材整理及配套资源制作等。

作者从事计算机导论教学多年，本书的部分内容展示了教学过程中的一些成果，在此感谢所有为本书做出贡献的同仁。

由于我们的水平和能力有限，书中难免有疏漏之处，恳请各位同仁和广大读者给予批评指正。

作　者

2019年1月

附　　表

表 1　本书视频二维码索引列表

序号	视频内容标题	视频二维码位置	所在页码
1	Windows 10 的安装与操作	附录 A	246
2	Ubuntu 的安装与操作		
3	PowerPoint 的高级功能		
4	Outlook 的使用		
5	Dreamweaver 的使用		
6	Premiere 的使用		
7	After Effects 的使用		
8	Access 的使用		
9	Photoshop 的使用		
10	Audition 的使用		
11	Python 环境的安装与配置		
12	Java 环境的安装与配置		
13	Android 开发环境的搭建		
14	MATLAB 的使用		
15	使用 Excel 解决最优化问题		
16	使用 Photoshop 进行图像批处理		
17	阿里云的使用		
18	SolidWorks 的安装与使用		
19	Codeblocks 的安装与使用		
20	Dev-C++的安装与使用		
21	Android Studio 的安装与使用		
22	Notepad++的使用		
23	Visual Studio 的安装与使用		
24	Sublime Text 的安装与使用		
25	Mathematica 的使用		
26	XMind 的使用		
27	MindManager 的使用		
28	FreeMind 的使用		
29	印象笔记的使用		
30	Flash 的使用		
31	InDesign 的使用		
32	微信开发者工具的使用		
33	Photoshop Lightroom 的使用		

续表

序号	视频内容标题	视频二维码位置	所在页码
34	格式工厂的使用	附录 A	246
35	LaTeX 的使用		
36	OneDrive 的安装与使用		
37	百度搜索技巧的使用		
38	百度脑图的使用		
39	Markdown 的使用		
40	Github 的使用		
41	Prezi 的使用		
42	Visio 的使用		
43	Onenote 的使用		
44	Vim 的使用		
45	Emacs 的使用		
46	Visual Studio Code 的安装与使用		
47	APowersoft 的使用		
48	虚拟机的安装与使用(基于 Virtual Box)		
49	OBS 的使用		
50	腾讯云的使用		
51	Anaconda 的安装与使用		
52	IntelliJ IDEA 的安装与使用		
53	Datagrip 的安装与使用		
54	Pycharm 的安装与使用		
55	Webstorm 的安装与使用		
56	Excel 教学视频		
57	PS 教学视频		
58	使用 Word 进行公式编辑与文献管理		
59	使用 Word 进行论文排版		

目　　录

第1章 计算机硬件的组装与选购

对于刚刚进入大学的学生来说,大学生活的开始,意味着学习目标和学习方法都将发生变化,理论知识不再是唯一需要关注的事情。计算机学科是一门更加偏重于方法论的学科,学生应该逐渐学会如何利用计算机硬件和软件,在特定的环境和条件下,为实现某一目标或解决某一问题而有条理地做事情。这个过程中涉及的对象,不仅仅是计算机硬件和程序,还有人、社会环境、时间等各种外界因素。

很多东西是仅从理论知识中无法学到的,因此在整个学习中,实践应该始终放在一个十分重要的位置上。作为计算机学科学习和实践的起点,学习如何采购、组装和维护一台计算机是很有意义的;对于今后的工作和生活来说,这也是一项应该掌握的基本技能。

通过自己购买和动手组装计算机,一方面能够对计算机这种处理信息的机器有一个大概的了解;另一方面又能够把理论课程上学到的计算机组成等知识结合到实际使用的设备上面来,学会如何在实际生活中使用自己掌握的知识,激发学习计算机科学相关知识的兴趣。同时,如果把购买并组装一台计算机当作一个项目来对待,结合软件工程的理论和方法,综合各种因素完成这个项目,也是一次学习和应用工程相关知识的实践机会。

本章包含4个实验,第一个实验是组装一台计算机主机;第二个实验是计算机外设的连接和测试,使组装好的计算机能够正常运转;第三个实验是选购一台笔记本电脑或平板电脑;第四个实验是对笔记本电脑进行保养与维护。

1.1 基础知识储备与扩展

计算机学科是一个复杂的知识领域,从不同角度理解,可以有不同的含义。从多个视角观察和描述事物是计算机学科的一个基本方法,这种方法既是学生应该具备的能力,也是学生应当养成的习惯。

为了给后面的学习奠定基础,这里从一个假设开始:假设通过4年的大学学习,你成为一名顶级的程序员(或者是首席IT科学家、CTO、系统架构师等),你刚刚完成一款功能非常强大的软件,现在你要把这个软件的设计思路通过文字表达出来,与他人分享和交流,你会怎么做呢?

有一种方法,可以给每行代码都加上注释,把代码中所蕴含的思路阐述清楚,像Linux一样。但是在代码级看问题,很容易迷失在代码中,往往不知道这个软件是做什么的,也不知道这个软件各个部分之间的关联和关系。

还有一种方法,就是把软件看作各个模块组成的整体,先把模块之间的关系表述清楚,然后再去描述单个模块内部的逻辑,这是分而治之的办法。但是通过这种方法也无法说明做这个程序的目的是什么、用户怎么使用、怎么安装。

当然,如果一个人有非常好的写作天赋,他可以综合以上各种问题,有条理地娓娓道来,让阅读的人潜移默化地了解他要表达的思想。但是这种“天才”往往当了作家,而不是程序员,而且即使是“天才”作家,也要有灵感才能写出美妙的文字。从事计算机相关工作的人大多数具有理工科学习背景,也必须快速、准确地把自己要表达的东西说清楚。

因此,计算机软件行业的先驱们索性就把所有表达方法都综合起来,把软件从逻辑、实现、过程、部署、需求5个视角分别表达一遍。把所有信息通过各种视角汇集在一起,人们可以只了解自己感兴趣的信息,也可以通过视角转换对事物有一个全面的认识。这就是已成为行业标准的统一建模语言(UML)以及与其密切相关的统一软件开发过程(RUP)的基本思想之一,提出UML和RUP的Booch、Jacobson和Rumbaugh都被奉为了先哲。图1-1所示是经典的描述软件体系结构的4+1视图。

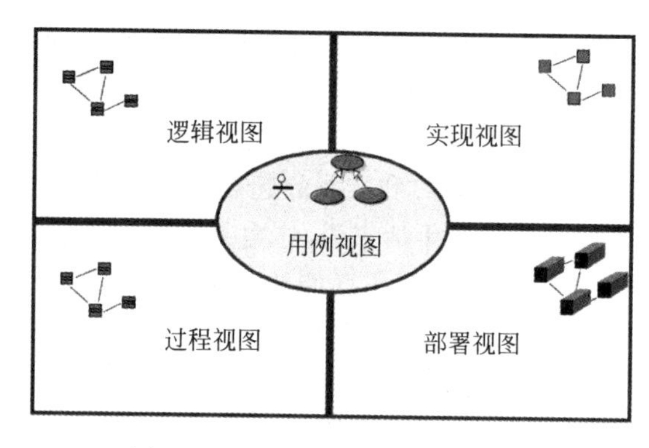

图1-1　UML体系结构4+1视图

要描述在计算机相关行业的其他比较复杂的问题,可以从各个视角分别描述问题,并在每个视角下把问题描述清楚。需要了解一项技术的时候,也要学会从各个视角都看一看,如果一个视角无法理解,就换另一个视角看。因为计算机系统的硬件和软件非常复杂,无法仅从一个视角就表达清楚,只有自己在大脑中综合从各种视角获取的知识,形成自己的理解,才能在这个行业中迅速地取得进步。例如对于本章关注的计算机硬件,读者就可以从功能、外表、原理、物理电路、性能度量等各个视角来学习和观察,进而形成自己的理解。

下面从两个视角介绍计算机。

1.1.1　计算机是一个抽象的系统

刚刚进入大学的学生,第一次在课本上接触“系统”的概念可能是在生物课上,而计算机科学上“系统”的概念与生物上的“系统”概念非常相似。通常由相互作用和相互依赖的若干组成部分结合而成的、具有特定功能的有机整体称为“系统”,例如,本章后面介绍的冯·诺依曼计算机系统就是由处理器、控制器、输入/输出设备和存储器相互连接、用来处理信息的一个有机整体。

计算机科学的研究和软硬件的开发最基本的思想是抽象。计算机是一种机器,但它与其他各类机器的最大不同在于其他机器处理的都是实实在在的物质,如织布机把输入的丝线处理成布匹输出。计算机接收的是信息,处理之后输出的还是信息。信息是看不见摸不着的,计算机既然要处理信息,就要对信息进行抽象,把信息抽象成现阶段计算机能够处理的电压高低变化的电流，也就是计算机领域常说的0和1信号。

这里可以假想，如果可以找到另一种处理逻辑运算的部件以及信息介质，而不是现在计算机里面使用的三极管和电流，那么仍然可以按照原来的计算机科学的研究成果，制造出一种全新的“计算机”，而原来写好的程序仍能继续运行，原来的计算机理论也没有被颠覆。就是说，无论计算机是什么样子的，硬件发展到什么地步，其抽象的系统本质都不会发生变化，计算机基本原理也不会过时。

计算机行业有一个笑话是说，最牛的计算机高手是能用小刀在硬盘上雕刻操作系统的。哈哈一笑之后可以思考一下：真正的计算机高手或者说专家应该是什么样子的呢？

很多人认为用汇编做最底层设计或者设计CPU的是高手，还有人认为懂最新的SOA、Ajax技术的是高手。可是计算机相关专业的学生，不管以后是做底层设计，还是做最新技术的研究，都至少应该了解计算机系统的原理，这比学会编写程序更加重要。因为编程本身只是一项技能，用不着在高等教育中专门学习，很多非专业的人员培训3个月就能熟练地用Java编程了，而我们在大学里要花4年的时间去学习计算机，难道我们要用4年去学习如何用小刀刻硬盘吗？

其实，编写计算机程序的目的是编制操作指令，让计算机能够完成人下达的任务。汇编语言也好，C++也罢，都只是在操作计算机，把数据从内存送到处理器，然后做加减乘除等基本运算。用汇编语言相当于珠算里面拨动一个一个算盘珠子，而用C++类似于使用了“三下五除二”这样的珠算口诀，区别在于编制操作计算机指令的效率，也就是说C++开发程序速度相对较快，而汇编语言开发速度较慢。读者以后遇到新的计算机语言或者新的技术时，只要明白这种语言的语句或者技术对于计算机的内存和CPU到底做了什么，就能很快掌握这些语言和技术。

回到小刀刻硬盘的故事，讨论一下抽象的思想在计算机学科中的作用。现在的程序员分两种，一种是接受了计算机专业系统教育的，一种是自学成才的。假设真的有这样一把小刀可以直接在硬盘上刻写二进制的数据，自学成才的高手会直接在硬盘上用二进制代码去刻一个指令序列，这个指令序列就是操作系统。一个操作系统的指令序列大约是1GB的数据，如果每秒刻8下，要刻31年才能刻完。而学过计算机专业知识的人，会先分析计算机的体系结构，提出一个编程语言，再用二进制指令刻一个简单的设备环境加载器，把这个编程语言的编译器刻到硬盘上，然后把刀子扔掉，开始用自己写的编程语言去写自己的操作系统。学习计算机，要从抽象的视角来看待它，要有自己提出编写计算机语言编译器的能力以及设计计算机硬件的知识，掌握操作系统的关键算法，明白数字电路的基本原理，了解模拟电路的常识。这也是我们与非专业人员的本质区别和竞争优势所在。

计算机是一种抽象的系统，系统的软件和硬件在抽象的层面上没有任何区别，所有硬件能实现的功能软件也能实现，同样，所有软件能实现的功能硬件也都能做到。把真实世界中的物体抽象到计算机当中，进行计算机软件和硬件的设计，是学习和理解计算机非常好的方法。

也许对于刚起步的读者，本节的内容有些过于深奥，但希望读者能够记住这些内容，相信随着学习的深入，会有越来越深刻的体会。这些内容有助于读者在计算机技术飞速发展的今天把握住不变的本质，坚持自己的方向，少走弯路。

1.1.2 计算机是一种机器

下面换一种视角观察计算机。从工程学的观点来看,计算机是一种机器,机器的特性体现在由输入、处理器、输出3个部分组成。现在人们使用的计算机几乎都是冯·诺依曼计算机体系结构,它符合机器的特征,同时做了一些扩展和约束。

冯·诺依曼提出了存储中间结果的设计思想,也就是说处理器可能不能一次处理完所有的输入,而要把输入存储到一个仓库中,这个仓库就是人们所说的存储器。冯·诺依曼的另一个重要思想是输入是按顺序执行的,输入自己决定应该是存储还是处理,那么必须有另一个设备来对输入进行控制,这个控制设备就是控制器。这定义了计算机至少由输入设备、处理器、控制器、存储器、输出设备5个部分组成,如图1-2所示。

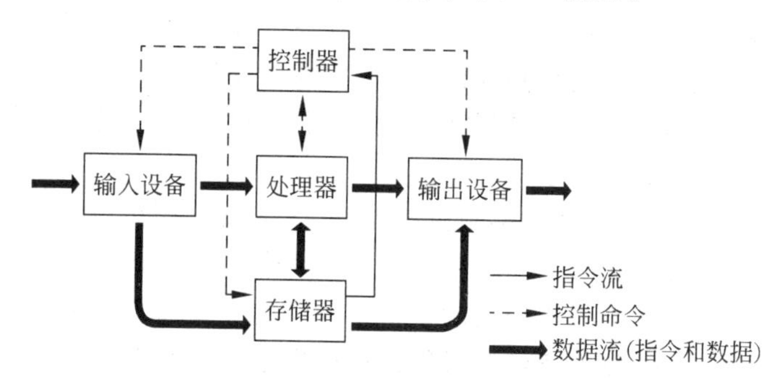

图1-2 冯·诺依曼计算机示意图

了解了组成计算机的5种设备,就可以把现在微型计算机的组成部件按这5种设备进行归类,虽然这种归类不是特别准确,但通过这种归类可以对计算机有简单的认识。

1. 处理器

(1) CPU(中央处理器):其最关键的部分是算术逻辑处理单元(ALU),它能够进行加、减和比较等简单的运算。CPU的外观如图1-3所示。

(2) 显卡:用途是将计算机系统所需要的显示信息进行转换以驱动显示器,并向显示器提供信号,控制显示器的正确显示。现代显卡更搭载了强大的图形处理器和显存等组件用以实现图形加速功能。显卡的外观如图1-4所示。

图1-3 Intel公司的酷睿i7处理器(CPU)

图1-4 NVIDIA公司的Kepler GTX680显卡

(3) 声卡：把数字信号转换为声音信号，现在主要集成在主板上，如图 1-5 所示。

(4) 网卡：把数字信号转换为能在网线中传输的模拟信号，现在最新的主板上也集成了网卡，如图 1-6 所示。

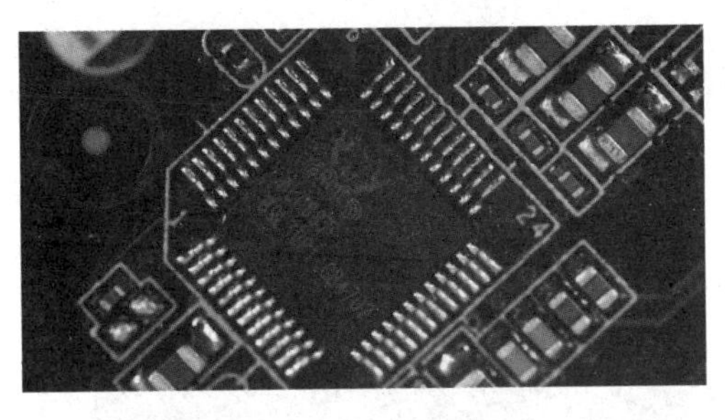

图 1-5　集成在主板上的 Realtek ALC887 声卡

图 1-6　主板上集成的网卡

2. 控制器

主板：可以控制 CPU 和存储设备之间的信息交换，起作用的主要是其上的南北桥芯片，如图 1-7 所示。

图 1-7　某品牌的高档主板

3. 输入设备

(1) 鼠标：通过按键和滚轮装置对光标经过位置的屏幕元素进行操作的输入设备，如图 1-8 所示。

(2) 键盘：可以将英文字母、数字、标点符号等输入计算机中的一种设备，如图 1-9 所示。

图 1-8　某品牌的无线鼠标

图 1-9　某品牌的无线键盘

4. 输出设备

显示器：现在主要以液晶显示器(LCD)为主，如图 1-10 所示。

5. 存储设备

(1) 内存：CPU 进行数据处理时，数据必须先从硬盘传输到内存当中。内存的存取速度是硬盘的 20 倍左右，现在的内存在断电后还不能保留数据。内存可以由一个或多个内存条组成，内存条的外观如图 1-11 所示。

图 1-10 液晶显示器

图 1-11 计算机内存条

(2) 硬盘：用来永久性存储数据的设备。硬盘是计算机的主要存储介质之一，分为机械硬盘和固态硬盘。机械硬盘由一个或者多个铝制或玻璃制的碟片组成，这些碟片外覆盖有磁性材料，被永久性地密封在硬盘驱动器中。固态硬盘(Solid State Disk)是用固态电子存储芯片阵列而制成的硬盘，具有读写速度快、低功耗、无噪声、抗振动、低热量、体积小、工作温度范围大和容价比偏低的特点。机械硬盘和固态硬盘外观如图 1-12 所示。

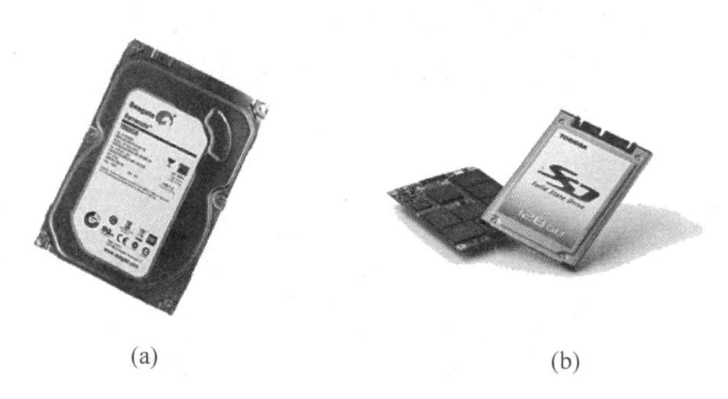

(a) (b)

图 1-12 希捷 1TB SATA 硬盘和东芝 128GB 固态硬盘

(3) 光驱：现在常见的光驱有只读的 DVD 光驱和可写的 DVD 刻录光驱两种。DVD 刻录光驱如图 1-13 所示。

除了以上 5 个部分之外，机器要运转还需要有电源，它为计算机提供稳定的电流和能量。正如人要吃饭才能工作一样，机器要输入能源才能正常工作。电源的外观如图 1-14 所示。

除了上述设备，计算机还可以有其他配套设备，如打印机、扫描仪、手写板、音箱等。

图 1-13　DVD 刻录光驱

图 1-14　450W 的电源

1.2　基础实验 1：计算机主机的组装

本实验的目的是学习计算机主机内部部件的组装。因为计算机主机里面部件比较多，所以在组装计算机之前要做好充分的准备，要牢记注意事项，按照步骤有序地进行。

1.2.1　装机准备

1. 装机的大致步骤

一般组装一台计算机可以按以下步骤进行操作。

(1) 安装 CPU，把 CPU 插到主板的相应位置，安装好风扇。

(2) 把内存条插入主板的内存插槽中。

(3) 安装机箱，主要对机箱进行拆封，并且将电源安装在计算机机箱中。

(4) 安装主板，用螺丝将主板固定在机箱上，连接电源线。

(5) 安装显卡，把显卡插入相应插槽。

(6) 连接硬盘，用硬盘数据线将硬盘与主板连接起来，并且将硬盘与电源线连接起来。

(7) 安装光驱。

(8) 连接显示器。

(9) 连接鼠标和键盘。

(10) 连接音频设备。

(11) 连接网线。

(12) 通电测试，如果启动成功则封好机箱，计算机组装完毕。

2. 装机的工具

组装计算机常用的工具就是一个“十”字形的螺丝刀。最好螺丝刀头部带有磁性，以免拆卸螺钉时将螺钉掉落在主板上，引起短路。

3. 装机的注意事项

(1) 装机前最重要的准备工作是放掉身上的静电。特别是在空气干燥、身着毛衣的时候，身上很容易产生静电，而静电很容易击穿电子设备，造成经济损失。所以在安装计算机以前，必须摸一下金属物品，如机箱外壳、暖气管道等，释放身上的静电。

(2) 启动计算机的时候不要移动计算机，计算机刚启动的时候，硬盘一般都在进行读写操作，因为硬盘里面磁头是物理运动的，所以如果在启动的时候移动硬盘，很容易因为惯性导致硬盘损坏。还要记住，无论安装什么设备，一定不能带电操作，以免发生危险。

(3) 如果插口插不进去,很有可能是方向反了。如果确认方向没有问题的情况下还插不进去,可以稍稍用力。总之要胆大心细。

了解上述事项并准备完毕以后,就可以开始着手安装了。

1.2.2 CPU和CPU散热器的安装

在将主板装进机箱前,要先将CPU和内存安装好,否则主板安装好后机箱内空间狭窄不利于CPU等器件的顺利安装。因为CPU的插槽发展变化很快,又分为Intel和AMD两大系列(见图1-15和图1-16),而且两者互不兼容,所以很难有一个通用的安装方法,这里介绍基本方法。

图1-15 Intel酷睿系列CPU

图1-16 AMD AM2系列CPU

虽然没有工具也可以安装,但是借助工具更容易安装,因此,在安装CPU之前,最好能准备一些工具,如螺丝刀、尖嘴钳。这两样工具并不是为了拧螺钉用,而是为了安装CPU散热器的扣具。另外,还要准备些导热硅脂。适量地涂抹导热硅脂,可以让CPU核心与散热器很好地接触,从而达到良好导热的目的。目前,主流的CPU插座都是采用ZIF(Zero Insertion Force,零插拔力)设计,也就是CPU插座旁边加了一个拉杆,安装或拆卸CPU的时候,只需要拉一下拉杆就可以了。

步骤一:在主板上找到CPU插座接口,如图1-17和图1-18所示。在安装CPU之前,要先打开插座,方法是用适当的力向下微压固定CPU的压杆,同时用力往外推压杆,使其脱离固定卡扣。

图1-17 AMD的CPU插座

图1-18 Intel的CPU插座

步骤二：将 CPU 上印有三角标志的一端与 CPU 插槽上印有三角标志的一端对齐，就可以将 CPU 与插座固定好，如图 1-19 和图 1-20 所示。如果方向反了是插不进去的，所以插不进去时不要盲目用力，以免弄弯针脚。

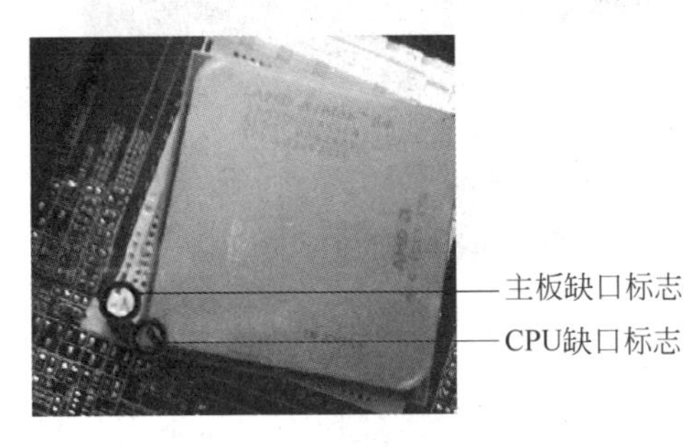

图 1-19　AMD CPU 缺口标志

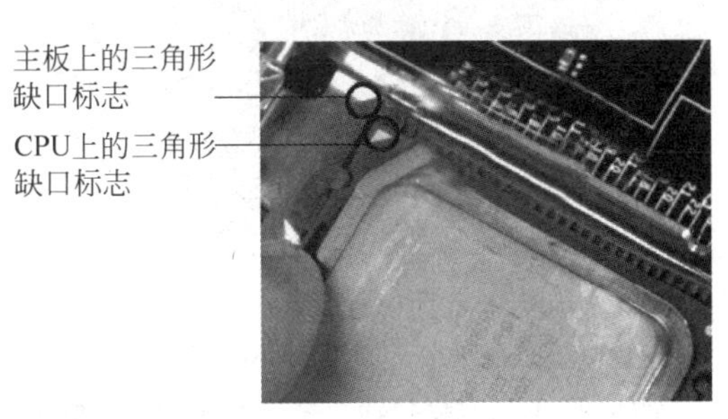

图 1-20　Intel CPU 缺口标志

步骤三：安装好 CPU 以后，轻轻按下压杆，CPU 就可以固定在插槽内了，如图 1-21 和图 1-22 所示。

图 1-21　固定好的 AMD CPU

图 1-22　固定好的 Intel CPU

步骤四：安装好 CPU，就可以开始安装 CPU 散热器了。安装散热器前，先要在 CPU 表面均匀地涂上一层导热硅脂。

很多散热器在购买时已经在底部与 CPU 接触的部分涂上了导热硅脂，这时就没有必要再在 CPU 上涂一层了。

如果是 AMD 散热器，其散热片里面会有一个固定的夹子，夹子两头都是小钩子，其中一边还有一个扳手。把风扇一边的钩子钩住 CPU 插槽的一边，把一边固定好以后就直接把扳手用力下压，扣住插槽。注意，用力时一定要十分小心，以免压断主板，如图 1-23～图 1-25 所示。

图 1-23　将 AMD 散热器上没有扳手的一端的卡扣卡好

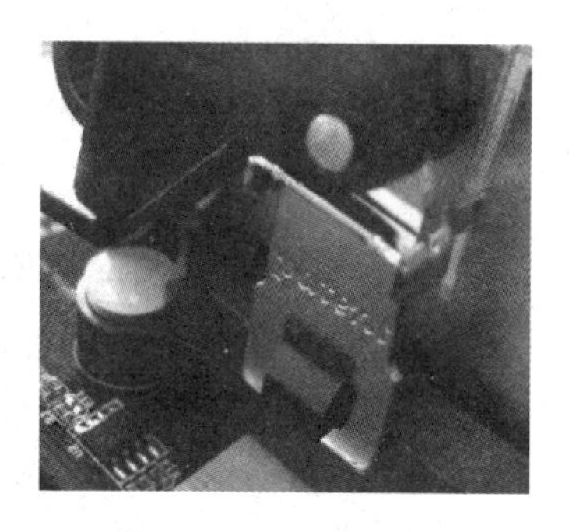

图 1-24　将另一端 AMD 散热器卡扣卡好

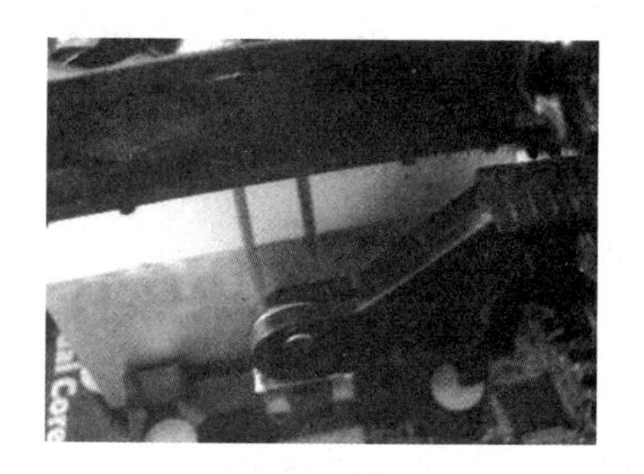

图 1-25　将扳手扳过去,固定 AMD 散热器

如果是 Intel 散热器,要将散热器的四角对准主板相应的位置,然后用力压下四角扣具即可,如图 1-26 所示。

步骤五:散热器安装好以后,连接散热器风扇的电源。风扇电源插头一般有三针和四针两种,其对应的插槽就在 CPU 的附近。找到对应插槽后,把电源插头按正确方向插入,如图 1-27 所示。

图 1-26　安装 Intel 散热器

图 1-27　风扇插头安装到主板的相应接口

1.2.3　内存条的安装

步骤一:拨开内存插槽两边的白色卡槽,如图 1-28 所示。

图 1-28　拨开卡槽后的插槽

步骤二：依照内存条上金手指(内存条上由金黄色的导电触片组成，表面镀金而且导电触片排列如手指状，所以称为“金手指”)的缺口，按照正确方向插入插槽，如图 1-29 所示。

注意：不要插反，如果插反内存条并通电，将会烧毁内存条。

步骤三：将内存条垂直插入插槽内，双手用力要均衡，将内存条压入插槽中，此时插槽两边的白色卡槽会自动卡住内存条两边的卡钩，对内存条进行固定，使其不会弹出或松动，如图 1-30 所示。常见的机器不能启动的故障，很多就是由内存条松动造成的。

图 1-29 插入内存条

图 1-30 内存条安装完毕

1.2.4 机箱和电源的组装

步骤一：确定机箱侧板的螺钉位置，打开机箱侧板，如图 1-31 所示，检查机箱上的 USB 前置口连接线、螺钉、主机电源线、开关控制线、前置音频口等是否齐全。

图 1-31 打开的机箱侧面

步骤二：把电源拆包，在机箱上找到安装电源的位置，把电源安装到机箱上，并用螺钉固定电源。因为电源里面都有很大的风扇，所以应当把螺钉固定牢靠，以免产生噪声。

安装电源很简单，先将电源放进机箱上安装电源的位置，并将电源上的螺钉固定孔对准机箱上的固定孔。先拧上一颗螺钉(固定住电源即可)，如图 1-32 所示，然后将最后 3 颗螺钉孔对准位置拧上即可，如图 1-33 所示。

需要注意的是：在安装电源时，首先要做的就是将电源放入机箱内，这个过程中要注意电源放入的方向，有些电源有两个风扇，或者有一个排风口，则其中一个风扇或排风口应对着主板。

图 1-32　固定电源

图 1-33　安装好电源的机箱

1.2.5　主板的安装

接下来要将主板安装并固定到机箱中。

步骤一：准备好安装主板的螺钉和螺母，如图 1-34 所示。首先在机箱上找到固定主板的螺钉孔，再把螺母拧在上面，如图 1-35 所示。

图 1-34　固定主板的螺钉和螺母

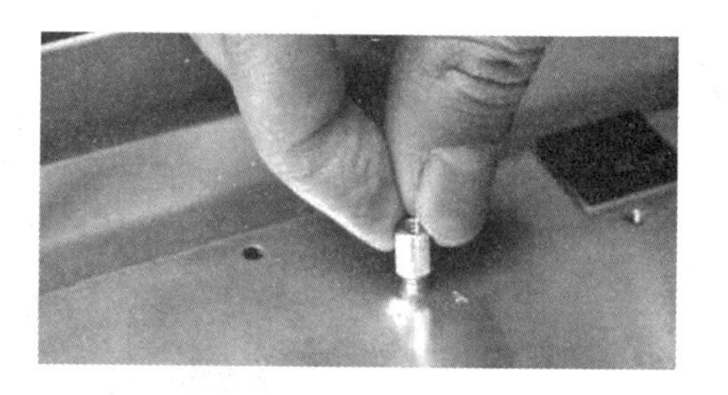

图 1-35　把螺母拧到机箱上

注意：很多机箱上也可能早就拧好了固定螺母。

步骤二：将主板平稳地放入机箱，如图 1-36 所示。

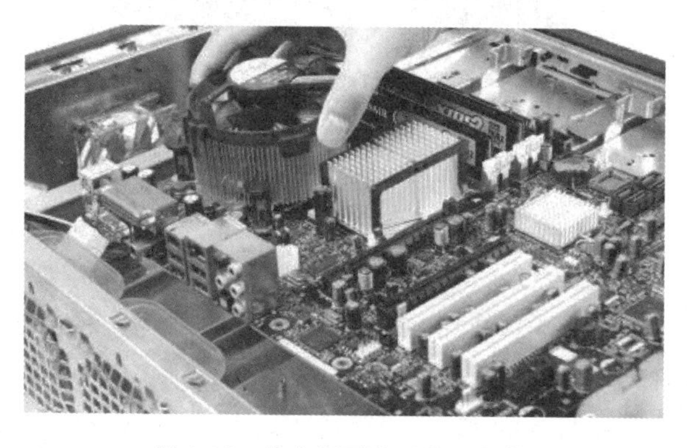

图 1-36　将主板平稳地放入机箱

步骤三：通过机箱背部的主板挡板来确定主板是否安放到位，如图 1-37 所示。

步骤四：固定主板，对准螺母的位置将螺钉拧上，如图 1-38 所示。

图 1-37　机箱后面的挡板

图 1-38　对准螺母的位置将螺钉拧上

注意：螺钉固定好不松动就可以了，不要拧得太紧，否则长时间使用时会因为主板热胀冷缩损坏主板。在装螺钉时，注意每颗螺钉不要一次就拧紧，等全部螺钉安装到位后，再将每颗螺钉逐个拧紧，这样做的好处是随时可以对主板的位置进行调整。

1.2.6　主板电源线和信号线的连接

主板放入机箱以后，可以开始把机箱和主板的电源线和信号线进行连接。

步骤一：在主板上找到主板电源的插座（见图 1-39），在电源上找出主板电源插头（见图 1-40）。将插头插入插座，即完成电源线的连接。在插入电源插头时应注意插头与插座的方向，方向正确才能插入。

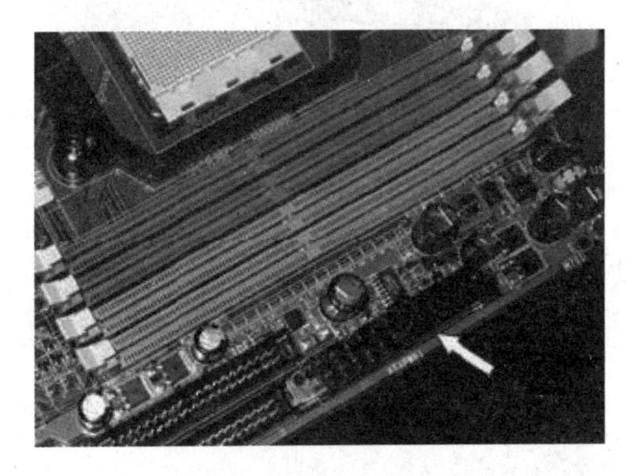

图 1-39　主板电源插座的位置

图 1-40　主板的电源插头

步骤二：连接完电源线以后，还需连接一个 4 针的 12V 电源辅助接口，用来提高 CPU 的供电稳定性。CPU 的 4 针供电插座和插头如图 1-41 所示，连接 4 针插座和插头时同样要注意方向。

步骤三：连接电源开关线和信号线，如图 1-42 所示。

电源的开关连接线是机箱前面板引出的和主板电源间的连接线，另外还有复位开关连接线、电源开关指示灯、硬盘指示灯和扬声器连接线等，在主板上有专门的排插（一般是两排十行）用于连接这些线，不同的主板有不同的命名方式，可以根据主板说明书对应插入，要注意引出线头的文字与主板插针的标准相对应，而且要注意正负极（有颜色的为正极）对应，不要接错,如图 1-42 所示。不同的主板具体接法不一样,读者可参考各自的主板说明书。

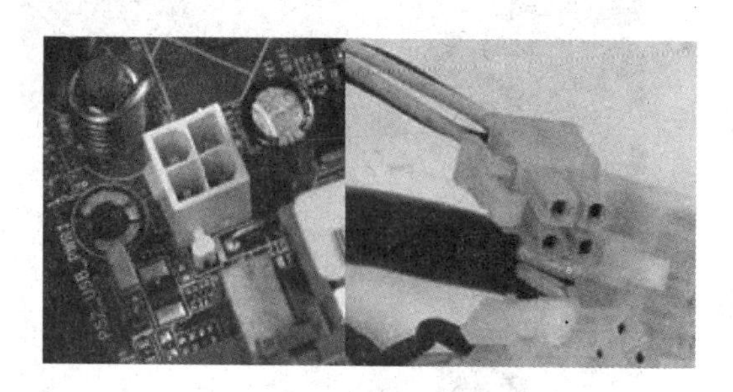

图 1-41　CPU 的 4 针供电插座和插头

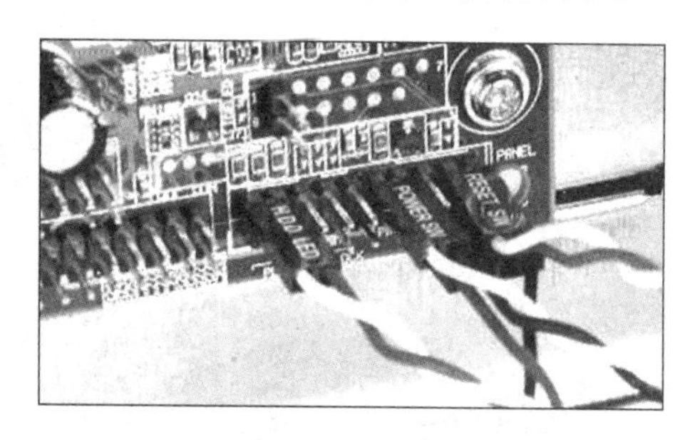

图 1-42　电源开关线和信号线的连接

步骤四:连接前置 USB 口。一般在 SATA 和 IDE 线口附近有几个 9 针的接口,上面标有 USB 字样。主板板载 USB 口如图 1-43 所示。查看主板说明书的 USB 信号线示意图,如图 1-44 所示,把数据线分好,通常是 4 根信号线连接一个 USB 口,信号线排好顺序以后(常见连接方法是电源线 +上行数据线+下行数据线+地线)稳稳插入即可。

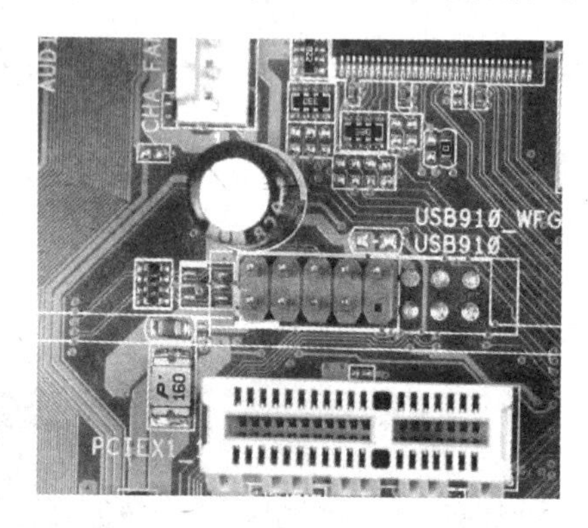

图 1-43　主板上的前置 USB 口

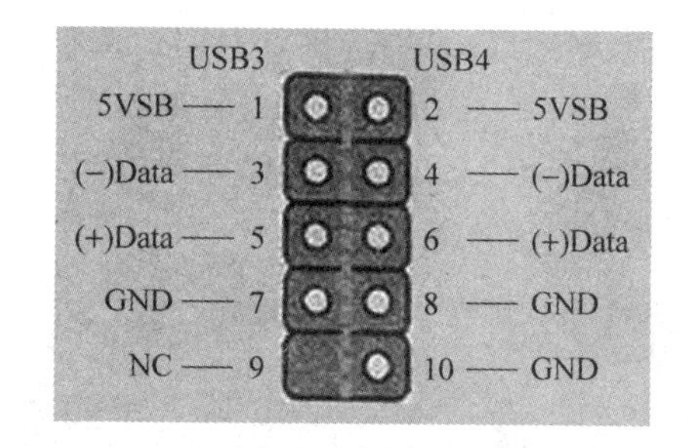

图 1-44　常见的前置 USB 口的引脚定义

注意:一般机箱的 USB 前置接口都是采用 4 种不同颜色来区别的,黑色为地线,红色是电源线,白色是上行数据线(-),绿色为下行数据线(+)。千万不能搞错,否则会烧坏 USB 设备或者主板。

1.2.7　显卡的安装

显卡插槽(PCI-E 插槽)是主板上一个比较长的插槽,如图 1-45 所示。一端有个卡槽可以固定显卡。

早期的主板上并没有这个卡槽,结果大量机器都出现了显卡一边翘起,由于接触不良导致机器故障,当时的联想、戴尔等品牌机都是用一个类似皮筋的东西固定显卡的另一边。

显卡的安装步骤如下所述。

步骤一:将显卡插槽相对应的机箱插槽挡板拆掉。

步骤二:将显卡有支架的一端对准刚拆掉的机箱挡板内侧,然后将显卡“金手指”对准显卡插槽,缓缓用力插入插槽,正常情况下 PCI-E 插槽旁边的卡扣会自动弹起,牢牢卡住显卡,如图 1-46 所示。

图 1-45　显卡 PCI-E 插槽

图 1-46　缓缓用力将显卡插入插槽

1.2.8　硬盘的安装

步骤一：找到机箱中固定硬盘的支架，将硬盘插入支架，注意要把硬盘的螺孔通过硬盘支架旁边的条形孔显现出来，然后逐个用螺钉将硬盘固定好，如图 1-47 所示。至少要用 3 个以上螺钉固定，以防止硬盘运行时振动。

图 1-47　固定好的硬盘

步骤二：连接数据线。用数据线将硬盘和主板的硬盘数据插口连接起来。

现在流行的 SATA 数据线的硬盘，可以直接用数据线将 SATA 硬盘连接到接口卡或主板上的 SATA 接口上。

SATA 硬盘的数据线(见图 1-48)采用的是 7 针细线缆设计，而不是常见的传统硬盘的 40 针或 80 针扁平硬盘线设计。外观感觉上有些像 USB 数据线。

SATA 硬盘的数据线两端接口完全相同，不像 80 针扁平硬盘线那样需要区分主板和硬盘接头。由于 SATA 的单向 L 形盲插接头(见图 1-49)在设计上就杜绝了插反的可能，因此在连接的过程中不需要担心由于数据线插反弄坏接口等问题。连接好的 SATA 数据线如图 1-50 所示。

图 1-48　SATA 数据线

图 1-49　SATA 的单向 L 形盲插接头

另外,由于SATA采用了点对点的连接方式,每个SATA接口只能连接一块硬盘,因此不必像并行硬盘那样设置跳线,系统会自动将SATA硬盘设定为主盘。

步骤三:为硬盘连接上电源线。与数据线一样,SATA硬盘也没有使用传统的4针的"D形"电源接口,而采用了更易于插拔的15针扁平接口(见图1-51),但需要支持SATA硬盘的电源或者转换器接头。

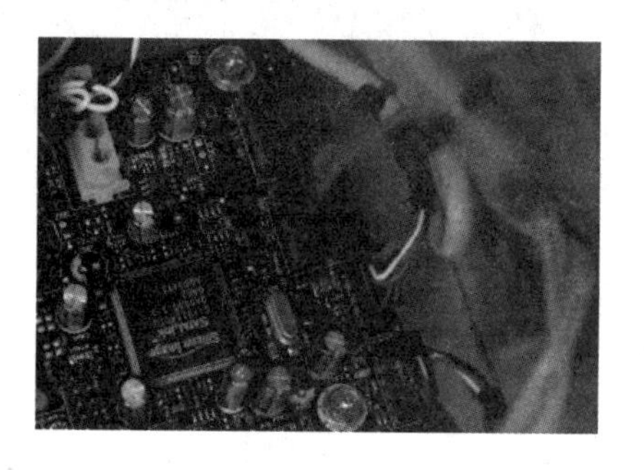

图1-50 连接好的SATA数据线

图1-51 SATA 15针扁平电源接口

1.2.9 光驱的安装

步骤一:找到光驱的支架,把前挡板用螺丝刀撬下,然后把光驱从挡板前面插入(见图1-52),最后通过支架侧面的条形孔用螺钉来固定光驱。

图1-52 插入光驱

步骤二:连接数据线。用扁平的IDE数据线将光驱和主板连接起来,插入的时候要注意数据线的反正,IDE数据线一般有3个插头,两个插头比较靠近的一端是插驱动器的,而另一端则是插主板的,其上有一条蓝色或红色的线位于电源接口一侧,如图1-53所示。

步骤三:连接电源线。将电源输出线中的D形大4孔插头插入光驱电源接口中(见图1-54),注意不要插反。一般光驱还有一条音频线,可以不用连接。

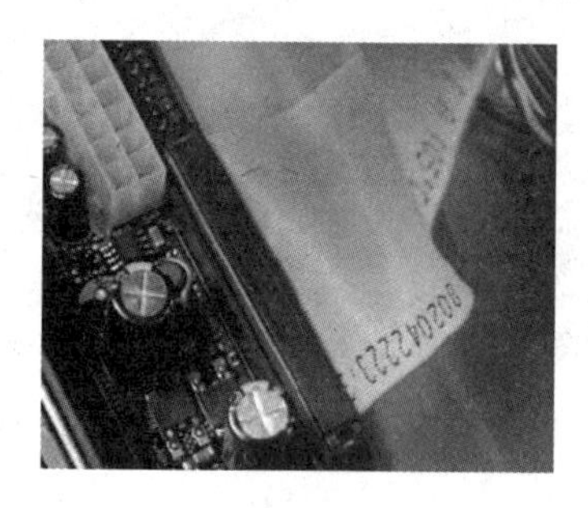

图1-53 注意数据线的蓝边代表反正

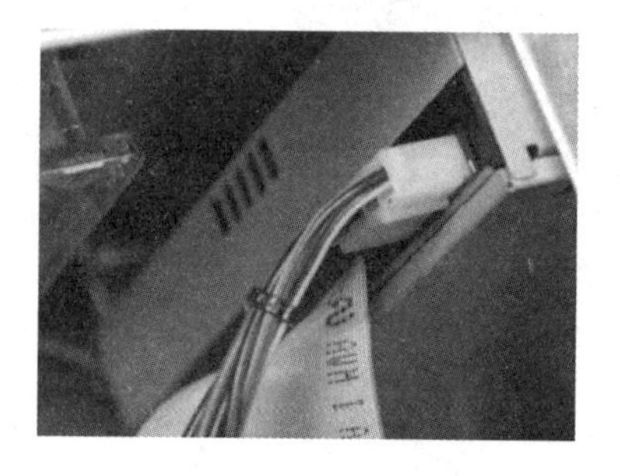

图1-54 连接光驱电源线

所有这些步骤完成之后，需要再仔细检查一遍，确信无误之后，计算机主机的组装就完成了。

1.3 基础实验2：计算机外围设备的组装和简单故障排除

上一个基础实验完成了主机内部硬件的组装，现在要进行的实验是把计算机主机和外围设备进行连接，并进行通电测试。

之所以把外围设备的组装和主机的组装分成两个实验，是因为组装好的主机若不经过详细检查就通电有可能会造成很大损失。所以，对于计算机的加电和测试要非常仔细，最好经过教师检查以后再进行。

1.3.1 显示器的连接

步骤一：连接显示器信号线。大多数显示器后面有两根电缆，一根是信号电缆，用于连接显卡；另一根是显示器电源线。连接显示器信号电缆时，将15针VGA插头插入主机后面的D形15孔显卡插座上，然后拧紧插头上的固定螺钉即可。如果VGA插头接触不良，显示器显示的颜色很可能有偏差。

现在显卡的信号线有VGA、DVI、HDMI、DisplayPort四种，VGA线传输的是模拟信号，DVI线传输的是数字信号。在采用通过VGA接口传输信号的显卡时，如果输出滤波电路偷工减料，很容易出现显示水波纹的现象；如果采用的是DVI的数字信号，则不会有水波纹。如果显示器只支持VGA信号，而显卡只有DVI数字输出，可以用专用的转接器连接，如图1-55所示。HDMI和DisplayPort是高清晰数字音视频流接口技术，可同时传送音频和影音信号。其最高数据传输速率可达5Gbps，为高清信号的传输铺平了道路。随着高清显示器、电视器、机顶盒的普及，HDMI和DisplayPort成为越来越多对影音质量要求较高人群的首选传输线。

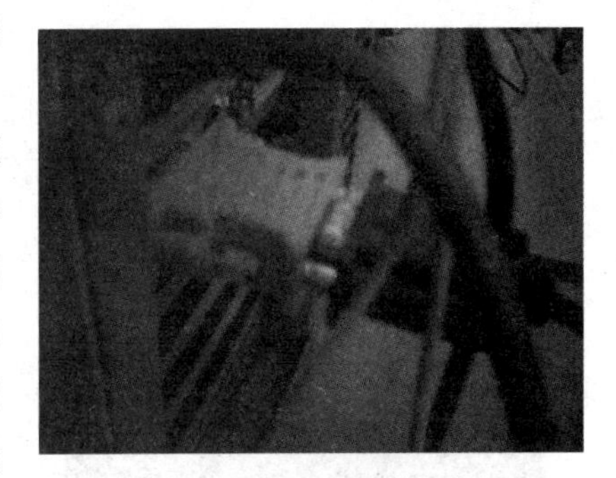

图1-55 采用转接器连接的VGA信号线

步骤二：连接显示器电源线。显示器电源线有一个凹形三针插头，可以直接插入电源插板当中。

1.3.2 鼠标和键盘的连接

步骤一：ATX主板上集成有PS/2端口，如图1-56所示，连接PS/2端口鼠标时，要看好鼠标的PS/2口里面插针的方向，对准后轻轻插入，注意不要把PS/2口的插针弄弯。鼠标插孔一般为绿色，紫色的则是键盘的PS/2插孔。

步骤二：键盘同鼠标插入方式一样，如图1-57所示。

如果是USB口的键盘和鼠标，直接将插头插入USB口就可以了。

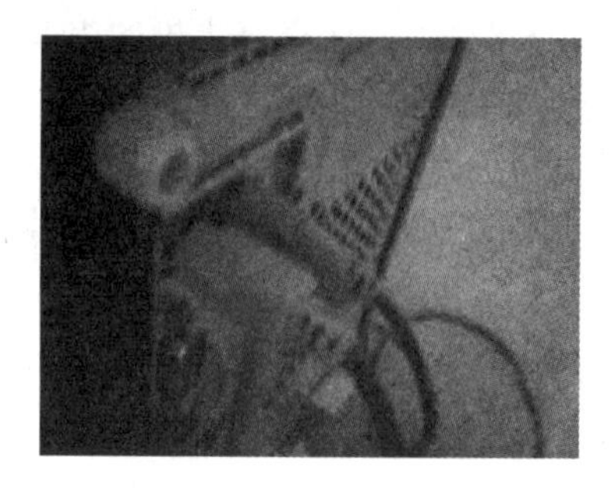

图1-56　左边是键盘插口,右边是鼠标的插口

图1-57　键盘的连接

1.3.3　音频设备的连接

计算机配备的音箱的连接非常简单,将音频输入线接入主板上声卡的音频输出口,将音箱交流电源插头接入交流电源插座就可以了,如图1-58所示。一般绿色的插孔连接音箱和耳机,红色的插孔连接麦克风。

如果需要连接两个有源音箱,要注意左右声道。图1-59中所示MIC为前置的话筒接口,对应主板上的MIC;HPOUT-L为左声道输出,对应主板上的HP-L或Line out-L;HPOUT-R为右声道输出,对应主板上的HP-R或Line out-R,按照对应的接口依次接入即可。

有些机箱上带有前置音频口,这样就可以方便地在机箱的前面插入耳机和麦克风。要使用机箱上的前置音频口,必须在装机的时候把机箱前置音频插孔与主板相连接的扩展插口相连。

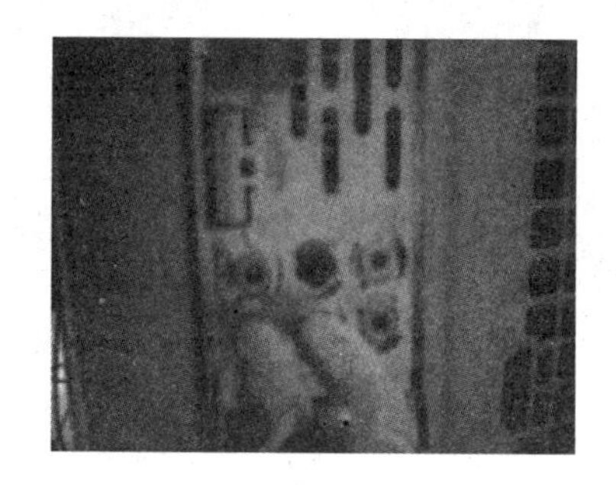

图1-58　音频线连接

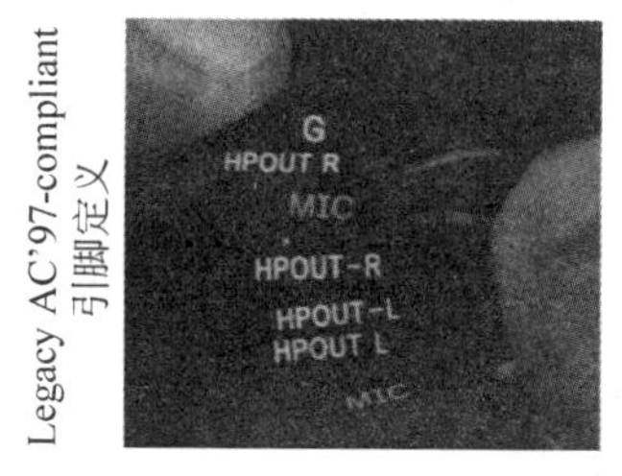

图1-59　机箱前置音频线及其连接说明

1.3.4　网线的连接

把接好水晶头的网线一端接入计算机主机箱的集成网卡接口(见图1-60),另一端插入集线器或者交换机即可。

图1-60　集成网卡接口

1.3.5　计算机加电测试

计算机外围设备与主机组装完毕以后,需要进行测试,若出现问题,则需进行排查和解决。

步骤一：加电前仔细检查。完成计算机硬件设备的安装并连接好各种线以后，再仔细检查一遍线路，看是否都连接妥当，需要特别注意以下几点。

(1) 内存条是否已经完全插入插槽，卡槽是否已经将内存条卡住。

(2) CPU 风扇的电源线是否连接好。

(3) 显卡是否插牢。

步骤二：确定无误以后，进行初步的通电测试。接通主机的电源，按下主机箱前面的电源开关，如果听到"滴"一声短音，则表示启动正常，机器就基本安装完毕了，接着显示器会点亮并显示系统检测的信息。

但是如果开机后不能正常显示，听到的是其他提示音，或者出现点不亮显示器的现象，或者出现死机、冒烟、发出烧焦味等情况，则要根据报警信号和故障现象查找故障原因。

下面是一些常见的现象和问题解决的方法。

(1) 电源风扇不转或者电源指示灯不亮：可能是机箱后面的电源开关没有打开或者电源线的接触不良造成的。

(2) 电源指示灯亮了，但是没有任何反应：可能是由主板没有通电造成的，需查看主板上的内存灯是否亮。

(3) 电源指示灯亮，并有断续的报警声：若显示器有显示，则可能是主板或者内存有问题；若显示器没有信号，则可能是显卡有问题。一般可以尝试的解决办法是把内存条重新插拔一下，或检查一下显卡。如果是使用很长时间的机器出现这个问题，则有可能是机箱内灰尘太多造成的，可以把机箱打开，清除一下灰尘。

(4) 机器启动以后发出类似救护车或者连续不断的报警声：说明 CPU 过热，可能是 CPU 风扇与 CPU 之间导热不良，或者散热不充分造成的，一般可以尝试更换风扇或者在风扇的散热片上涂抹新的导热硅脂。

(5) 电源风扇一转就停下：说明机器内存在短路现象，应该立即关闭电源，拔掉电源插头，在故障排除之前不能再通电。一般出现短路的原因可能是主板与机箱发生了短接、主板电源短路、内存插反等。

(6) 开机不成功，但是没有其他异常：这是 BIOS 的问题，这时可以查看 BIOS 检测情况，如果卡在内存检测，则可能是内存的接口处有灰尘；如果硬盘没有出现，则可能是 BIOS 设置问题或者硬盘电源和数据线没有插好。

1.3.6 整理内部连线并合上机箱盖

如果启动正常，说明计算机的各个硬件连线都正确无误，可以正常工作。这时还需要进行一些整理工作。

机箱内部的空间并不宽敞，加之设备发热量都比较大，如果机箱内线路很乱，会影响空气流动与散热，同时容易发生连线松脱、接触不良或信号紊乱的现象，因此需要整理机箱内部连线，具体操作步骤如下。

步骤一：首先要整理面板信号线。面板信号线都比较细，而且数量较多，平时都是乱作一团。不过，整理它们很方便，只要将这些线用手理顺，然后折几个弯，再找一根捆绑电线的捆绑绳将它们捆起来即可。

步骤二：整理电源线。机箱里最乱的恐怕就是电源线了，先用手将电源线理顺，将不用的电源线放在一起,这样可以避免不用的电源线散落在机箱内,妨碍日后插接新硬件。

步骤三:最后的整理工作就是整理各类数据线。数据线一般都比较长,实际上用不了这么长的线,过长的线不仅多占空间,还影响信号的传输。有些业余的装机人员会把这些线缠成螺旋状,但是这样做会由于电磁感应造成硬盘和其他数据失真,降低机器性能。

经过一番整理后,机箱内部可以整洁很多,这样做不仅有利于散热,而且还可方便日后各项添加或拆卸硬件的工作。整理机箱内的连线还可以提高系统的稳定性。

步骤四:装机箱盖。装机箱盖时,要仔细检查各部分的连接情况,确保无误后,把主机的机箱盖盖上,拧好螺钉。

通过前面的两个实验,一台计算机就真正组装完成了。

1.4 选做实验1:笔记本电脑的选购

这个实验是选做实验,不需要在课堂上做,是为尚未购买并打算购买笔记本电脑的读者准备的,其他读者也可以通过本实验的学习拓展自己的视野,了解一些选购笔记本电脑的常识。

要自己购买一台价格便宜、性能优良、质量有保证的笔记本电脑,并不是一件容易的事情。因为笔记本电脑商品的利润越来越低,硬件经销商单纯靠按标准价格买卖硬件已经赚不到多少钱了,有时可能会用一些手法来欺骗普通消费者。例如刚刚进入大学校园的学生,对于计算机并没有非常深刻的了解,在电子市场上很容易被经销商或者虚假的广告所蒙骗。要想不被蒙骗,就要广泛地了解市场行情。这些行情几乎每天都在变化,同一个型号、不同批次的产品,质量和价格也有不同。

这里把购买笔记本电脑看作一项要完成的任务,也就是一个项目,读者可以借鉴一些项目管理的方法来完成这项任务。这种思想就像ISO 9000质量认证体系一样,ISO 9000质量保证本身并没有实际检验每一件产品的质量,而是认为只要生产产品的过程是正确的,有质量保证的,那么每一件产品本身的质量都是有保证的。这里将介绍一个参考CMMI思路提出的购买笔记本电脑的过程,希望能有助于读者高质量地完成这个购买过程,买到满意的笔记本电脑。

CMMI是软件工程领域里面一个重要的概念。CMMI全称是Capability Maturity Model Integration,即能力成熟度模型集成,是由美国国防部与卡内基-梅隆大学和美国国防工业协会共同开发和研制的。CMMI是一套融合多学科的、可扩展的产品集合,其研制的初步动机是利用两个或多个单一学科的模型实现一个组织的集成化过程改进。这是一个活动的能力成熟度模型,是保证项目能够达到自己目的的一种做事方法的模型。美国军方生产F-22战斗机就是严格执行这个模型的,读者也可以借鉴一下这种方法,来购买自己的笔记本电脑。CMMI分为5个等级,25个关键点,级别越高,质量越高,但是相应的解决问题的效率会越低,具体级别划分如下。

(1) 初始级:软件过程是无序的,有时甚至是混乱的,对过程几乎没有定义,成功与否取决于个人的努力;管理是反应式的。

(2) 已管理级:建立了基本的项目管理过程来跟踪费用、进度和功能特性,制定了必要的过程纪律,能吸取早先类似应用项目取得的成功经验。

(3) 已定义级：已将软件管理和工程两方面的过程文档化、标准化，并综合成该组织的标准软件过程；所有项目均使用经批准、剪裁的标准软件过程来开发和维护软件，软件产品的生产在整个软件过程中是可见的。

(4) 量化管理级：分析对软件过程和产品质量的详细度量数据，对软件过程和产品都有定量的理解与控制；管理层有做出结论的客观依据，能够在定量的范围内预测性能。

(5) 优化管理级：利用过程的量化反馈和先进的新思想、新技术促使过程持续不断改进。

购买一台笔记本电脑的过程中应用 CMMI 第二级的思想就可以了。第二级的要求有需求管理、项目计划、项目监督和控制、供应商合同管理、度量和分析、过程和产品质量保证、配置管理 7 个过程关键域，下面相应地分 7 个小节进行讨论。

1.4.1 需求管理

采购笔记本电脑前首先确定用笔记本电脑做什么，明确购买目的，然后根据自己的需求搜集相关硬件的信息，决定笔记本电脑的配置。一般学生购买笔记本电脑都是用来学习计算机的，偶尔会上网，课余时间用于玩玩游戏娱乐一下。

如果是用来学习计算机及编程，最好选配置双核处理器的，因为现在流行用 Java 和 .NET 平台，开发环境要求 1GB 的内存和 1.5GHz 以上的 CPU，如果开发后台有大型数据库和应用程序服务器的 J2EE(Java 企业级应用)程序，则要求的内存更多。

如果是用来学习平面设计和 Photoshop 图像处理，同样要求内存大一些，内存速度高一些；而且 CPU 的速度比编程机器要求更高，最好为 2～2.5GHz，甚至更高，这样才能在处理 2m 见方左右的大型海报时得心应手。

用来上网和进行文字处理的机器有一点要注意，因为现在的网站大量使用 JavaScript 和 Ajax 程序，导致了 CPU 消耗很大，而且一个网页有时候会占 100MB 以上的内存，比大型的三维游戏需要的资源还要多，而且微软的 Word 2010 软件也需要 100MB 左右的内存才能比较流畅地运行，所以若是用于这种用途，也要至少 1GB 的内存和多核的 CPU。

如果想在课余时间玩游戏，则需要笔记本电脑有独立的显卡。

因此，一般一台拥有 2GHz 左右主频的多核 CPU、2GB 的内存、独立显卡的笔记本电脑就能满足性能上的需求了，这对学生来说是一种适合各种应用的配置。

1.4.2 项目计划

在决定购买笔记本电脑以后，应该根据实际情况制订项目计划。在时间上，一般节假日商家会进行打折促销，笔记本电脑价格会有所下降，所以如果对笔记本电脑的需求不是特别紧迫，可以选择在节假日采购；如果比较紧迫，不能选择在周末购机，一般周三和周四比较便宜。

采购前要安排好行程，最好上午就去，主要是因为有时经销商为了达到让客户按他的建议购买的目的以调货等借口有意拖延时间。尽量在出发前写好自己需要的配置，准备花多少钱，最多花多少钱。为了防止经销商说市场上没有存货，还要多列几种配置，最好能了解一下市场上的存货情况。要提前了解这些配置的产品当前的市场价格，了解的方法主要有如下几种。

(1) 在电子购物网站上查询,如淘宝网或者 eBay,一般从这些网站询问价格时要看平均价格。

(2) 登录电子和计算机产品相关门户网站查询当日报价。

(3) 到硬件采购论坛上询问,但一般在论坛上询问的价格要比实际价格便宜,因为论坛报的购买价格并不真实,有一定的炫耀和虚假成分,实际购买时很难与经销商成交。

1.4.3 项目监督和控制

根据自己的需求和市场的情况制订了采购计划以后,要非常坚决地按照自己的计划执行,千万不能因为经销商或者某些人的推荐,而更改自己的预算和所要采购的笔记本电脑。如果确实发现自己的计划存在问题,则应重新调查,重新制订计划和确定笔记本电脑配置,绝不能马上更改计划,要对购买过程进行自我控制和自我监督。

由于笔记本电脑利润越来越低,经销商说的每一句话往往都是有目的的,他们会用各种手法来推荐利润高的产品,并千方百计地干扰客户原来制订的计划,不让客户按照计划进行采购。他们采取的手法一般有以下几种。

1. 报价低转型

相信去电脑城询问过价钱的消费者都有这种经历:不论消费者咨询哪款产品,卖家都一口咬定有货,并请消费者到他们“附近”的店里体验样机。通常,电脑城按照职能的不同划分为展示区、仓库、客户交易区和电脑城管理处,大多数展示区位于电脑城的一、二层,而客户交易区则在比较高的楼层,有的甚至在二十多层,但经销商只会对消费者说“就在附近”“就快到了”这样的话。

消费者在询问机器的时候,导购们都会报出一个比较低的价格(这个价格通常是买不到笔记本电脑的)。当消费者被低价吸引“长途跋涉”到达“客户交易区”后,经销商就可能开始诋毁消费者要购买的产品,如“做工不好”“天天有送修的”等。这时消费者购买意愿已被干扰,然后建议消费者买他推荐的产品,但这款产品的价格比市场价高出几百元,这就称为转型。

为应对这种情况,大家要多咨询产品价格,不要过分贪图低价,如果在上楼后 10 分钟内货还调不过来就要马上离开。另外,建议千万不要考虑经销商推荐的机型,因为那种机型往往是他们利润最大的产品。

2. 低配机高价卖

产品型号也是经销商常用的推销手段。“您好,有联想 Y470 吗?”这样问不但没有效果,还会给经销商可乘之机,他们会认为消费者对要购买的产品并不了解,会随便报一个高价。另外,某些品牌的机型并不是型号越大配置越高,有些经销商就会借此迷惑消费者,使消费者花高配置机型的价钱购买低配置机型。

要应对这种情况,首先应该了解产品,不仅要搞清楚心仪机型的型号,还要对该系列其他型号的配置有所了解,必要时最好将它们的详细配置抄下来,并随身携带各种验机工具。咨询经销商时要描述产品的具体型号,让经销商觉得消费者不是菜鸟,降低因型号而受骗的概率。

3. 销售样机

不论是手机、数码相机,还是笔记本电脑,电脑城柜台前都摆满了可供试用的样机。这些样机长时间处于开机状态，并时不时地被路过的消费者使用，因此其寿命可能会大打折扣。

为了避免购买到样机，消费者应拒绝由经销商进行拆箱，因为电脑城大部分经销商都懂得如何伪造和修复包装封条。有时，经销商热情地帮消费者拆机就是在掩饰重新包装的封条。因此，在拆开产品包装时，消费者应首先检查封条是否有打开过的痕迹。此外，拿出机器后还要仔细检查机器的外观是否为全新，如检查采用钢琴烤漆顶盖的机器上是否有手印、产品底部的螺丝是否有拆过的划痕等。

4. 赠品变相转卖

为了促进消费，不少厂商或者经销商有些时候会附带一些诸如笔记本背包、鼠标、外置音箱、U 盘等小礼品，作为购买笔记本电脑的赠品送给消费者。

一般来说，这些周边外设都是厂商作为购买笔记本电脑的赠品免费送出的，很多情况是经销商不告诉消费者购机有赠品，而留下赠品自己单独出售。因此，人们经常可以看到不少网上商城有贩售厂商赠品的店铺。另一种情况是消费者选择少花钱而不要赠品，但往往节省的钱绝对没有赠品贵。

5. 私自捏造"排行榜"

有些小公司会在店面里设置一个展示"热卖产品排行榜"的小黑板，有些大的公司甚至会自己印刷一本热销产品的资料供消费者查阅。这些小黑板或者自制宣传单上的资料不一定可靠，有些经销商坦言称自己的销量排行榜是给消费者看的，经常把难卖的机型或者利润较大的机型排在不错的位置。因此，建议消费者在选择好一款产品后不要相信经销商推荐热销排行榜上的机型。

除了以上介绍的常见手段，在现实生活中经销商常将老手段进行组合，诞生出新的手段，并且熟练地使用它们，即便被当面揭穿也不会面有难色。作为一名理智的消费者，不仅要了解市场上流行的这些手段，还要不断提高自身的基础知识，知己知彼才可百战不殆。

1.4.4 供应商合同管理

发票作为经销商与消费者双方交易的凭据，也有其法律效力。目前国内有两种情况，如果消费者在 3C 卖场购买产品，大多都会给消费者开发票；而如果消费者在电脑城购买产品，则可以选择是否要开发票。实际上，按照国家法律，发票是国家工商部门为经营者制定的票据，是经销商与消费者交易时必须开具的。在卖场中常看到不少经销商给消费者开出的低价其实是不含发票的价格。

相关部门对厂商售后服务的调查结果表明，大部分厂商都非常人性化地提供了免票保修服务，对于消费者而言，督促支持国家税收是每个公民的义务，经销商不给开发票是违法的行为，并且可能为日后与商家交涉带来不必要的麻烦。因此，即使去电脑城购买产品，也一定要坚持索要发票，重视发票的作用。

1.4.5 度量和分析

购买笔记本电脑以后，应该整体检测一下硬件的运行情况和速度，可以通过 3DMark 和 PCMark 等软件对计算机整体性能做一个评价，查看硬件性能是否达到了自己的要求。

统计一下实际支出和预算之间的差额，不能一笔糊涂账。对于购买过程中自己的表现做一个评价,注意从中总结经验或吸取教训。

1.4.6 过程和产品质量保证

采购笔记本电脑的时候一定要注意质量,不能买了一台又便宜又快的高性能笔记本电脑,却用几天就坏掉了。新机买回来以后,性能就不是最主要的问题了,关键还是质量如何,能用多少年。然而,笔记本电脑的质量和可靠性与各个组成部件都有一定关系。

1. 处理器

处理器可以说是笔记本电脑最核心的部件,是许多用户最为关注的部件,也是笔记本电脑成本最高的部件之一(通常占整机成本的20%)。现在市场上主流的CPU处理器是AMD和Intel两个品牌,所以很多用户在购买笔记本电脑的时候都是考虑在这两个品牌中选择。

(1) Intel的桌面级CPU,命名举例: i7-4770K。

Intel的CPU主要看四位数字的前两位和英文字母后缀,数字第一位代表第几代CPU,一般越大,架构更优;第二位代表处理器等级,数字越大,性能越好;最后一个英文字母代表功耗等级,一般来说字母越靠前,功耗越高,比较典型的有K表示不锁频率,H表示带核芯显卡(笔记本CPU),U表示超低电压等,具体可以登录Intel的官网查询。

(2) AMD的桌面级CPU,命名举例: Ryzen 5 1600X。

AMD目前的命名规则类似Intel,第一个数字代表处理器代数,越大架构越好;之后的三位代表性能等级,最后的后缀X表示这是一块默认主频更高的CPU,目前也只有这一个后缀。AMD的CPU产品线更多一些,具体也可以登录AMD的官网查询。

2. 显卡

显卡主要分为集成显卡和独立显卡两大类,独立显卡性能上要好于集成显卡。

集成显卡是将显示芯片、显存及其相关电路都做在主板上,与主板融为一体。集成显卡的显示芯片有单独的,但大部分都集成在主板的北桥芯片中。一些主板集成的显卡也在主板上单独安装了显存,但其容量较小,显示效果与处理性能相对较弱,不能对显卡进行硬件升级,但可以通过CMOS调节频率或刷入新BIOS文件实现软件升级来挖掘显示芯片的潜能。集成显卡的优点是功耗低、发热量少,部分集成显卡的性能已经可以媲美入门级的独立显卡,而且不用花费额外的资金购买显卡。

独立显卡是指将显示芯片、显存及其相关电路单独做在一块电路板上,自成一体,作为一块独立的板卡存在,它需占用主板的扩展插槽(ISA、PCI、AGP或PCI-E)。独立显卡单独安装有显存,一般不占用系统内存,在技术上也较集成显卡先进得多,比集成显卡能够得到更好的显示效果和性能,更容易进行显卡的硬件升级。其缺点是系统功耗有所加大,发热量也较多,需额外花费购买显卡的资金。

独立显卡主要分为两大类,为NVIDIA通常说的N卡和AMD通常说的A卡。通常,N卡主要倾向于游戏方面,A卡主要倾向于影视图像方面。显卡性能可以从型号、性能标示、显存大小、显存频率等方面辨别。

这里也简单介绍一下NVIDIA的命名规范,N卡产品线比较简单,后两个数字代表性能等级,前一个或者两个代表代数,均为越大性能越好;如果末尾带有M,则代表是移动显卡,没有则是桌面级产品。

3. 硬盘

笔记本电脑目前普遍采用的是机械式硬盘，大多数笔记本电脑标配硬盘容量基本为320～500GB，多数价格较低的笔记本电脑都是用320GB硬盘。市面上的主流品牌有希捷、HGST、西部数据、三星、东芝等。下面来简要介绍一下笔记本电脑硬盘的现状。

(1) 500GB硬盘的现状。现在单碟500GB盘片大规模应用在笔记本电脑硬盘上，第一次达到与台式机硬盘的盘片容量对等，首次达到台式机硬盘的性能。单碟500GB笔记本电脑硬盘得到迅速推广已成为主流，并且已细化分为5400转和7200转产品。其中单碟500GB/5400转笔记本电脑硬盘性价比非常高。

(2) 1TB硬盘的现状。双碟1TB笔记本电脑硬盘可替代双碟500GB产品，并且它的价格同样很有优势，无论从性价比和容价比上看，它都是相当诱人的。1TB笔记本电脑硬盘暂时还没有应用高转速伺服马达，因此双碟1TB/5400转笔记本电脑硬盘成为用户的单项选择。

(3) 1.5TB硬盘的现状。随着盘片容量的提升，三碟装笔记本硬盘容量可提高到1.5TB。由于大多数笔记本硬盘的高度为标准的9.5mm，而三碟装2.5寸硬盘则达到了12.5mm，这也决定了1.5TB笔记本硬盘不能应用于普通笔记本电脑。同时，1.5TB硬盘因受到技术限制，同样无法应用高转速伺服马达，所以它只能增大容量而无法提高性能。

4. 内存

笔记本电脑的内存具有和台式机内存完全不同的规格，价格也较一般台式机的内存贵很多，但是其体积小，有利于笔记本电脑内部的设计。目前的笔记本电脑内存大多使用DDR3规格，单条容量1GB、2GB、4GB、8GB，主流品牌有金士顿、三星、威刚等。对计算机专业的学生而言，4GB容量的内存基本可以达到平时的使用需求。

5. 显示屏

笔记本电脑的显示屏可以说是最重要的部件之一，显示屏的尺寸直接影响了笔记本电脑体积的大小。目前的笔记本电脑类型可以分为8.9寸的迷你型、10.6寸的超轻薄型、12.1寸的轻薄型、14.1寸的全尺寸型以及15寸和17寸的大尺寸型。因此，屏幕的大小也是用户选购笔记本电脑时需要考虑的一个重要因素，主要看需要什么类型的笔记本电脑。而显示屏还是笔记本电脑的耗电大户，它的功耗也决定了笔记本电脑的使用时间，而它的画面质量直接影响着笔记本电脑使用者的心情，因此出色的显示屏是用户选购笔记本电脑时要首先考虑的。

6. 网络设备

笔记本电脑的网络设备已经成为笔记本电脑很重要的一个配置。大部分笔记本电脑都配置了无线网卡，这给用户带来了很大的方便。随着无线网络的普及，很多公共场合都覆盖了无线局域网，这给带有无线网卡的笔记本电脑提供了巨大的便利。

7. 外壳

笔记本电脑的外壳既是保护机体的最直接的屏障，也是影响其散热效果、“体重”、美观度的重要因素。笔记本电脑常见的外壳用料有合金外壳(铝镁合金与钛合金)和塑料外壳(碳纤维、聚碳酸酯PC和ABS工程塑料)。

(1) 铝镁合金。一般主要元素是铝，再掺入少量的镁或是其他金属材料来加强其硬度，是便携型笔记本电脑的首选外壳材料，大部分厂商的笔记本电脑产品均采用铝镁合金外壳技术。

(2) 钛合金。渗入碳纤维材料,散热、强度、表面质感都优于铝镁合金材质。钛合金机即使配备15英寸的显示器,也不用在面板四周预留太宽的框架,因为钛合金厚度只有0.5mm,是镁合金厚度的一半。

(3) 碳纤维。既拥有铝镁合金高雅坚固的特性,又有ABS工程塑料的高可塑性。碳纤维的强韧性是铝镁合金的2倍,而且散热效果相对于其他材质最好。但碳纤维成本较高,成型没有ABS外壳容易,着色也比较难。如果接地不好,碳纤维外壳会有轻微的漏电感,因此IBM在其产品的碳纤维机壳上覆盖了一层绝缘涂层。

(4) 聚碳酸酯PC。散热性能比ABS工程塑料较好,热量分散比较均匀,但比较脆,一跌就破。不管从表面还是从触摸的感觉上,这种材料感觉都像是金属。如果笔记本电脑内没有标识,单从外表面去观察,可能会以为是合金物。

(5) ABS工程塑料。应用在薄壁及复杂形状制品上,能保持其优异的性能,保持塑料与一种酯组成的材料的成型性。但其重量较重,导热性能欠佳。由于其成本低,被大多数笔记本电脑厂商采用,多数塑料外壳的笔记本电脑都是采用ABS工程塑料做原料。

笔记本电脑产品和其他事物一样,没有十全十美的,但是每个用户的需求都不同,而每台笔记本电脑的定位、功能也不相同。只有充分了解自己对产品的需求和产品特点后,选购产品才会有的放矢,进而用最合理的金钱买到最适合自己的机器。

1.4.7 配置管理

购买笔记本电脑以后,自己查阅的资料、购买过程中产生的票据,都应该整理和存放起来,一方面保管好票据可以便于以后的售后服务和维权,另一方面把自己在采购笔记本电脑的过程中学到的知识和经验总结记录,也是一笔宝贵的财富,若以后需要再次升级或者帮助别人选购笔记本电脑,这些都是非常好的参考资料。

总之,购买笔记本电脑是一个斗智、斗勇、斗耐心的过程,希望读者不但能在这个过程中购买到一台自己满意的笔记本电脑,还能增加社会经验,并能学到很多计算机硬件和组装原理方面的知识。

本实验作为选做实验,读者可以按照上面所介绍的知识,亲自到电子市场去体验一下如何购买笔记本电脑,看一看实际情况是怎样的。

1.5 选做实验2:笔记本电脑的保养与维护

在笔记本电脑的使用过程中,因其出故障而导致重要的工作成果或文件丢失的情况屡见不鲜。为了尽可能降低笔记本电脑出故障的可能性,采取一些保养与维护措施是很必要的。本节将聚焦笔记本电脑各个部件日常使用过程中需要注意的问题,介绍一些实用的保养与维护技巧。

1.5.1 电池的保养与维护

从刚买到新笔记本电脑的那一刻起,就要注意电池的保养与维护。刚买到的笔记本电脑的电池中会有剩余电量,这是因为在出厂前厂商要对笔记本电脑进行功能测试。在第一次为笔记本电脑充电前，需要将其剩余电量使用殆尽后再进行充电。新电池在充电过程中会出现假满现象，充电完成后电力并不持久。因此，需要将电池连续充满放净电量三次，才可使新电池的性能得到改善；否则，在今后的使用过程中，电池的性能可能会大打折扣。

在使用过程中，电池还需要进行定期校准。有些笔记本电脑在 BIOS 中有电池校准功能，可以使用它来对电池电量进行定期校准，以获得最佳工作状态(也可以使用电池校准软件来完成电量校准)。为了使笔记本电脑的电池寿命更长，还需要注意以下几点。

(1) 在电池电量用完后再充电，在电池电量充满后再使用。

(2) 不要在雷雨天为电池充电，因为雷击造成的瞬时电流会对电池造成冲击。

(3) 至少每个月为电池进行一次标准的充放电操作。

1.5.2 显示屏的保养与维护

由于笔记本电脑的屏幕非常脆弱，所以厂商会在屏幕上贴一层防护膜以防止屏幕划伤。但是这层膜并不是真正意义上的"防护膜"，需要在使用前将其小心的揭掉，否则会影响屏幕的显像效果。在揭下这层薄膜后，需要为笔记本电脑屏幕贴上真正的"笔记本液晶屏幕保护膜"(根据笔记本电脑屏幕尺寸不同，笔记本液晶屏幕保护膜有不同规格)，可以很大程度上防止屏幕被尖锐物品划伤。值得注意的是，笔记本液晶屏幕保护膜与厂商贴的防护膜有本质上的区别，把厂商贴的防护膜当作笔记本液晶屏幕保护膜使用会对笔记本电脑屏幕造成很大损伤。

用户可能常常需要携带笔记本电脑出行，因此选择一款优质的笔记本电脑包也是至关重要的。与普通的办公包不同，一款真正的笔记本电脑包首先应该具备强度足够的背包外缘与保护隔层，这样才能有效地隔离外界的挤压与冲撞。其次，它应该具备合理的隔层设计，比如电源隔层应设计在笔记本电脑的侧面，以防止电源插头划伤笔记本电脑的液晶屏幕。而且，笔记本电脑包也需要具备适当地防水能力。

在使用的过程中，还需要注意以下几点。

(1) 尽量不要带着手表、手链等物品使用笔记本电脑。

(2) 尽量避免在电脑旁喝饮料、吃水果。

(3) 不要将笔记本电脑保存在潮湿处，也不要将笔记本长时间暴露在强阳光下，尽量使用适中的亮度/对比度，并避免长期显示固定图案。

(4) 定期使用屏幕清洁液与液晶屏专用布料擦拭液晶屏。

1.5.3 硬盘的保养与维护

硬盘是笔记本电脑最容易坏的部件，其损坏所带来的损失也尤其巨大，有时甚至是毁灭性的，因此要格外注意其保养。在硬盘运转的过程中，一定不要快速地移动笔记本电脑，更不要突然撞击笔记本电脑。虽然笔记本电脑在硬盘的抗震性上优于台式机，但是微小的震动或突然的撞击仍然会造成严重的后果。为了将硬盘损坏所带来的风险降到最低，定期使用外部存储方式(例如光盘刻录、磁带存储、外置硬盘或网络共享等)进行外部备份，不失为一种好的方法。

在硬盘的使用过程中，还需要注意以下几点。

(1) 尽量不要并行启动多个复制任务。

(2) 尽量不要同时打开多个需要读取硬盘数据的应用程序。

(3) 定期进行磁盘整理,必要时最好能对计算机进行格式化、重装系统。

(4) 尽可能让硬盘工作在低温状态下。

1.5.4 光驱的保养与维护

笔记本电脑的光驱结构比台式机的光驱更加精密,因此对灰尘和污渍也更加敏感。为了减少灰尘的侵害,在笔记本电脑的光驱处于闲置状态时应该及时取出光碟。同时,避免经常使用劣质光盘、避免光驱长时间运转也是光驱保养的重要手段,必要时还可以使用虚拟光驱软件代替光驱。

在光驱的使用过程中需要注意以下几点。

(1) 定期用光驱清洗液清洁光头。

(2) 在装入光碟时用手轻托光驱托盘,以减缓导轨承受的压力。

1.5.5 键盘的保养与维护

键盘是使用最频繁的电脑部件之一。虽然很多厂商都优化了键盘的耐用性,但是使用时间长了都可能出现问题(例如某个按键变得不灵敏、键帽上面的漆磨掉了)。如果很在意笔记本电脑的键盘,使用外置键盘不失为一个好方法。

在笔记本电脑的使用过程中,可能会遇到液体流进键盘的情况。这时首先要断开电源并关闭笔记本电脑。由于笔记本电脑的每个按键都是可以揭开的,因此当水流进键盘时,需要把进水区域的按键全部揭开后仔细检查。确认液体没有渗到笔记本电脑内部的情况下,对于纯净水,用吸水材质布料擦拭干净,等待键盘晾干即可;对于含有糖分的饮料,则需要使用低浓度酒精擦拭,待其挥发。擦拭时尤其要注意将边角与橡胶垫擦干。

本节简要地介绍了一些关于笔记本电脑电池、显示屏、硬盘、光驱和键盘的保养与维护方法,希望读者能够重视笔记本电脑的保养与维护,增加其使用寿命,使其更好地工作。

本章实验至此全部结束,希望读者通过学习和实践能够掌握计算机的组装、笔记本电脑的选购和日常维护等技能,为以后的计算机学习和使用打下良好基础。

第2章 操作系统安装与操作

操作系统是管理计算机系统各种软硬件资源的程序，它为应用程序提供基础，并且充当计算机和计算机用户的中介。操作系统的任务是为用户提供方便且有效执行程序的环境。

计算机系统的组成部分包括硬件、软件和数据，在计算机系统的操作过程中，操作系统提供了正确使用这些资源的方法。当前市场上有很多不同类型、不同版本的操作系统。但是无论哪一种操作系统，要完成的主要任务和要实现的主要目标都是大致相同的，如进程管理、内存管理、文件管理、存储管理、I/O管理及安全与权限管理等。

操作系统的理论基础和实现机制会在计算机专业必修的操作系统课程中讲授。熟练掌握至少一种操作系统的安装与操作是对计算机相关专业学生的基本要求，也是在计算机上进行其他应用或开发的基础。

本章的3个实验都是与操作系统有关的。第1个实验练习 Windows 7 的安装；第2个实验练习 Windows 7 的主要操作，包括控制面板、注册表和命令行程序等；第3个实验介绍 Linux 操作系统 Ubuntu 的安装和基于终端的基本操作。很多操作系统的安装过程和基本操作都有相似的地方，读者在学习的过程中应举一反三。

2.1 基础知识储备与扩展：常用操作系统介绍

从最早的批处理程序，到分时系统，再到网络和多处理器技术兴起后的分布式系统和集群系统，操作系统发展到今天已经有近60年的历史。桌面系统的出现，使得原本在大型机上才可能完成的工作可以在小小的PC上完成，推动计算机进入了千家万户。操作系统的发展往往取决于计算机技术，尤其是硬件技术的发展，而在设计与实现操作系统中提出的思想及其广泛应用，也极大地推动了计算机科学与技术的发展。这个过程中出现过很多类型的操作系统，它们之间不是毫无关系，而是存在很多渊源。本节将对几种曾经产生过重要影响和现在占有主要市场份额的操作系统做简要介绍。

1. IBM OS/360

在计算机产生的早期，是不存在操作系统的概念的。20世纪50年代中后期出现了简单的批处理系统，进行工作的建立、调度和执行。那个时候，每种型号的计算机都有各自不同的操作系统，在一种计算机上开发的程序无法移植到其他计算机上。

1964年IBM推出了System/360，它包括一系列用途与价位都不同的大型计算机，共享代号为OS/360的操作系统。该操作系统以其通用化、系列化和标准化的特点，对全世界计算机产业的发展产生了深远影响，同时也成就了IBM公司，使其在两年之内发展成为名副其实的“蓝色巨人”。IBM OS/360的主设计师、图灵奖得主布鲁克斯(Frederick P. Brooks)在20世纪70年代将自己的开发和管理经验加以总结和提炼,汇集成一本《人月神话》,成为软件工程领域的经典著作。

2. UNIX

1961年,世界上第一个分时系统CTSS研制成功,并引起美国国防部的高度重视。然后美国国防部投资启动了MAC项目,由MIT、通用电气(GE)公司和贝尔实验室参加,目标是实现第二代分时系统。MAC于1969年完成,推出了著名的分时操作系统Multics。

虽然Multics在商业上没有取得很大的成功,但是其开创的一系列概念和技术却对后来的操作系统产生了很大的影响。例如贝尔实验室的汤普森(Kenneth L. Thompson)和里奇(Dennis M. Ritchie)借鉴了其中的思想,在20世纪70年代初开发了更成功、更具影响力的操作系统UNIX,并在这之后开发、设计了著名的C语言,两人也因此获得图灵奖。

当今市场上流行着很多UNIX系列的操作系统,如FreeBSD、惠普公司的HP-UX、Sun公司的Solaris以及由我国几家单位合作研制的服务器操作系统麒麟。

3. DOS

早期的操作系统大都应用在大型计算机和商用计算机上,价格昂贵。随着PC的出现,人们开始需要价格相对便宜、功能可以相对简单的适合运行于PC上的桌面操作系统。

1980年微软公司收购了一家公司出产的操作系统,在将之修改后以MS-DOS的名义发布,进而又获得IBM公司的合约,向后者供应DOS操作系统。该操作系统采用单进程单线程,可以直接让程序操作BIOS与文件系统。尽管MS-DOS自身存在很多缺陷,甚至算不上一个完整的操作系统,但它还是变成了IBM PC上面最常用的操作系统,得到了很多人的热爱。MS-DOS的成功也使得微软公司异军突起,成为软件领域的巨鳄。

4. Windows

1985年,微软公司发布了Windows 1.0,将屏幕分为多个窗口,使用户可以同时运行多个程序。1990年,Windows 3.0采用了图形控件。1992年,Windows 3.1采用了程序图标和文件夹,将图形用户界面进一步完善。至此,Windows还不算是一个真正的操作系统,因为它需要DOS提供操作系统内核。

随着Windows 95、Windows 98、Windows 2000、Windows Me、Windows XP、Windows Vista、Windows 7、Windows 8等多个版本的相继推出,Windows逐步摆脱了对DOS的依赖,发展成为技术全面、功能强大、界面美观、用户友好、操作方便的操作系统系列。2014年,微软公司推出了Windows系列的最新版本Windows 10。

作为当今市场上最主流的操作系统,Windows占领了全世界超过90%的桌面。尽管受到过很多人的质疑甚至是攻击,但是客观地说,微软公司和微软公司的Windows系列为计算机的发展和普及做出了不可磨灭的贡献。

5. macOS(原名Mac OS)

20世纪80年代,苹果公司的Mac OS第一次提出了使用图形化用户界面作为用户操作方式,从此改变了人们对操作系统的传统观念。Mac OS是一套运行于苹果Macintosh系列计算机上的操作系统,一直以来都被业界用来和微软的Windows进行相互比较,它是首个在商用领域成功的图形用户界面操作系统。在Mac OS推出图形界面的时候,微软还只停留在DOS年代,Windows尚在襁褓之中。

Mac OS 可以被分成操作系统的两个系列：一个是老旧且已不再被支持的经典版 Mac OS,在 Mac OS 8 以前用 System x. xx 来称呼；而另外一个则是新的 Mac OS。

随着 Mac OS 8. 0、9、X、X 10. 0、X 10. 1(Puma)、X 10. 2 (Jaguar)、X 10. 3(Panther)、X 10. 4(Tiger)、X 10. 5(Leopard)、X 10. 6(Snow Leopard)、X 10. 7(Lion)以及 X 10. 8 (Mountain Lion)的相继推出，Mac OS 的市场份额逐步攀升，如今已对微软公司的 Windows 系列操作系统产生了一定的冲击。2018 年，苹果公司推出了 macOS 系列最新版本 macOS 10. 14(Mojave)。

6. Linux

1991 年，年轻的芬兰大学生 Linus Torvalds 在 UNIX 系列操作系统 Minix 的影响下开发出了 Linux 操作系统内核。由于它的源代码是带着公用许可证发布的，任何人都可以为个人使用而复制、开发和出售，这引起了 GNU 等组织和很多程序员的广泛关注，并激发了很多程序员的开发热情。2. 4 版本的 Linux 已经具备了一个操作系统的全部基本功能，新发布的 2. 6 版本又做了很多修改和完善。

如今 Linux 在开源操作系统中占有很大的份额，市场上有很多运行在 Linux 之上的开源程序，很多软件公司也发布了产品化的 Linux 系列操作系统，比较著名的如 Ubuntu、Red Hat、TurboLinux、Slockware、Suse、Mandrike、Debian、Gentoo、红旗及蓝点等。Linux 的出现为计算机用户特别是程序员提供了更广阔的选择空间。

7. 嵌入式操作系统

目前，很多嵌入式设备已经拥有了不亚于早期计算机的计算和处理能力。嵌入式操作系统也成为操作系统家族中重要的一支，如从数码相机、波音飞机到火星车上都广泛使用的 VxWorks、苹果手机上使用的 iOS、诺基亚手机上使用的 Windows Phone 和 Symbian OS、Google Android 以及开源的 μCLinux 等。

随着硬件性能的提升、计算机技术的发展、网络的普及以及人们需求的提高，操作系统在不断地演化和发展中。本节只是从发展和分类方面对操作系统做了简单的介绍，其中涉及一些技术名词、历史事件、企业、产品和人物，不需要读者完全掌握，感兴趣的读者可以查阅相关资料和书籍，以获得更深入和更全面的了解。

2.2 基础实验 1：Windows 7 的安装

作为计算机相关专业的学生，经常会因为各种原因而需要重装系统，也可能经常受人之托帮忙安装系统。因此，系统安装可谓计算机相关专业学生的一项基本功。本节以 Windows 7 操作系统为例，帮助读者练习操作系统的安装流程。

2.2.1 BIOS 设置

准备好 Windows 7 的安装盘。在安装操作系统前首先要对 BIOS 进行设置，设置从光驱引导启动，才能运行光盘中的安装程序。

BIOS 是被固化到计算机主板上 ROM 芯片中的一组程序，为计算机提供最底层、最直接的硬件设置和控制。开机时，首先启动的是 BIOS 程序，它负责对硬件进行初始化设置和测试，以保证系统能够正常工作。

步骤一：在开机后启动系统时，按F2键，进入BIOS界面，如图2-1所示。

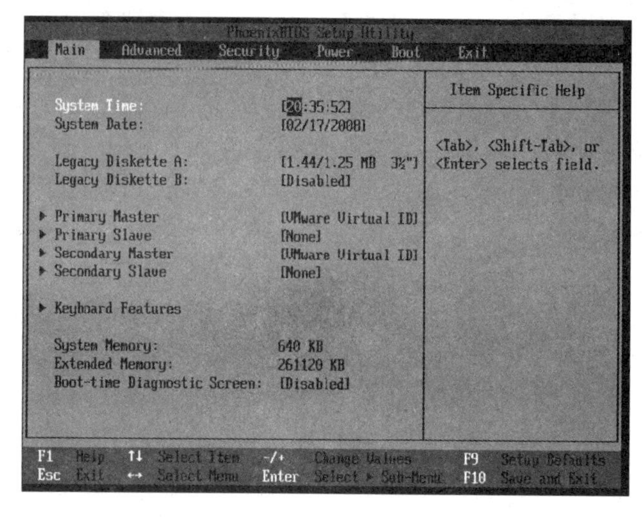

图2-1 BIOS主界面

目前市场上主板的BIOS主要有AMI BIOS、Award BIOS和Phoenix BIOS 3种类型，每种BIOS在操作界面和热键上都有所不同，但基本的参数设置是相似的。本实验示例计算机使用的主板是Phoenix BIOS，其他类型的BIOS可以对比进行操作。

Phoenix BIOS进入热键是F2键，而Award BIOS的则为Delete键。BIOS热键在开机时一般均有提示。

如果热键按得太晚则会直接启动系统，这时需要重新启动计算机。最好在开机后立刻按下进入热键，直到进入BIOS界面。

步骤二：通过按左右方向键移至Boot选项卡，如图2-2所示。

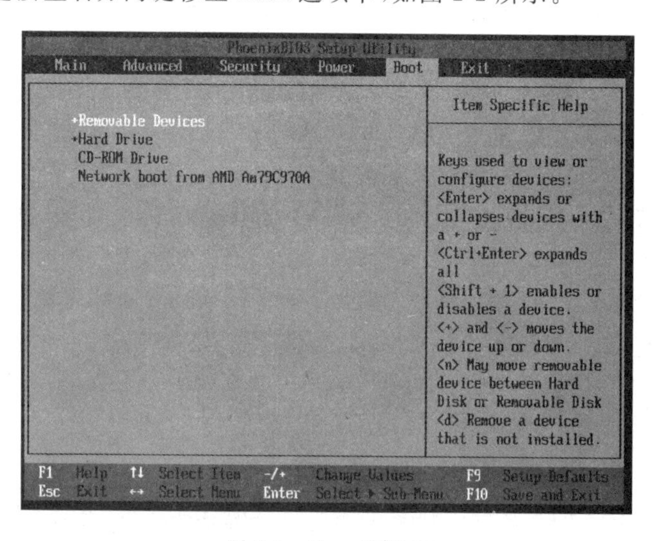

图2-2 Boot选项卡

这里启动选项依次为移动设备、硬盘、光驱、网络。

步骤三：通过按上下方向键选择每个启动设备，并通过加减符号键改变其优先级，设置启动顺序，如图 2-3 所示。

步骤四：按 F10 键，保存并退出，系统弹出对话框，如图 2-4 所示。

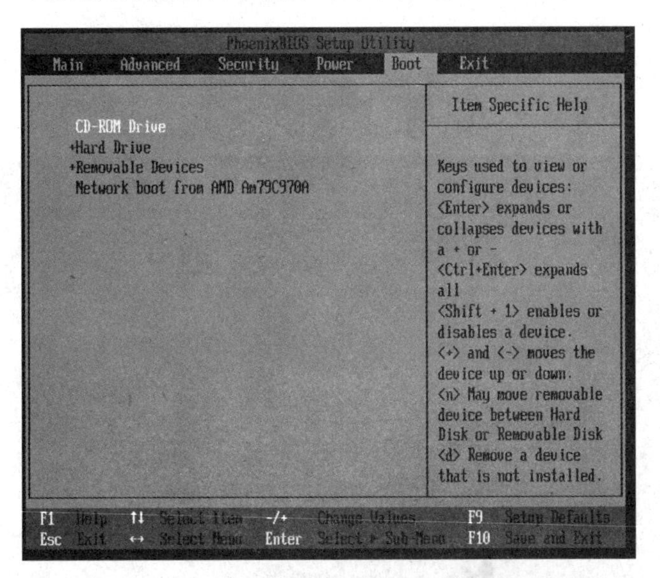

图 2-3　设置启动顺序

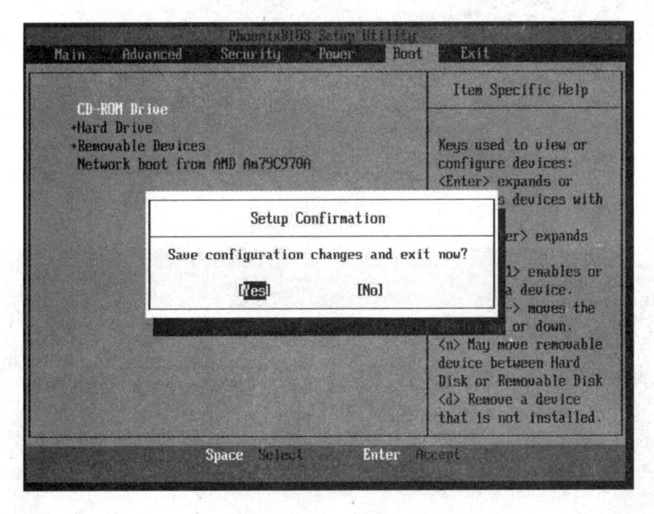

图 2-4　保存并退出 BIOS

步骤五：选择 Yes 选项，按 Enter 键确定。此时系统将保存当前 BIOS 设置，并退出 BIOS 界面。在 BIOS 界面中，还可以进行许多其他设置，如系统时间、内存设置、CPU 参数等，以达到系统的优化与升级。计算机发烧友经常会进行的“超频”操作也是通过 BIOS 设置完成的。

2.2.2　硬盘分区与格式化

1. 启动光盘

步骤一：重新启动计算机，此时系统将从光驱开始启动，光驱内的操作系统安装文件自动运行。

Windows 7 操作系统有很多个版本，每个版本在安装和使用上都有或多或少的不同。

步骤二：出现蓝色屏幕显示 Windows Setup，稍作等待，此时系统在收集计算机硬件信息。

步骤三：出现“安装 Windows”窗口，首先选择合适的输入语言和其他首选项，单击“下一步”按钮，如图 2-5 所示。

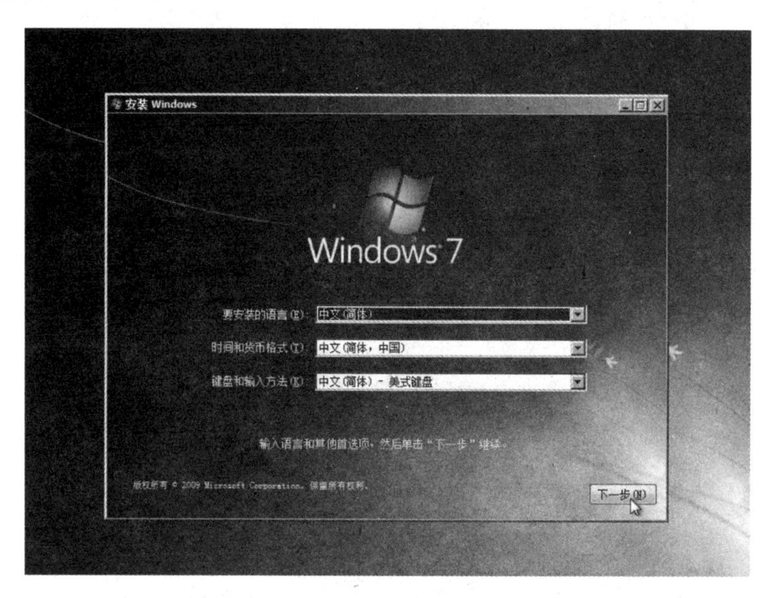

图 2-5　选择输入语言和其他首选项

步骤四：出现“MICROSOFT 软件许可条款”界面，如图 2-6 所示，认真阅读该条款，勾选“我接受许可条款”复选框，单击“下一步”按钮。

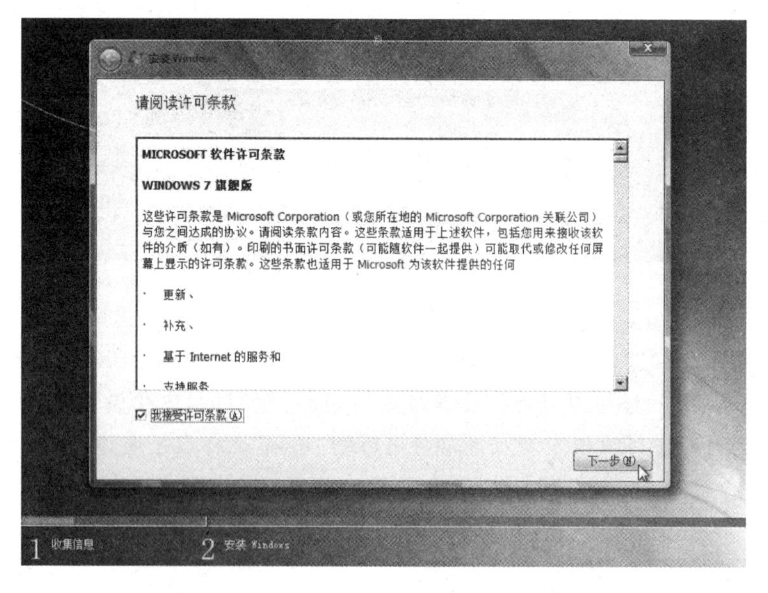

图 2-6　“MICROSOFT 软件许可条款”界面

2．创建分区

步骤一：系统出现磁盘分区界面，显示磁盘大小和分区情况，如图 2-7 所示。

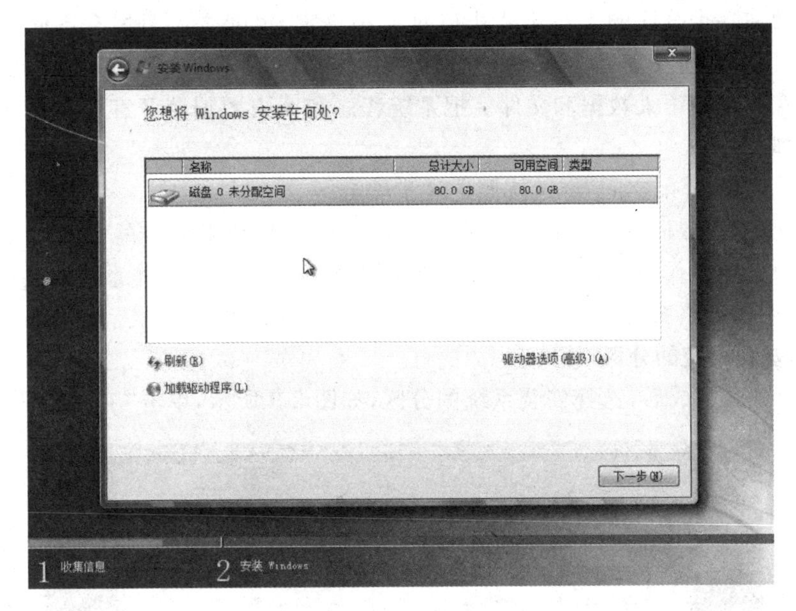

图 2-7　创建分区

这里显示的信息与具体的计算机有关。如果是新磁盘，则必须要在这里进行分区；如果是已经进行过分区的磁盘，可以在这里调整分区情况，但要先删除旧的分区，再从未划分的空间中重新分区。

步骤二：选中“未分配空间”选项，单击“新建”按钮，输入想要设置的磁盘大小，界面如图 2-8 所示，单击“应用”按钮。

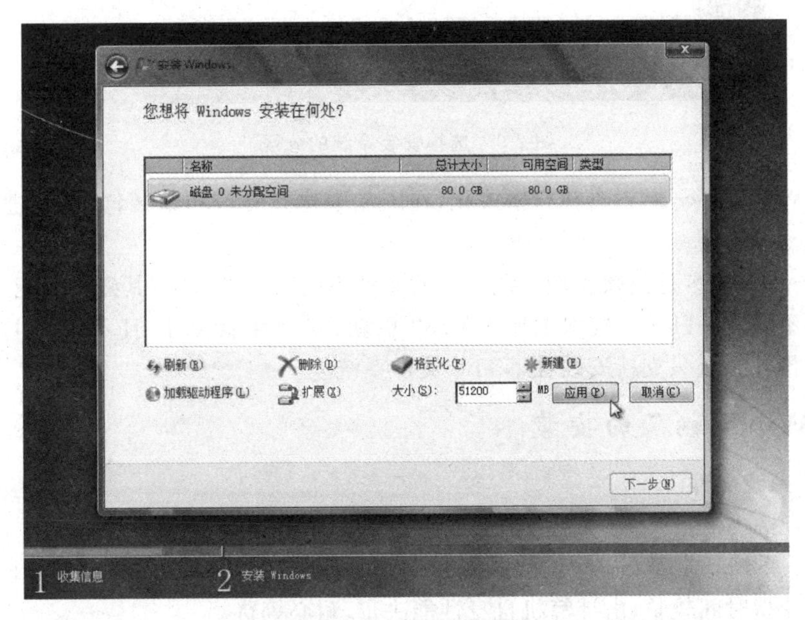

图 2-8　划分磁盘空间

步骤三：继续为磁盘划分分区，空间大小要设置在“未分配空间”中最小和最大可用空间范围内，具体操作与步骤二相同。

分区个数和每个分区的大小主要由磁盘大小决定，也随个人习惯有不同的最佳分配。一般来说，分区个数至少为两个，C盘一般用来存放操作系统和一些应用程序安装文件，而其他盘用来存放用户个人数据和文件。把系统程序和个人数据分开存放有助于保护数据，也是个好习惯。

步骤四：对“未分配空间”继续按照上述步骤分区。

一般情况下，Windows 7 系统会保留 100MB 的空间为“未划分的空间”，不能被分区。也可暂时不对安装操作系统以外的“未分配空间”执行格式化，等操作系统安装结束后在“磁盘管理”界面中执行格式化。

3. 选择安装系统的分区

步骤一：分区完成后，选择安装系统的分区，如图 2-9 所示，单击“下一步”按钮。

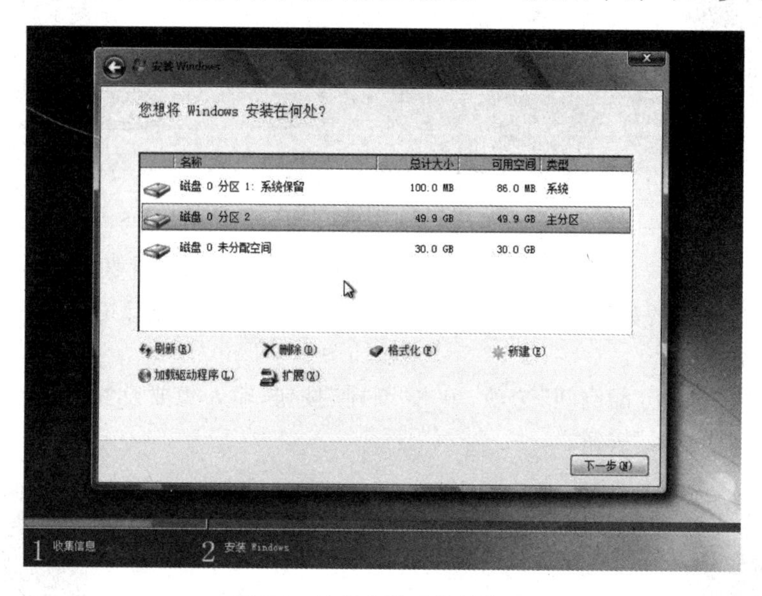

图 2-9　选择安装系统的分区

步骤二：Windows 对磁盘执行格式化，在磁盘中建立磁道和扇区，并对其进行编号，供操作系统读写和管理。

FAT32 和 NTFS 是微软操作系统支持的两种不同的文件系统，其磁盘分配方法和索引方式均有所不同。NTFS 在技术上比 FAT32 更新，安全性能较好，且不易产生磁盘碎片。Windows 7 操作系统只支持安装在 NTFS 文件系统上。

2.2.3　Windows 7 的安装

1. 安装系统文件

步骤一：格式化完毕后，系统将进行磁盘检查。

步骤二：系统复制 Windows 文件、展开 Windows 文件、安装功能，如图 2-10 所示。这一系列过程花费时间较长，由计算机自身性能决定，耐心等待。

步骤三：复制 Windows 文件，展开 Windows 文件，安装功能和安装更新结束后，系统

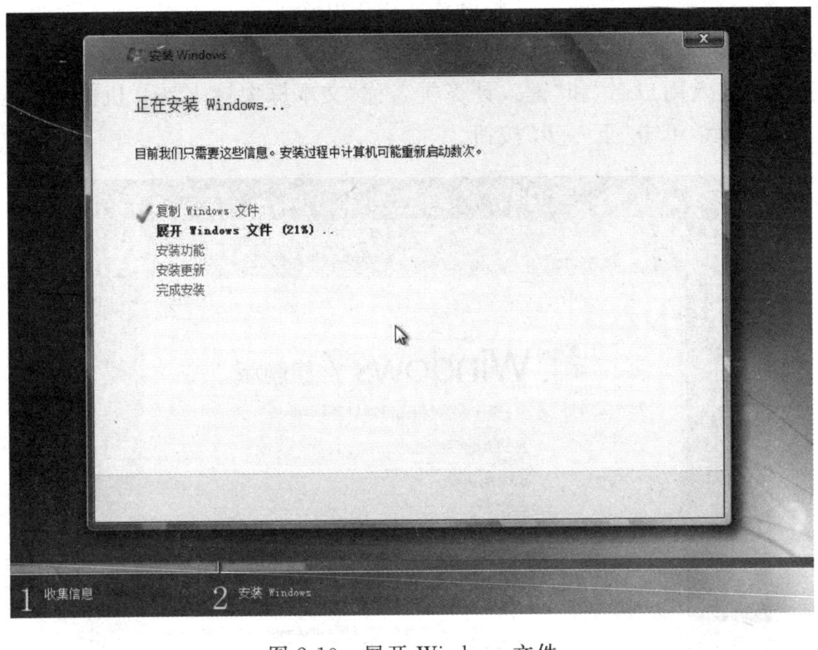

图 2-10　展开 Windows 文件

将提示重新启动,可单击“立即重新启动”按钮或等待系统自动重新启动。

步骤四:系统重新启动后会安装更新并完成安装,如图 2-11 所示。完成安装后,系统还会自动重新启动。

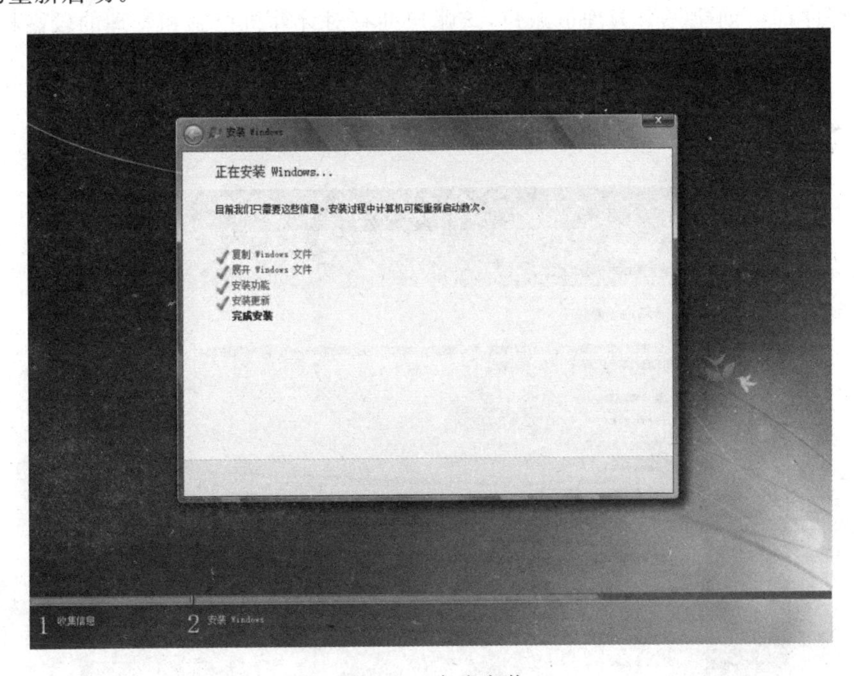

图 2-11　完成安装

2. 配置系统

步骤一:等待系统自动从硬盘上启动。

步骤二：系统显示配置界面。这些设置在以下几个步骤中体现。

这些设置很多在系统安装完成后还可以在相应的地方进行人工设置和修改。

步骤三：在“键入用户名”和“键入计算机名称”文本框中输入计算机的用户名和计算机名称，如图2-12所示，单击“下一步”按钮。

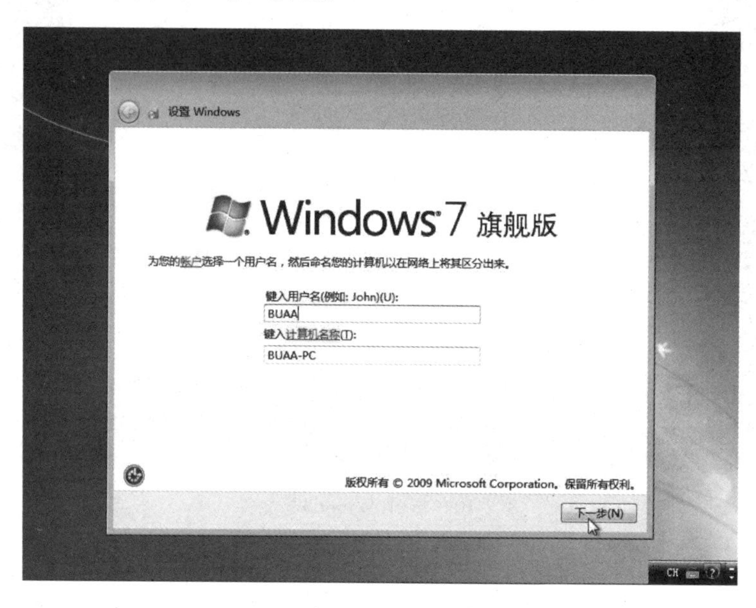

图 2-12　输入用户名和计算机名称

安装程序即会创建一个管理员账户，该账户拥有对计算机控制和管理的较高权限(并非最高)。

步骤四：进入“为账户设置密码”界面，输入密码和密码提示，如图2-13所示，单击“下一步”按钮。

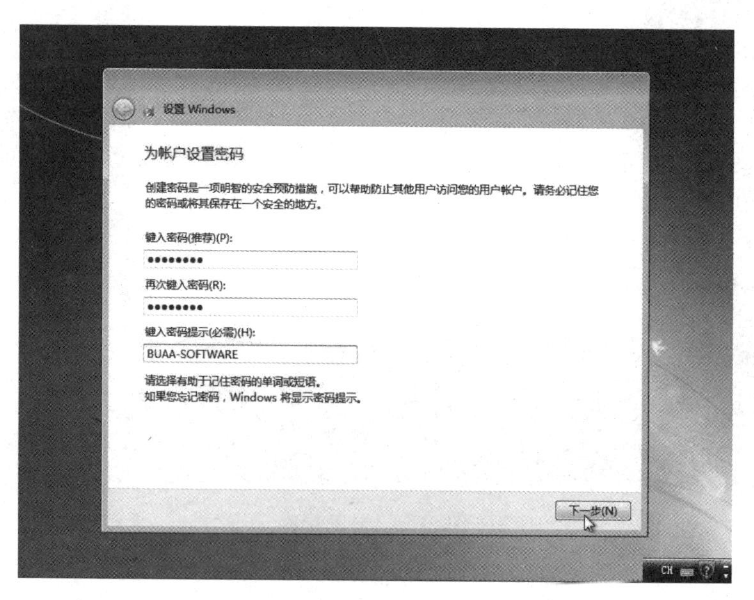

图 2-13　为账户设置密码

现在设置的密码即为需要以管理员身份登录时要输入的密码。

步骤五：在“键入您的 Windows 产品密钥”界面中输入操作系统安装盘的 25 位产品密钥，如图 2-14 所示，单击“下一步”按钮。

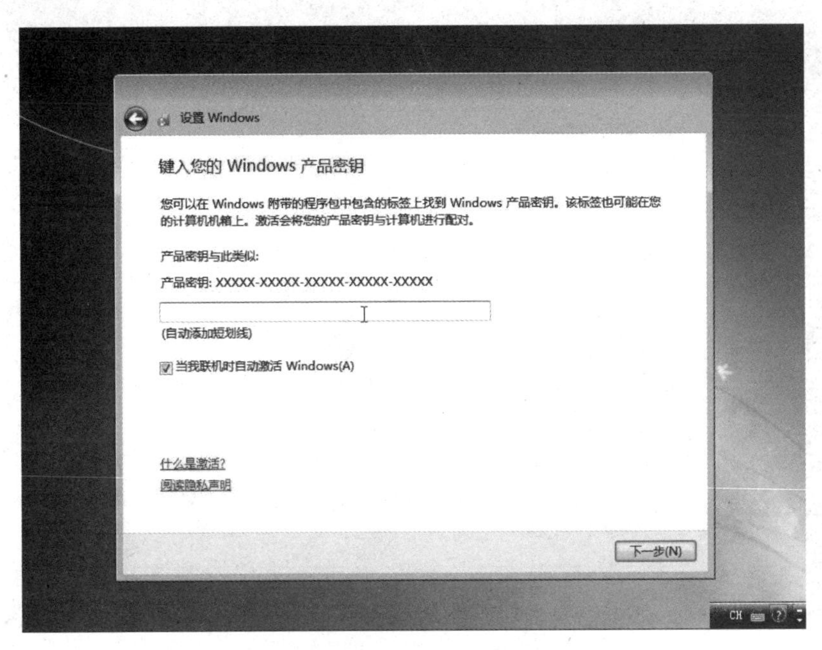

图 2-14　输入 Windows 产品密钥

步骤六：系统弹出“帮助您自动保护计算机以及提高 Windows 的性能”界面，如图 2-15 所示。选择需要的设置，这里选择“使用推荐设置”选项。

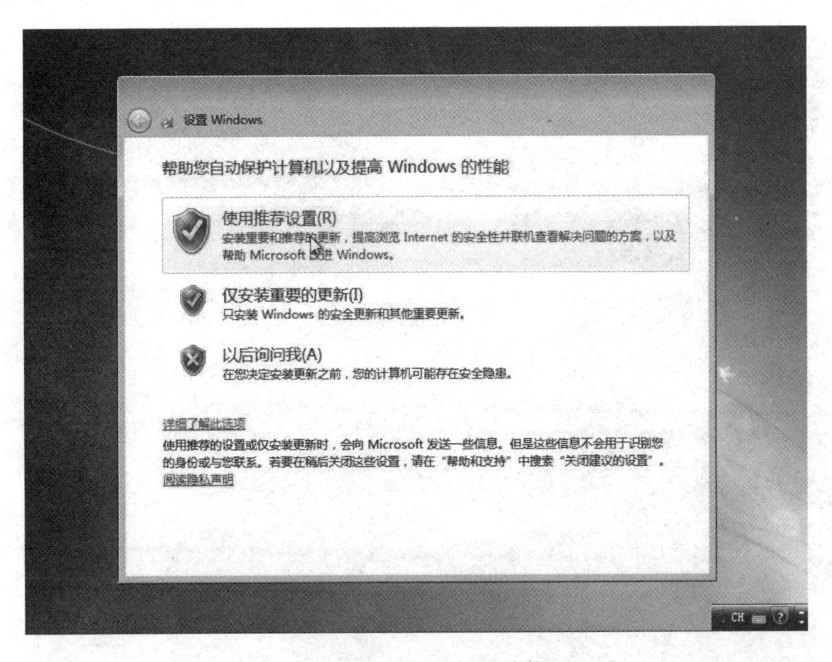

图 2-15　设置“自动保护计算机”

步骤七：弹出“查看时间和日期设置”界面，分别设置当前日期、时间和时区，如图2-16所示，单击“下一步”按钮。

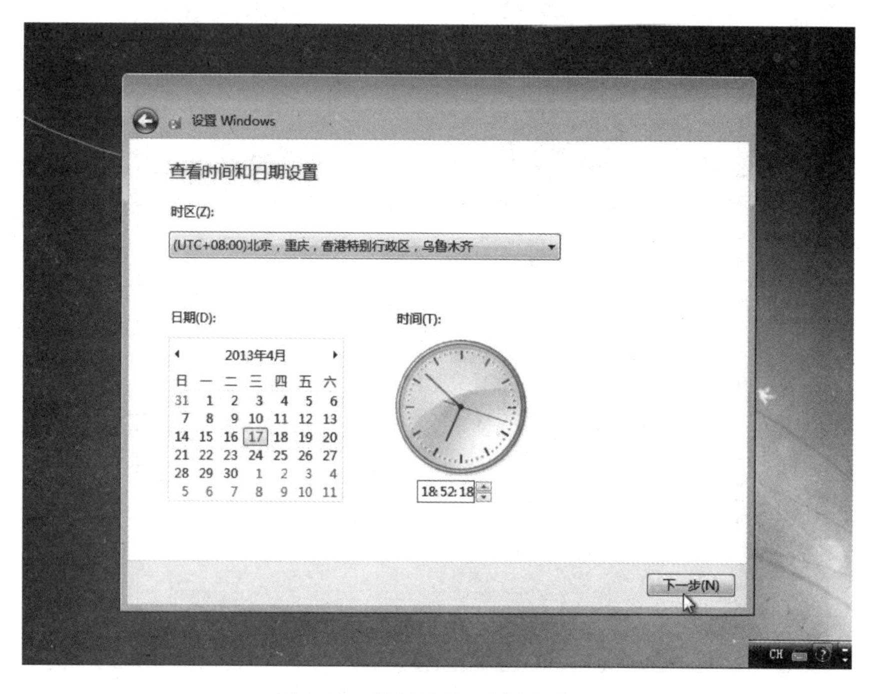

图2-16 设置日期、时间和时区

至此，系统安装与配置就全部完成了，如图2-17所示，稍等片刻将出现大家比较熟悉的Windows 7桌面，如图2-18所示。

图2-17 正在准备桌面

图 2-18　Windows 7 桌面

2.2.4　驱动程序的安装

1. 驱动程序的安装

操作系统安装完毕后，大多数硬件都能够正常工作，若存在缺少驱动程序而不能工作的硬件，则还需要安装相应的驱动程序。

大部分硬件在 Windows 7 安装完成后就能够使用了，如鼠标、键盘、主板、声卡、网卡及摄像头等，有些还需要手动安装驱动程序，如显卡、打印机、手写板等。有时为了更新显卡驱动程序，也需要手动安装。

当硬件设备或设备驱动程序过于先进时，可能会出现与操作系统冲突的情况。这时需要安装操作系统特定的补丁。

一般来说，安装驱动程序应遵守主板→显卡和声卡→其他驱动程序的顺序。这里以在设备管理器中安装显卡驱动程序为例进行介绍。

目前大多数厂商都通过软件安装包的方式提供驱动程序，用户只要去官网下载最新版本的驱动程序安装包并运行就可以自动地安装好设备驱动。如果有一个设备没有合适的驱动程序，也可以在设备管理器中手动为它安装或指定驱动程序。

步骤一：准备好需要安装的驱动程序。

购买的硬件经常会自带驱动程序，用户也可以通过硬件型号在网络上寻找合适的驱动程序。

对于显卡这类性能比较关键的设备，定期去厂商官方网站下载并安装最新版本的驱动程序有助于提高设备性能。

步骤二：单击"开始"菜单，右击"计算机"选项，在弹出的"系统"窗口中选择"高级系统设置"选项，弹出"系统属性"对话框，如图 2-19 所示。

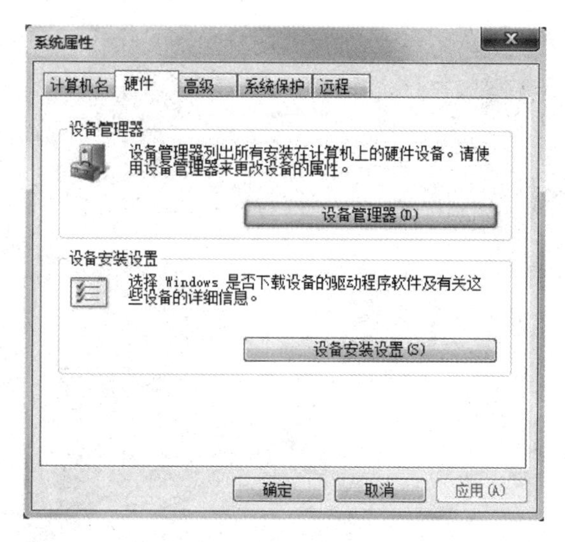

图 2-19 “系统属性”对话框

步骤三：选择“硬件”选项卡，单击“设备管理器”按钮，弹出“设备管理器”窗口，如图 2-20 所示。

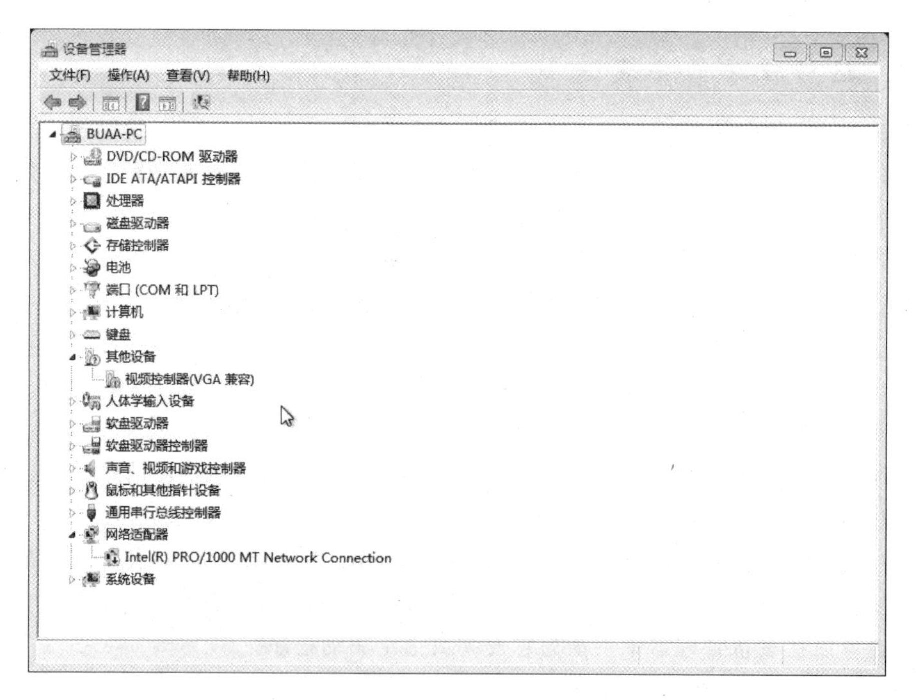

图 2-20 “设备管理器”窗口

如果在“设备管理器”窗口中显示了黄色叹号，说明该设备存在驱动程序问题，可以通过如下步骤为其添加或更新驱动程序。

步骤四：这里“视频控制器”选项显示了黄色叹号标记，右击该项，在弹出的快捷菜单中选择“更新驱动程序软件”命令，弹出“更新驱动程序软件”向导对话框，如图 2-21 所示，选择“浏览计算机以查找驱动程序软件”选项。

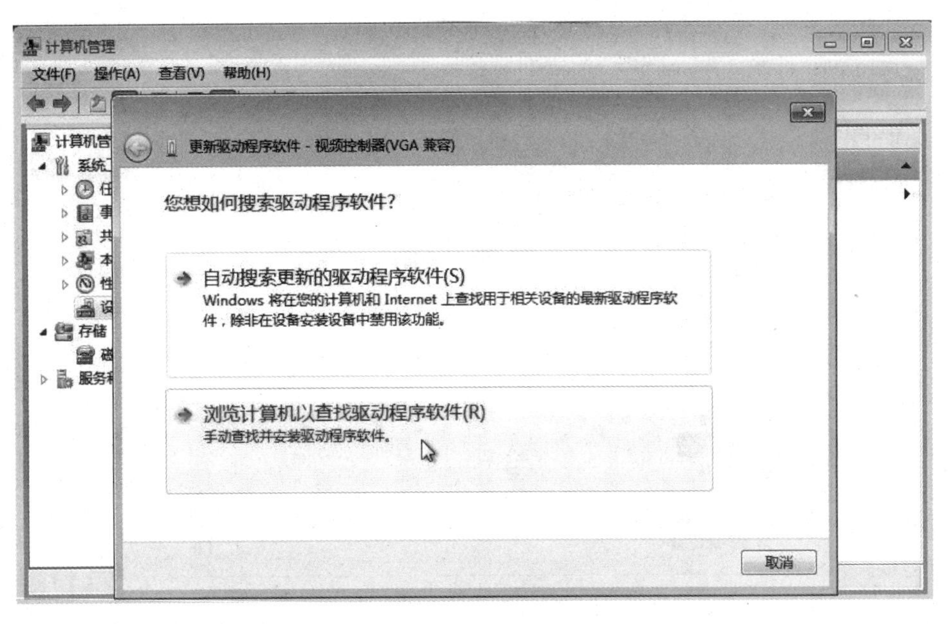

图 2-21　更新驱动程序软件向导 1

步骤五：在进入的界面中选择“从计算机的设备驱动程序列表中选择”选项，如图 2-22 所示，单击“下一步”按钮。

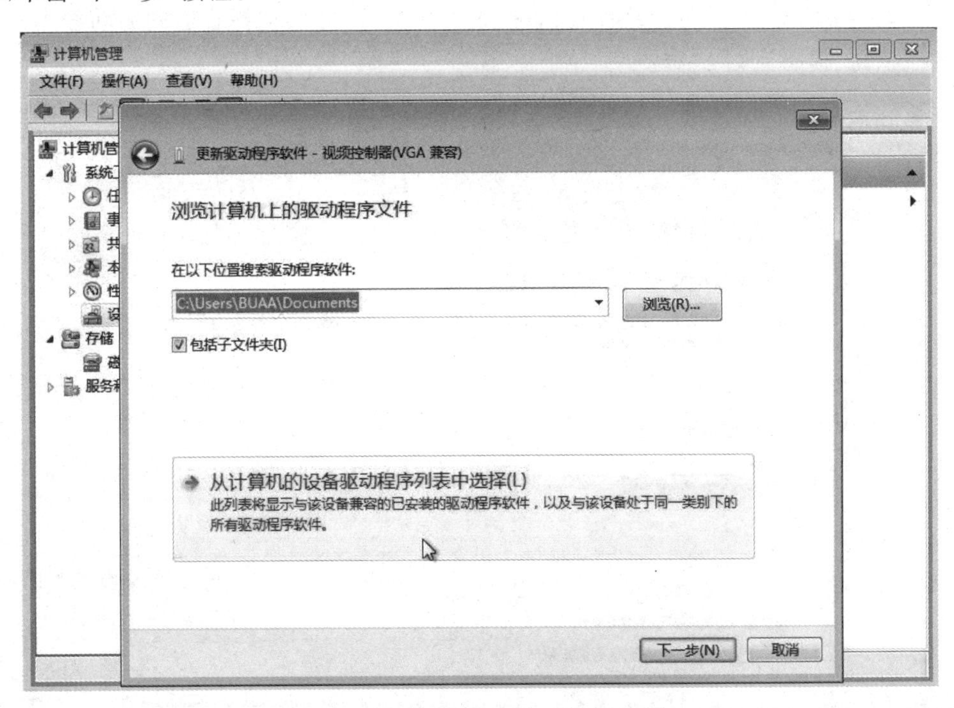

图 2-22　更新驱动程序软件向导 2

步骤六：选择列表中的设备类型，这里选择“显示适配器”选项，如图 2-23 所示，单击“下一步”按钮。

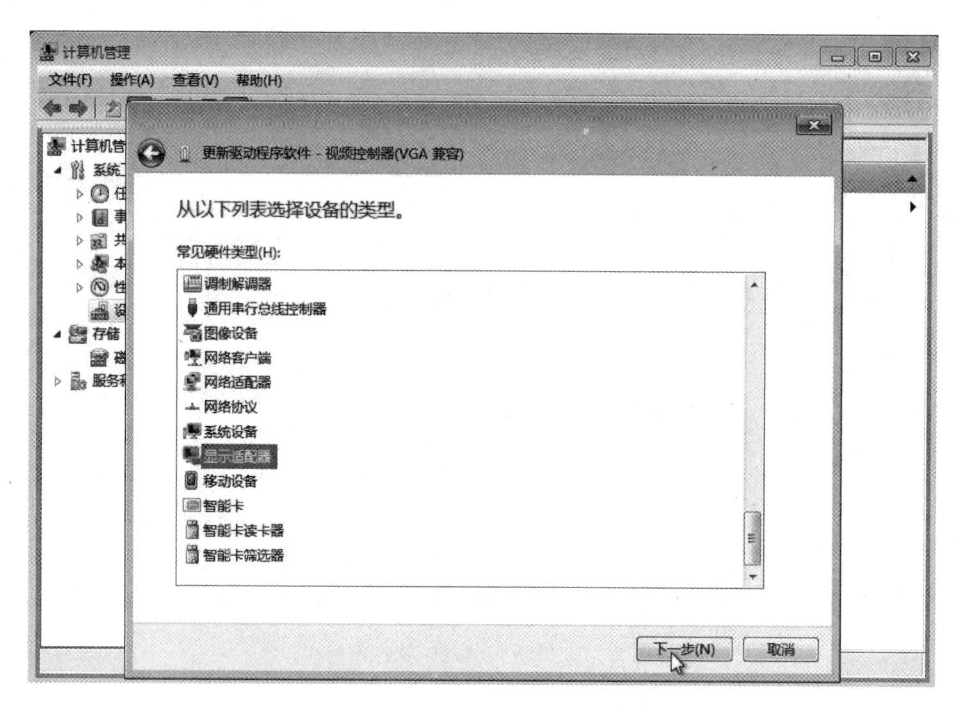

图 2-23 选择设备类型

步骤七：系统将会为指定类型的设备搜索安装文件，然后选择合适的驱动程序并单击“下一步”按钮，如图 2-24 所示。

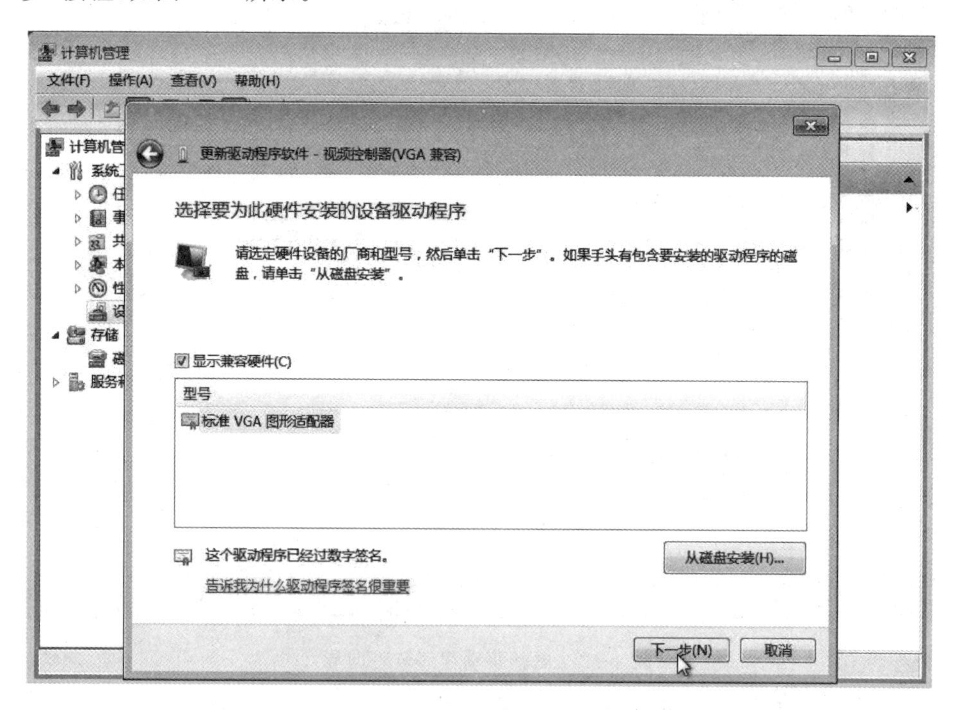

图 2-24 选择合适的驱动程序

步骤八：系统自动安装驱动程序，完成后弹出“Windows 已经成功地更新驱动程序文件”界面，单击“完成”按钮，退出“更新驱动程序软件”向导，如图 2-25 所示。

图 2-25 完成安装

有的驱动程序安装完毕后会提示“需要重新启动计算机以使驱动生效”之类的信息，这时只要按照提示重新启动计算机即可。

步骤九：显卡安装完毕后，在桌面上右击，选择“屏幕分辨率”命令，可以在弹出的对话框中对屏幕分辨率进行设置和调整。

除了利用上述步骤外，驱动程序的安装还有很多方法，最简单的方法是直接运行特定硬件设备的驱动安装程序，也可以在“控制面板”中通过“添加设备”命令来完成。

安装 USB 接口类驱动程序时需要注意，安装前首先要拔下连接到 USB 接口需要使用该驱动程序的设备，例如，摄像头和手写板。否则有可能会出现驱动程序安装失败或安装成功后设备依然无法识别的现象。

2. 应用软件安装

安装完需要的驱动程序后，用户可以选择自己需要的各种应用程序进行安装。虽然软件种类很多，但都可以通过运行安装文件按照安装提示来完成，这里不展开叙述和实验。

至此，一个完整、可用的操作系统就安装完毕了。熟练掌握这些步骤，就可以不再为遇到系统崩溃和病毒入侵发愁了。但是这一系列步骤还是十分烦琐的，并且系统一旦崩溃，要通过安装恢复到崩溃之前的使用状态还要经过很长时间，而且重新安装过程中可能会丢失一些数据和文件。因此，为了避免因各种原因重装系统，应该做好系统的优化和防毒，并且最好对系统进行备份。

系统备份有很多种方法，如备份重要的数据和文件、设置系统还原点、使用 Ghost 备份等。

2.3 基础实验2：Windows 7的操作

操作系统安装完毕后,可以使用其中的各种功能对计算机进行管理和控制。本实验将练习Windows 7的一些常用操作,包括控制面板的使用、查看和修改注册表、命令行程序的使用等。

2.3.1 控制面板

控制面板提供了专门用于更改Windows外观和行为方式的各种工具,用户可以通过这些工具来调整计算机的设置,使其更符合个人的操作习惯和审美标准。

1. 打开控制面板

步骤一:选择“开始”→“控制面板”,弹出控制面板,如图2-26所示。

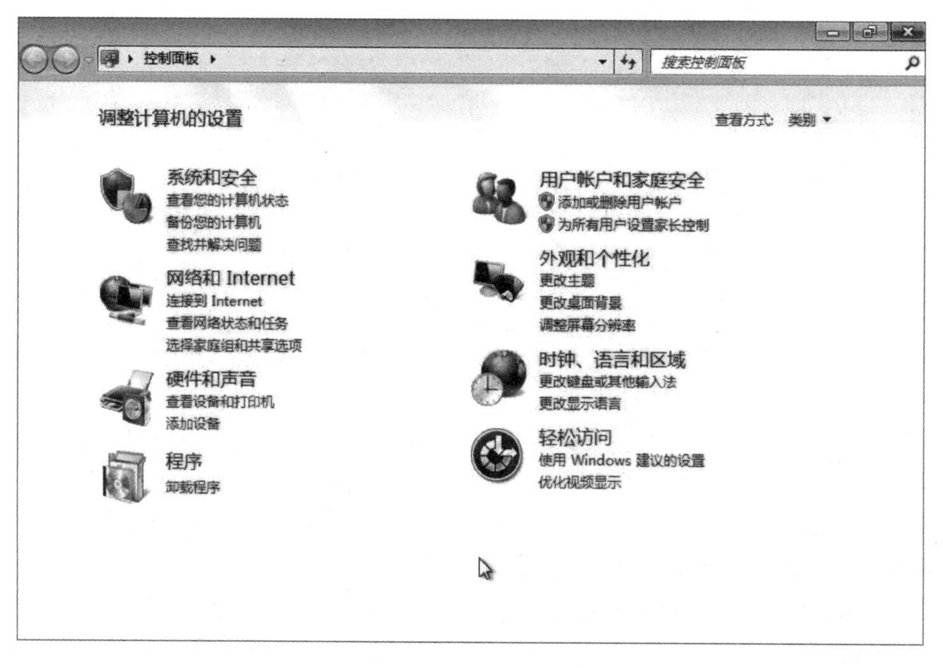

图2-26 控制面板

步骤二:为了能更清楚地看到控制面板中的全部工具,可以使用控制面板的经典显示方式。单击控制面板右上角“查看方式”中的“类别”下拉列表,选择“大图标”选项,如图2-27所示。

2. 设置Internet选项

步骤一:单击“Internet选项”图标,弹出“Internet属性”对话框,如图2-28所示。

步骤二:选择“常规”选项卡,将主页地址改为“www.buaa.edu.cn”,确认后再打开浏览器时,将直接进入北京航空航天大学的网站主页。也可以将其改为最常使用的网址或直接使用空白页。

步骤三:单击“浏览历史记录”栏中的“设置”按钮,在弹出的对话框中将“网页保存在历史记录中的天数”改为20天,如图2-29所示,然后单击“确定”按钮。

图 2-27　控制面板的经典视图

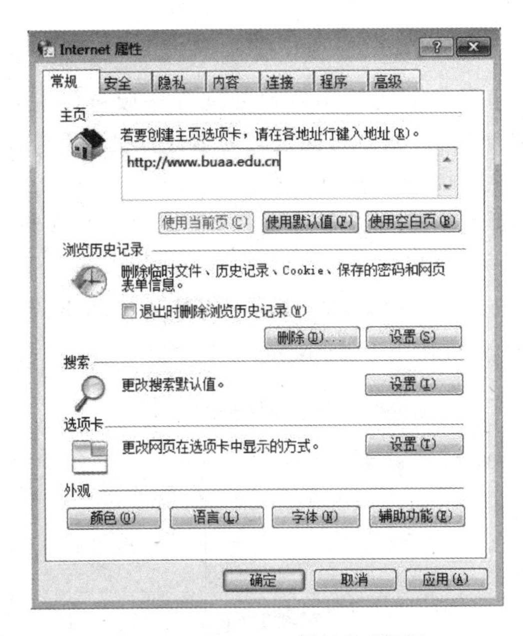

图 2-28　“Internet 属性”对话框

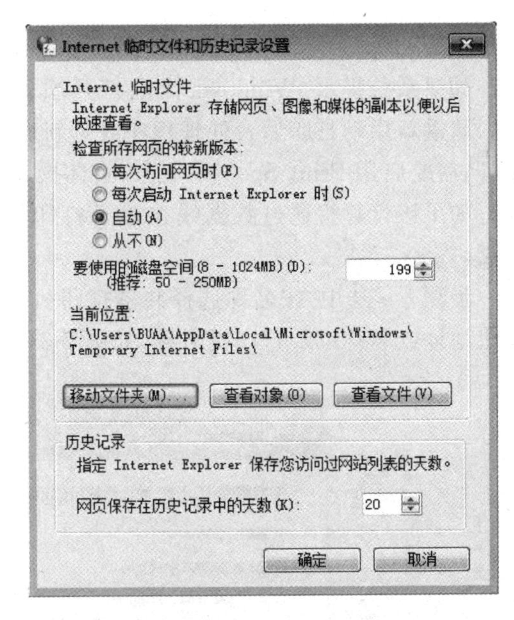

图 2-29　设置 Internet 临时文件和历史记录

在“Internet 属性”对话框中还可以进行一些更高级的设置，如安全权限和局域网等。控制面板中其他关于网络和网络安全的设置内容将在后面的实验中介绍。

3. 添加打印机

用户可以通过控制面板添加打印机，并在 Word 或其他应用程序中完成打印功能时直接使用。

步骤一：单击“设备和打印机”图标，出现“设备和打印机”窗口，单击“添加打印机”按钮。

步骤二：弹出“添加打印机”向导对话框，如图 2-30 所示，单击“添加网络、无线或 Bluetooth 打印机”选项。

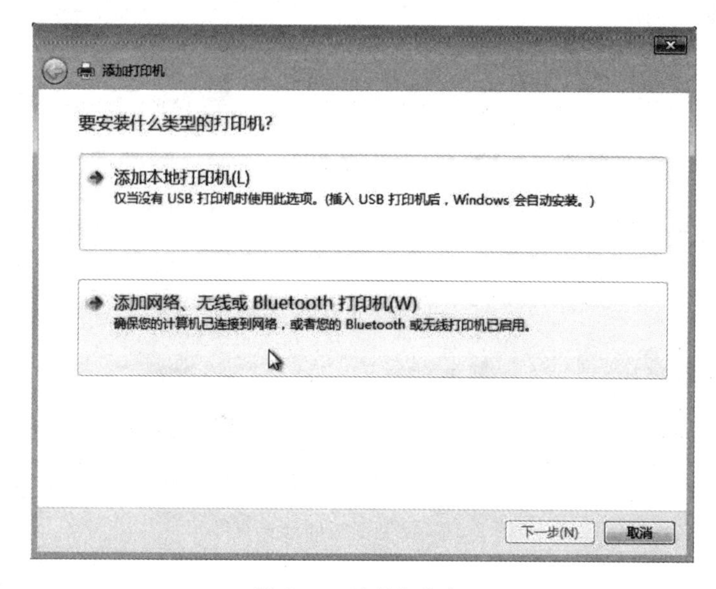

图 2-30　选择打印机

如果系统提示“Windows 无法打开添加打印机。本地打印后台处理程序服务没有运行。请重新启动打印后台处理程序或重新启动计算机。”则有可能是因为本计算机未开打印服务，需要启用 Print Spooler 服务，具体操作会在后面的内容中介绍。

如果该计算机通过数据线连接了打印机，则本步骤可以直接选择“添加本地打印机”选项。

步骤三：选中“按名称选择共享打印机”单选按钮，并输入局域网中连接了打印机的计算机地址或名称以及打印机名称，如图 2-31 所示，单击“下一步”按钮。

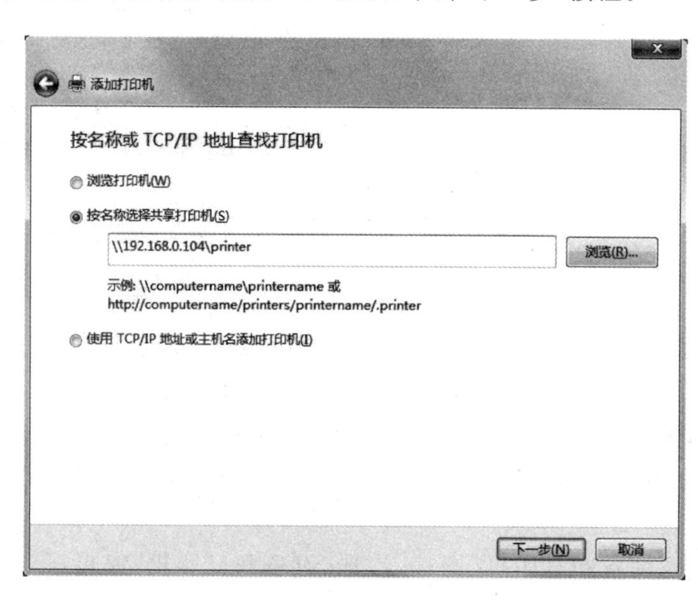

图 2-31　指定打印机

这里要求连接打印机的计算机将打印机设置为共享，并配置防火墙相关选项。

步骤四：系统寻找并连接该打印机，弹出“成功添加打印机”对话框，可在此处勾选“设置为默认打印机”复选框，如图 2-32 所示。单击“完成”按钮，完成打印机的添加。

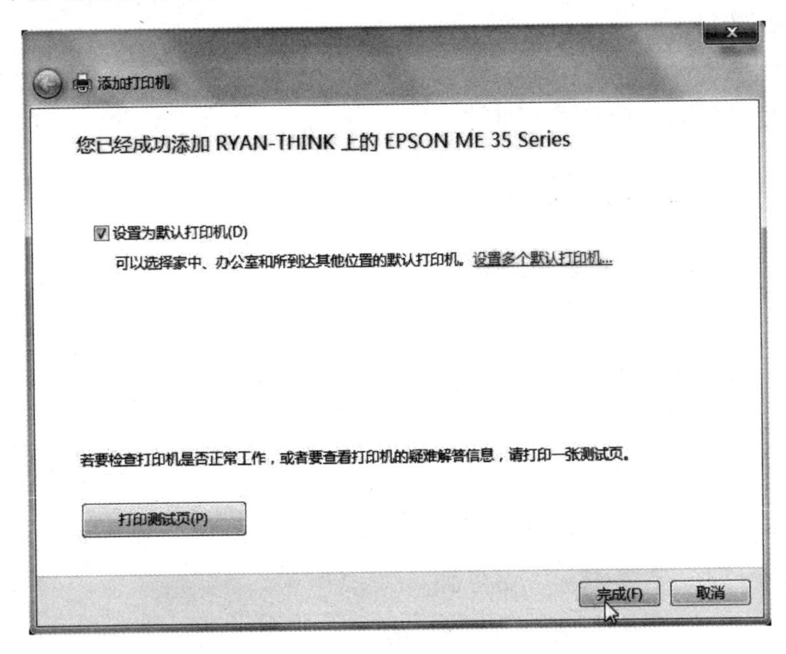

图 2-32　设置默认打印机

4. 更改电源选项

步骤一：单击“电源选项”图标，弹出“电源选项”窗口，如图 2-33 所示。

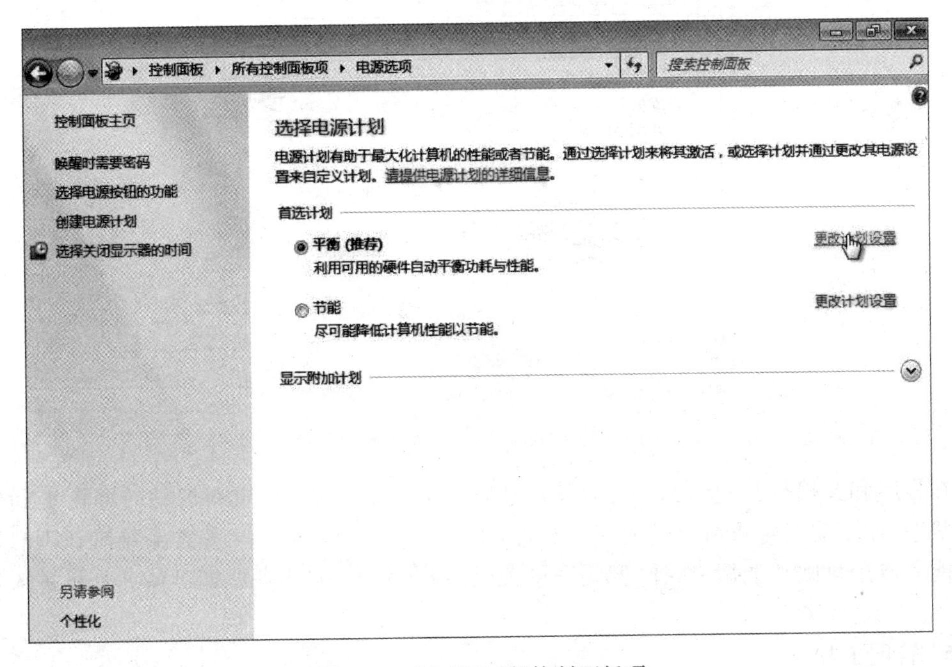

图 2-33　“电源选项”控制面板项

步骤二：单击“更改计划设置”超链接，弹出“编辑计划设置”窗口，如图2-34所示。

步骤三：单击“更改高级电源设置”超链接，弹出“电源选项”对话框，在“高级设置”选项卡的列表框中选择“睡眠”选项，将“在此时间后休眠”的“设置”参数修改为60，如图2-35所示，单击“确定”按钮。

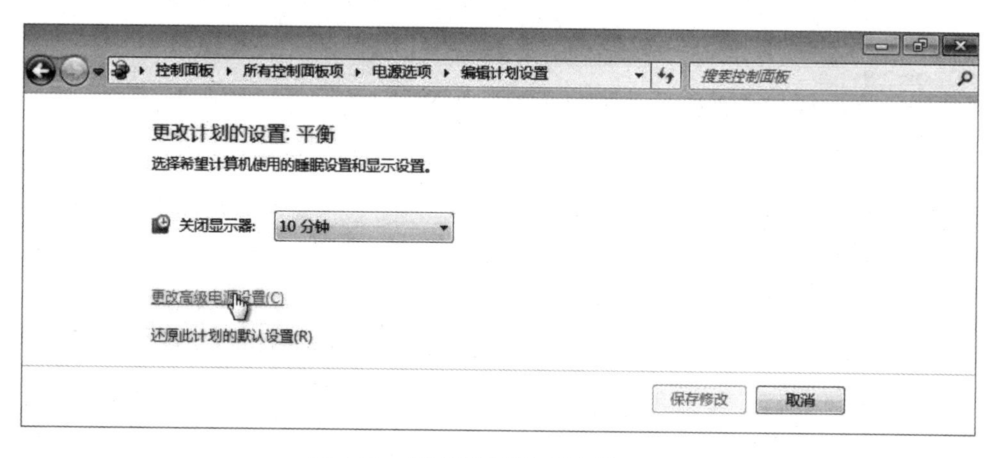

图2-34 “编辑计划设置”控制面板项

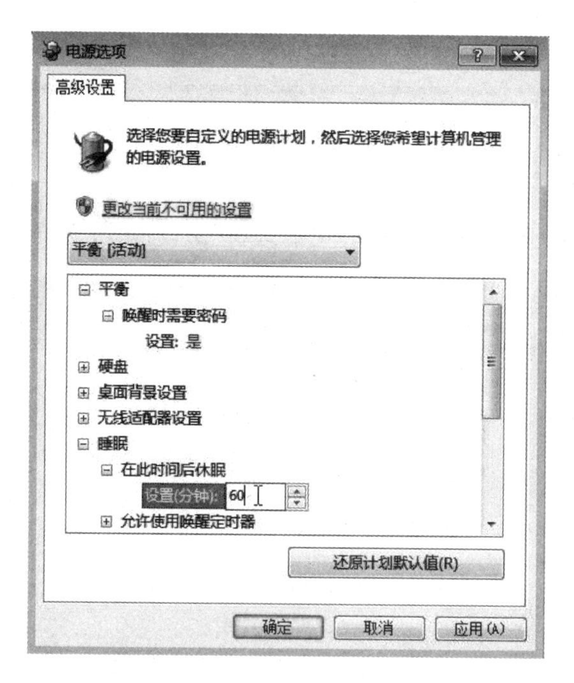

图2-35 设置休眠选项

在程序和文档打开的情况下可以使用休眠功能关闭计算机，重新启动时即恢复到休眠前的状态，而不需要再重新打开程序和文件，十分方便。Windows 7操作系统默认不启用休眠功能。启用休眠功能后，选择“开始”→“关闭”选项箭头→“休眠”，即可使计算机进入休眠状态。

5. 管理工具

步骤一：单击“管理工具”图标，出现“管理工具”窗口，在列表中双击“服务”图标，弹出

"服务"列表,如图 2-36 所示。

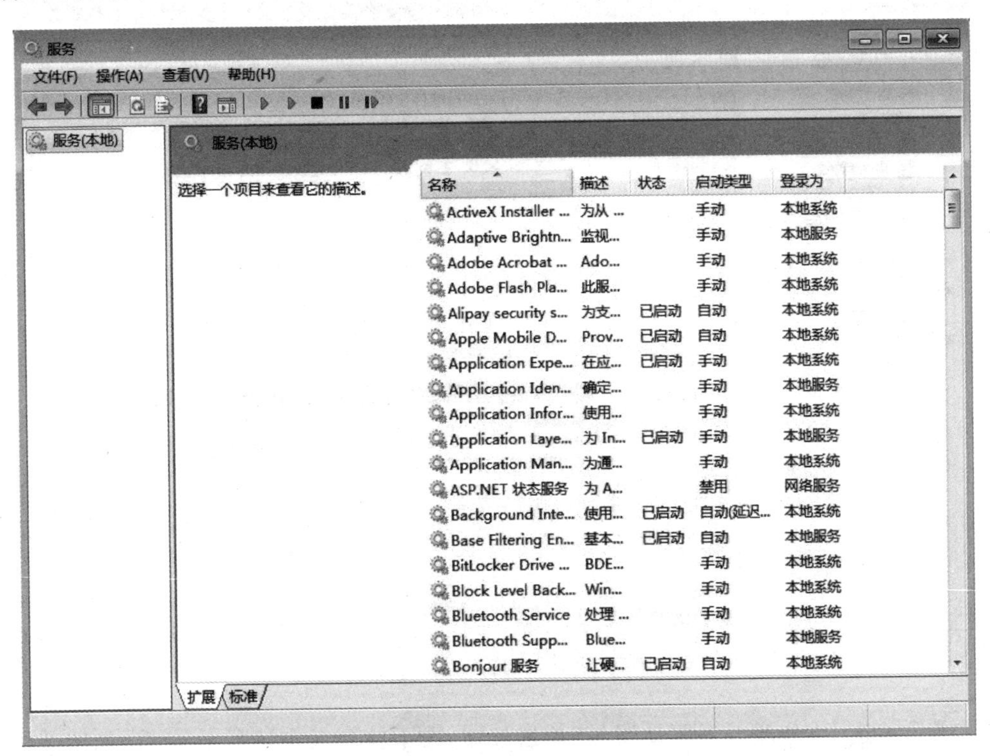

图 2-36 "服务"列表

用户可以通过"服务"列表来启动和停止服务,特别是可以控制那些运行在后台而任务栏中不可见的程序。

步骤二:找到 Print Spooler 服务,查看其状态。如果没有显示"已启动",则右击该项选择"启动"命令。

该服务可将需要打印的文件加载到内存中,在打印机无法工作时,有时需要查看该服务是否启动,并将其启动。

步骤三:服务启动后,退出"服务"对话框。

步骤四:双击"计算机管理"图标,弹出"计算机管理"窗口,依次选择左侧列表中的"存储"→"磁盘管理"选项,如图 2-37 所示。

步骤五:查看每个磁盘的信息,如文件系统类型、状态、容量等。

步骤六:选择并右击 D 盘,在弹出的快捷菜单中选择"更改驱动器号和路径"命令,在弹出的对话框中单击"删除"按钮,再单击"确定"按钮,如图 2-38 所示。

步骤七:打开"计算机"窗口,查看 D 盘是否还在。

D 盘逻辑分区和 D 盘里的内容实际上都还是存在的,只是因为没有分配盘符而变得不可见。有时一些移动存储设备已识别却无法显示,可能就是由没有分配盘符造成的,这就需要按照下面的步骤为其分配盘符。

步骤八:回到"计算机管理"窗口,选择未分配盘符的盘,右击,选择"更改驱动器号和路径"命令,弹出"添加驱动器号和路径"对话框。

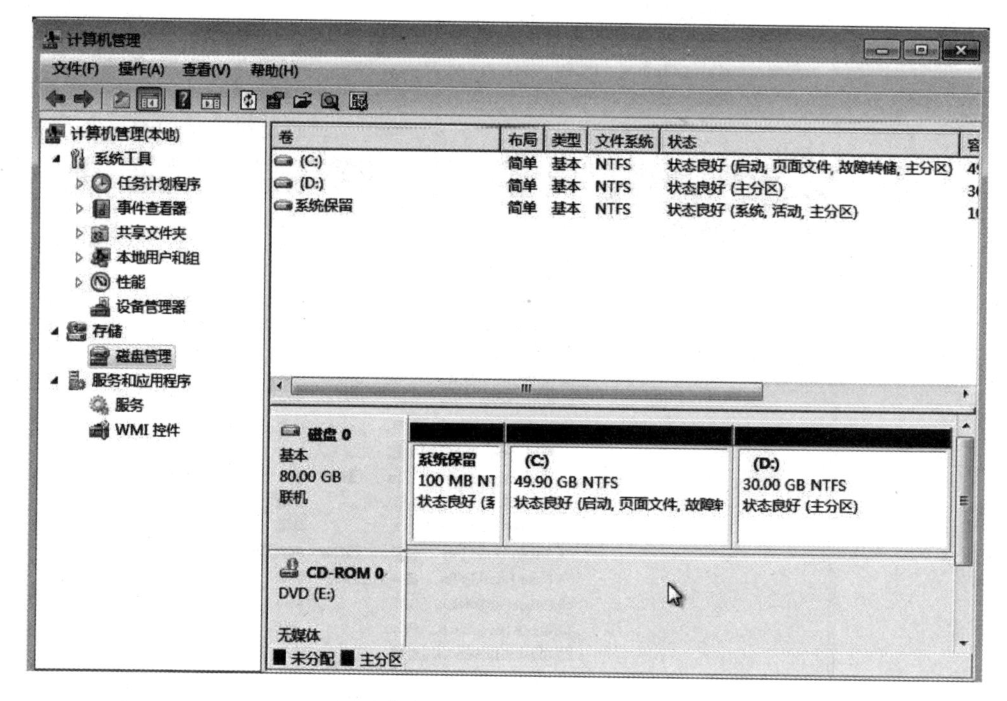

图 2-37 “磁盘管理”界面

步骤九:选中“分配以下驱动器号”单选按钮,在下拉列表中选择D盘符,如图2-39所示,单击“确定”按钮。

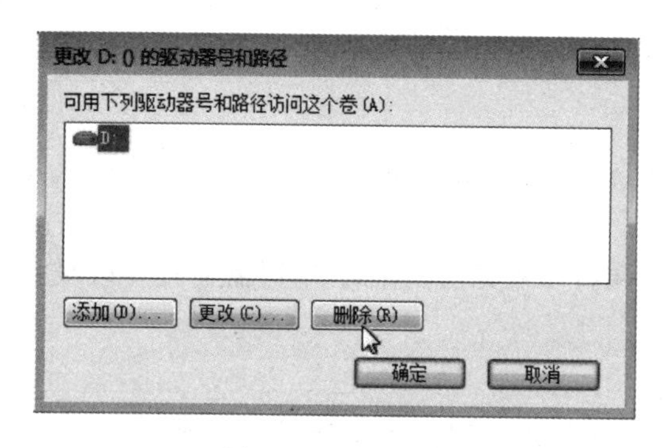

图 2-38 删除盘符

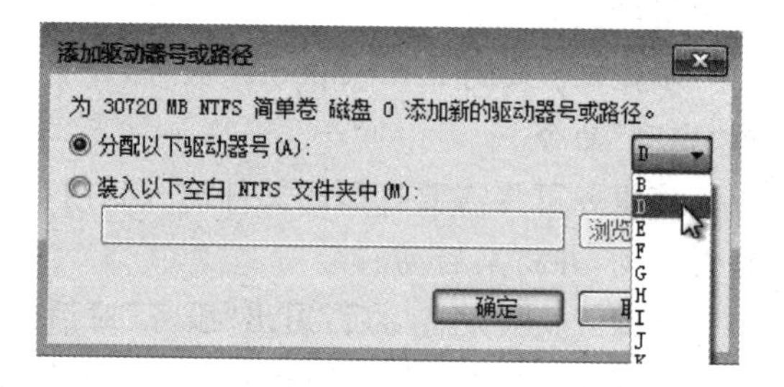

图 2-39 添加盘符

步骤十:返回查看“计算机”窗口,可见此时D盘又显示在列表中。

步骤十一:关闭“计算机管理”窗口,退出“管理工具”窗口。

6. 添加或删除程序

步骤一:单击“程序和功能”图标,弹出“程序和功能”窗口,如图2-40所示。

在这里可以看到系统上安装的所有程序,并可以通过选中某个程序来进行更改或删除。有些程序安装后没有自己的卸载程序,就需要在这里进行删除。

步骤二:单击“打开或关闭Windows功能”超链接,弹出“Windows功能”对话框,如图2-41所示。

这里列出的是可以进行添加或删除的Windows 7组件。

图 2-40 “程序和功能”窗口

图 2-41 “Windows 功能”对话框

步骤三：选中“Internet 信息服务”选项，单击“确定”按钮。

步骤四：系统自动寻找安装文件并进行安装。

Internet 信息服务(IIS)是一种 Web 服务组件，其中包括 Web 服务器、FTP 服务器、

NNTP 服务器和 SMTP 服务器，分别用于网页浏览、文件传输、新闻服务和邮件发送等方面。如果在本机上需要发布 ASP 和 C# 等语言编写的网站，就需要安装 IIS。

7. 文件夹选项

步骤一：单击“文件夹选项”图标，弹出“文件夹选项”对话框，选择“查看”选项卡。

步骤二：取消勾选“隐藏受保护的操作系统文件”复选框，并选中“显示隐藏的文件、文件夹和驱动器”单选按钮，如图 2-42 所示，单击“确定”按钮。

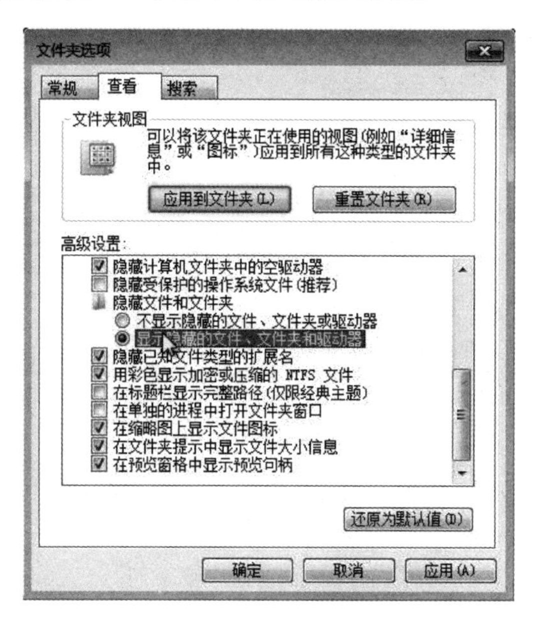

图 2-42 修改文件夹选项

步骤三：查看各磁盘的文件目录，可以发现多出了很多半透明的文件和文件夹，都是之前系统隐藏的文件和文件夹。很多系统文件是默认隐藏的，可以在每个文件的属性中对其是否隐藏进行修改。

显示所有隐藏的文件和文件夹后虽然会使得有些目录看上去不那么整洁，但这是一个好的设置习惯。因为病毒程序和文件经常会把自己设置为隐藏，这样设置文件夹选项可以很容易发现病毒和染毒文件。

控制面板中的其他工具功能比较简单(或者不经常用到)，读者可以自己尝试使用。

2.3.2 任务管理器

任务管理器是用户经常会用到的一个工具，在这里可以查看 CPU 和内存的使用情况，可以启动和结束进程。

步骤一：最小化所有运行中的程序，按 Ctrl+Alt+Esc 组合键，弹出“Windows 任务管理器”窗口，如图 2-43 所示。

也可以按 Shift+Ctrl+Delete 组合键来启动任务管理器，只是按这个组合键后需要单击“启动任务管理器”选项。

步骤二：选择“应用程序”选项卡，查看当前正在运行的前台应用程序和它们的状态。在“任务”栏选一个系统运行的应用程序，单击“结束任务”按钮，该应用程序即可被关闭。

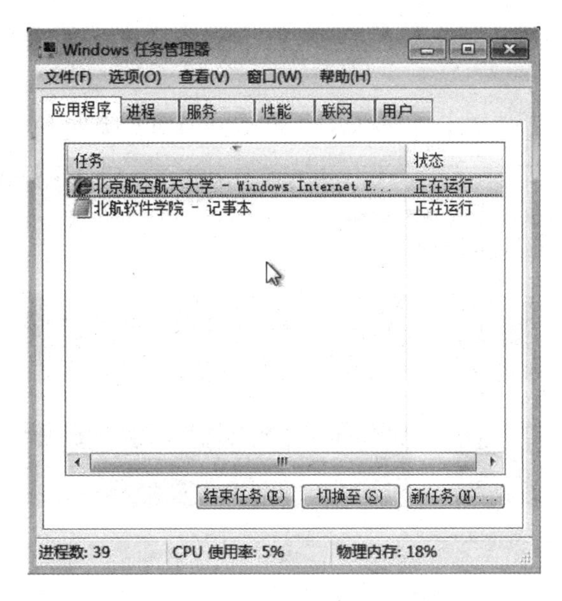

图 2-43 “Windows 任务管理器”窗口

一些应用程序会因为各种原因出现运行异常而无法响应或关闭，这时可以通过任务管理器将其强行关闭。但是要注意，任务管理器关闭程序是系统进行的操作，不会调用该程序正常退出的处理步骤，所以可能会导致工作丢失。

步骤三：选择“进程”选项卡，可以看到更多正在运行的“进程”列表，如图 2-44 所示。这里显示了所有正在运行的进程，包括用户启动的应用进程、系统启动的内核进程以及每个进程的 CPU 和内存的使用情况。

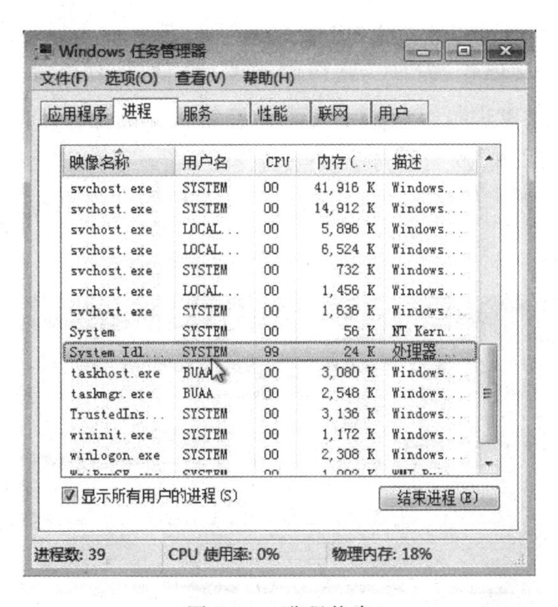

图 2-44 进程状态

一般情况下，占用系统绝大部分 CPU 资源的都是 System Idle Progress。一个应用程序在运行期间可能会占用系统较大比例的 CPU 和内存，占用过大时会导致系统变慢甚至死机。用户可以在这里查看跟踪每个进程的运行情况,寻找异常进程,也可以在今后编写程序时查看程序运行性能。

步骤四:选择“性能”选项卡,可以更全面地看到当前系统运行的状态,如图2-45所示。

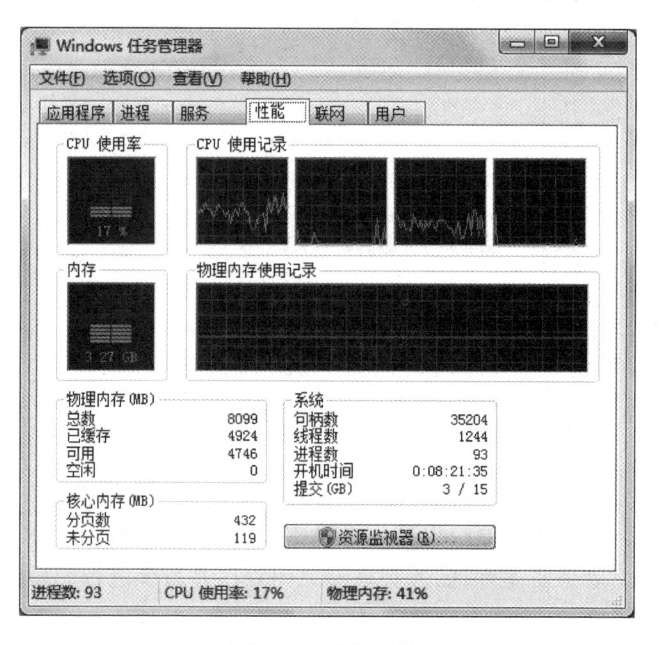

图2-45　系统性能

2.3.3　命令行程序

在Windows 7下依然可以通过DOS方式来执行各种命令,这就是命令行程序。很多人更习惯在这里进行一些操作,而且一些程序的安装配置也经常需要在这里进行。当系统染毒或崩溃时,可以从这里进行一些查杀病毒和挽救数据的操作。

步骤一:选择“开始”→“所有程序”→“附件”→“运行”,弹出“运行”对话框,在“打开”框中输入cmd,如图2-46所示;也可以直接在“开始”菜单的文本框中输入cmd后按Enter键实现相同的功能。

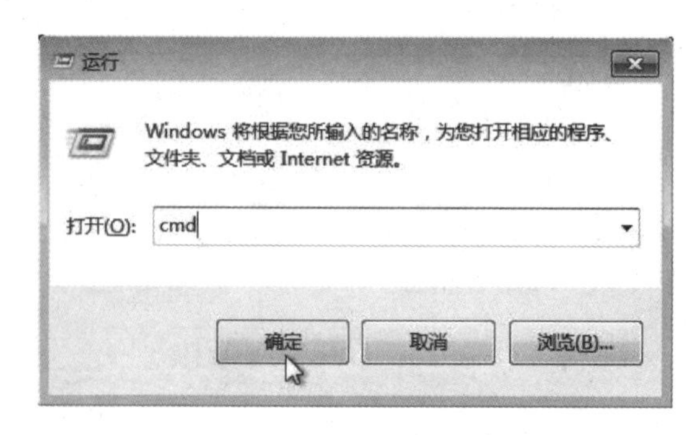

图2-46　运行命令行程序

步骤二:单击“确定”按钮,弹出经典的DOS界面,如图2-47所示。

步骤三:在光标提示符位置输入D:,按Enter键,当前目录即变为D盘根目录。

图 2-47　DOS 界面

步骤四：输入 dir，按 Enter 键，即可列举 D 盘根目录下的所有文件夹和文件，如图 2-48 所示。

图 2-48　使用命令行程序查看文件目录

步骤五：输入 md new，按 Enter 键，查看“我的电脑”窗口中 D 盘内容，可发现多了一个名为 new 的空文件夹。

步骤六：输入 cd new，按 Enter 键，当前目录即变为 D 盘的 new 文件夹。

步骤七：输入 cd，按 Enter 键，当前目录可退回到上一级目录，即 D 盘根目录。

步骤八：输入 rd new，按 Enter 键，查看“计算机”窗口中的 D 盘内容，可发现 new 文件夹被删除了。

步骤九：输入 color 2f，命令行程序前景色可变为白色，背景色变为绿色，如图 2-49 所示。

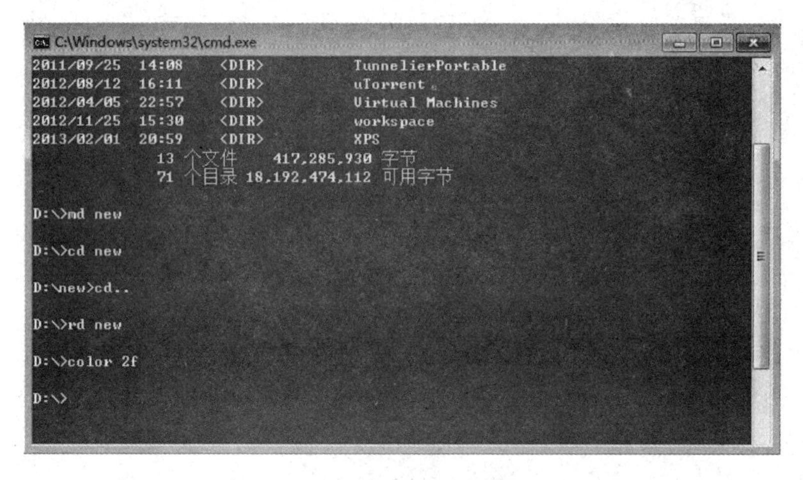

图 2-49　使用命令行程序执行操作

Windows 命令行不但继承了 DOS 所有命令的功能，而且增强了某些命令的功能，增加了开关参数和一些新的命令。例如，上面用到的 color 命令即为新增的命令。

这里只练习了 Windows 命令行中的几个基础命令。作为计算机相关专业的学生，应该对 DOS 和 DOS 命令有一定的了解。

2.3.4　注册表

在 Windows 中，注册表将应用程序和计算机系统的全部配置信息融合在一起，统一集中管理和控制，它本质上是一个庞大的树状层次结构的数据库系统。用户可以通过“注册表编辑器”对注册表进行各种操作。

步骤一：选择“开始”→“所有程序”→“附件”→“运行”，弹出“运行”对话框，输入 regedit 后单击“确定”按钮打开“注册表编辑器”窗口，如图 2-50 所示。其中显示了 Windows 7 注册表的五大根键，分别保存不同的信息。

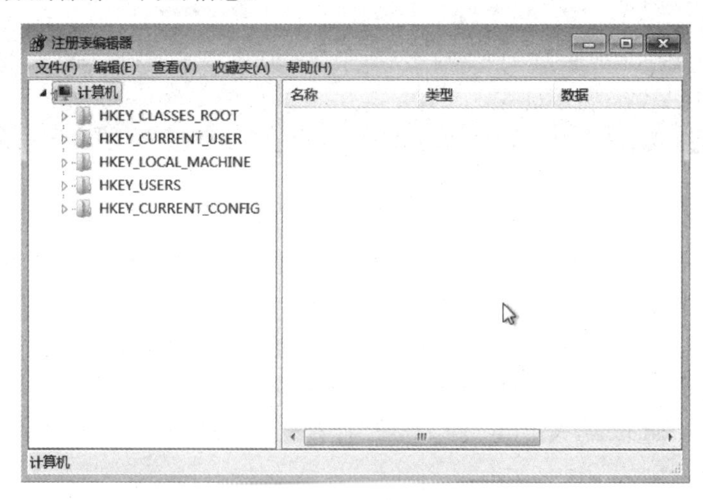

图 2-50　“注册表编辑器”窗口

步骤二：选中左侧窗格中的"计算机"选项，选择"文件"→"导出"命令，出现"导出注册表文件"对话框，如图 2-51 所示。

图 2-51 "导出注册表文件"对话框

步骤三：输入要保存的文件名，选择保存位置，单击"保存"按钮。

注册表经常由于软件安装错误或病毒入侵而受到破坏，导致系统出现异常甚至崩溃，所以备份系统正常运行时的注册表，可以在出现问题时通过将其导入来恢复注册表。

步骤四：保存完成后，用记事本打开该文件，可以看到其中保存了注册表中的所有键和值。

本实验练习了 Windows 7 的一些基本操作，读者可以多多动手，在实践中积累更多的使用技巧和经验。

2.4 选做实验：Ubuntu 的安装与操作

Linux 系列系统也是用户经常会接触到的一类操作系统，很多 IT 企业选择 Linux 作为工作平台，以便利用开源社区的各类资源和 Linux 下的大量免费软件。本节将简单介绍 Linux 中比较有代表性的 Ubuntu 13.04 的安装和终端的使用。

2.4.1 安装 Linux 系统

步骤一：设置 BIOS，使计算机从光盘启动，插入 Ubuntu 13.04 的安装光盘后重新启动计算机，计算机从光盘启动，进入语言选择界面，如图 2-52 所示。

步骤二：选择"中文(简体)"选项，按 Enter 键，进入安装开始界面，如图 2-53 所示。

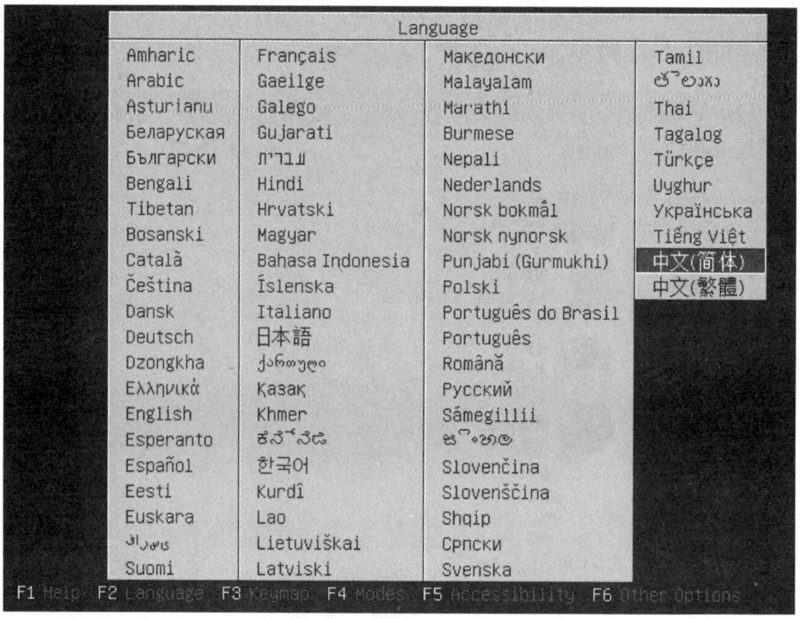

图 2-52　Ubuntu 语言选择界面

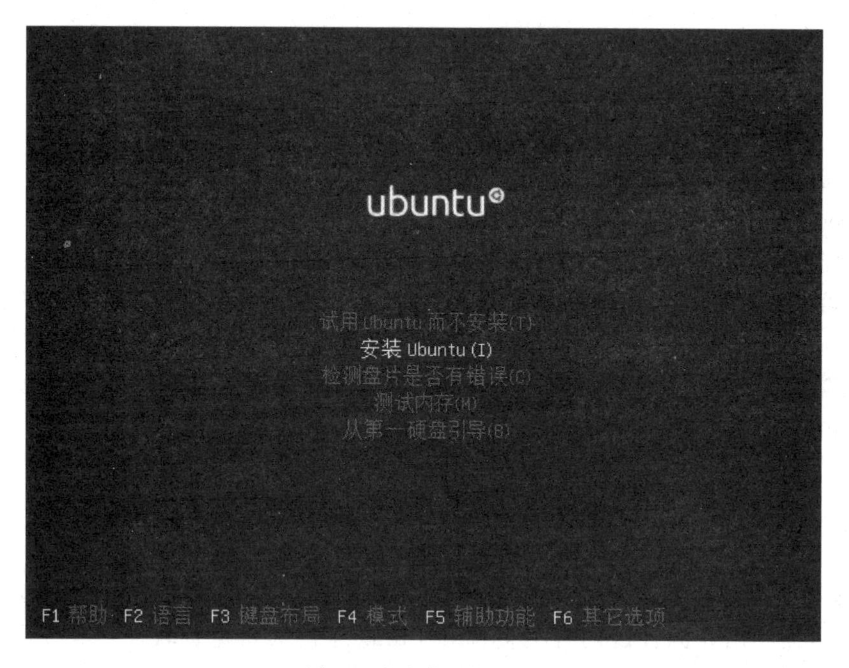

图 2-53　安装开始界面

步骤三：按键盘↑、↓键选择“安装 Ubuntu”选项，按 Enter 键，进入“安装”窗口的“欢迎”界面，如图 2-54 所示，选择“中文(简体)”选项后单击“继续”按钮。

步骤四：进入“准备安装 Ubuntu”界面，如图 2-55 所示，要求确保计算机有至少 5.4GB 可用的磁盘空间并且已连接到互联网后，单击“继续”按钮。

图 2-54　安装欢迎界面

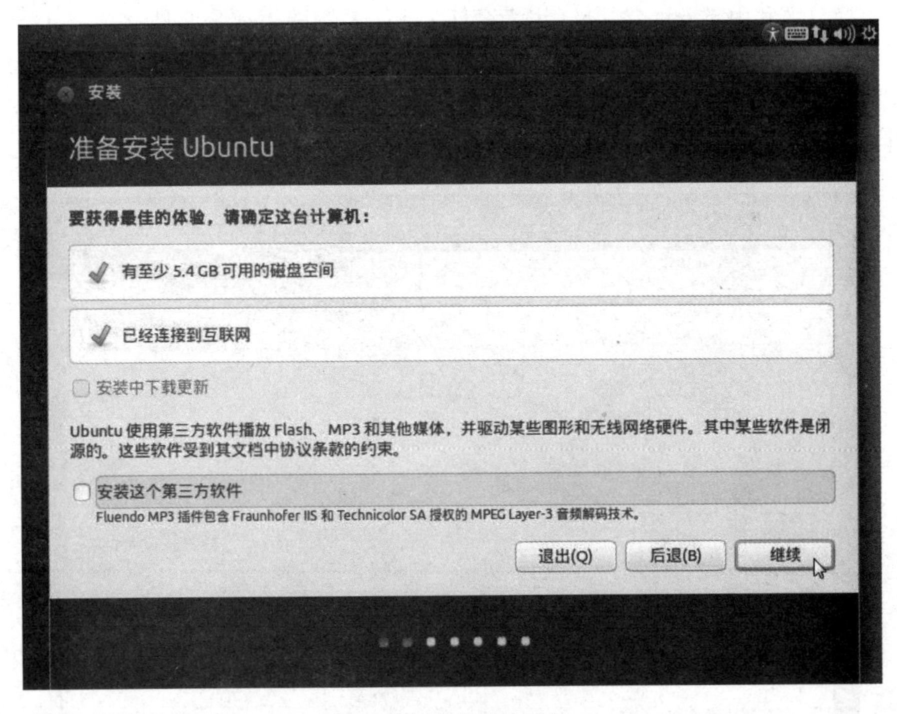

图 2-55　准备安装界面

步骤五：在"安装类型"界面中选择合适的安装类型，这里选择"清除整个磁盘并安装Ubuntu"单选按钮，如图 2-56 所示，然后单击"现在安装"按钮。

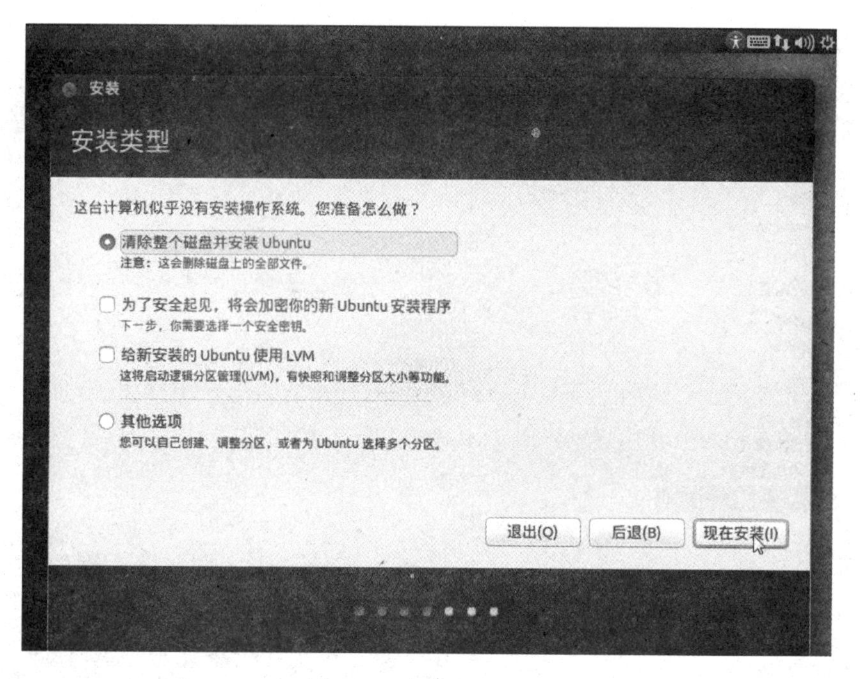

图 2-56　安装类型界面

与 Windows 下的磁盘分区不同,在 Linux 操作系统中,磁盘往往需要分成 3 个部分,即根分区、交换分区和引导分区,根分区用来存储 Linux 系统的大部分文件,交换分区用来交换数据,引导分区存放系统内核和引导文件。用户也可以用 Disk Druid 软件进行手工分区。

步骤六:进入区域设置界面,选择所在区域,这里选择 Beijing,如图 2-57 所示,单击“继续”按钮。

图 2-57　区域设置界面

步骤七：进入“键盘布局”界面，设置语言，如图 2-58 所示，然后单击“继续”按钮。

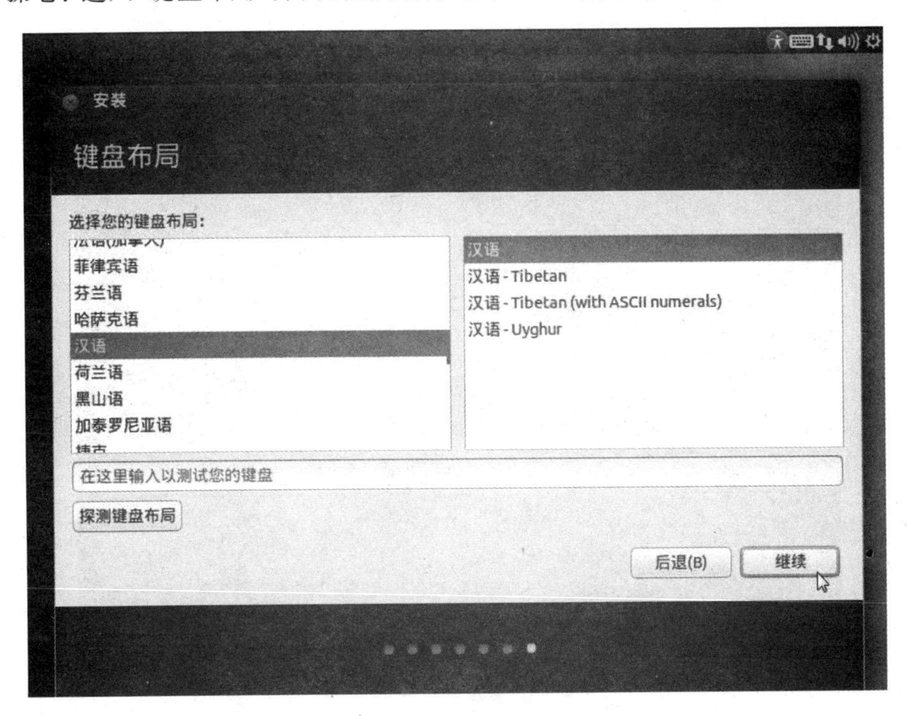

图 2-58　键盘布局设置界面

步骤八：进入用户信息设置界面，设置姓名、计算机名、用户名和密码信息，如图 2-59 所示，然后单击“继续”按钮。

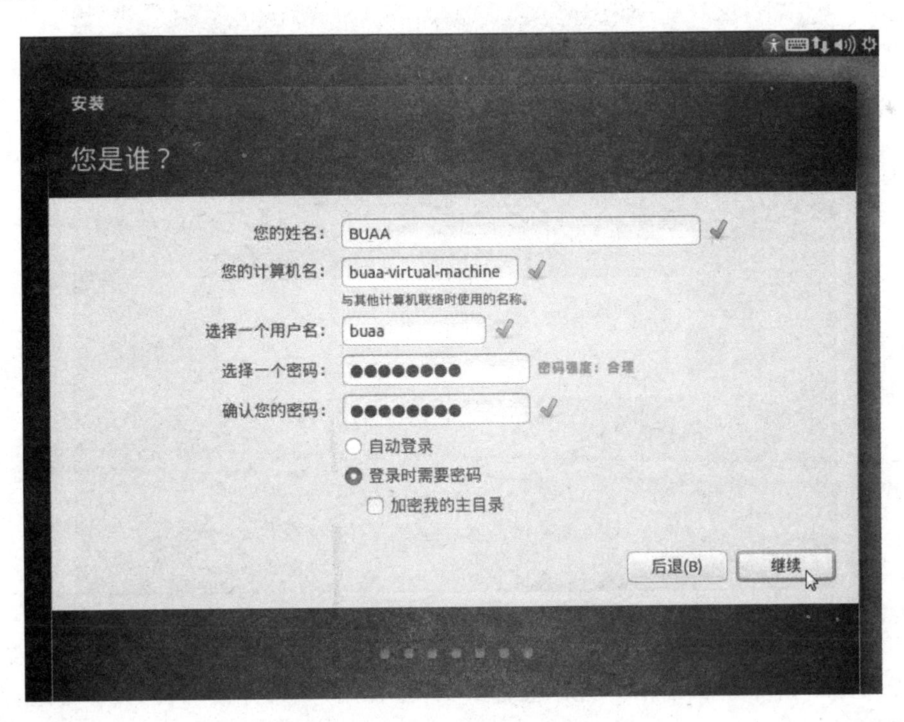

图 2-59　用户信息设置界面

步骤九：进入系统自动安装界面，在此过程中系统会自动完成复制文件、配置硬件等操作，如图2-60所示。

图2-60　系统自动安装界面

步骤十：等待一段时间后弹出"安装完成"对话框，如图2-61所示，单击"现在重启"按钮，系统将退出安装程序并重新启动。

图2-61　"安装完成"界面

步骤十一：系统重新启动后，进入登录界面，选择用户名，并输入密码，即可进行登录，如图2-62所示。

图 2-62　登录界面

步骤十二：登录后就会看到 Ubuntu 的桌面，如图 2-63 所示，至此，Ubuntu 的安装工作全部完成。

图 2-63　Ubuntu 桌面

2.4.2　使用终端

终端是 Linux 系统的一种交互操作界面，可接受用户下达的命令，并显示运行结果。尽管现在很多版本的 Linux 操作系统都提供了方便美观的图形用户界面，但是文本模式的终端依然是广大 Linux 用户的最爱，在这里也尝试它的几种简单操作，感受一下地道的 Linux。

步骤一：单击“主菜单”按钮，在搜索框中输入“终端”或 terminal，出现“终端”图标，如图 2-64 所示。

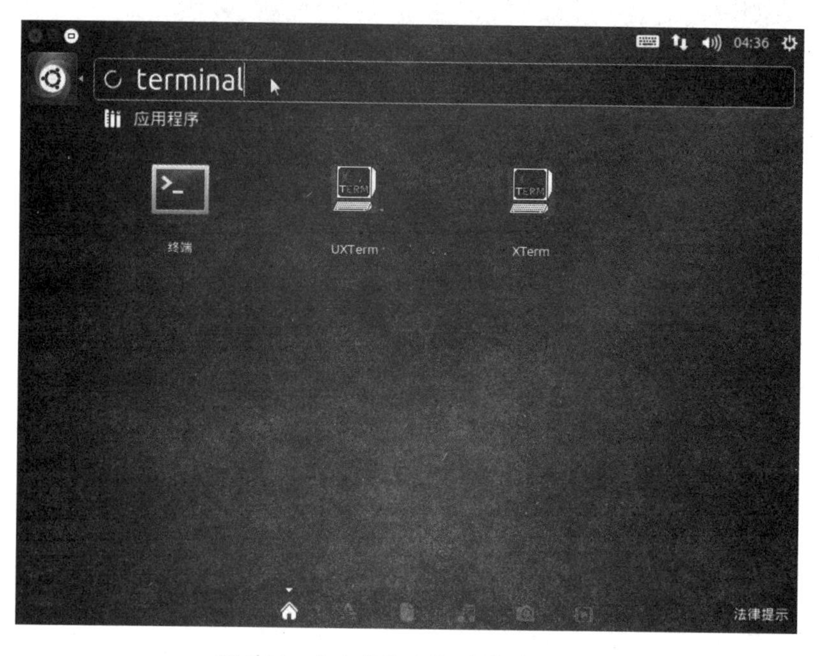

图 2-64 在主菜单中找到“终端”图标

步骤二：单击“终端”图标，打开终端。输入 man ls 命令，按 Enter 键，系统可列出 ls 命令的用法、选项和参数，如图 2-65 所示，用户可通过按 PageUp 和 PageDown 键查看全部内容。

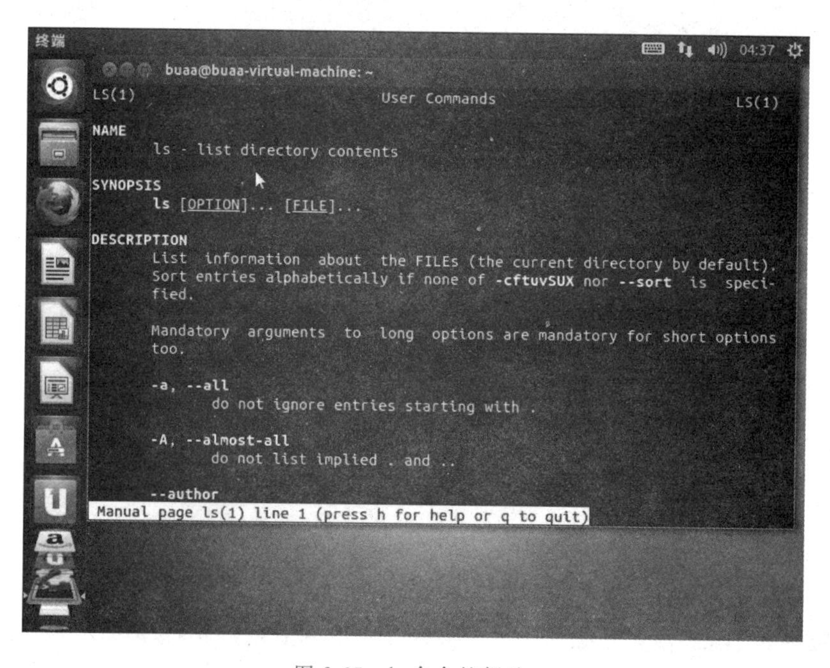

图 2-65 ls 命令的帮助

man 的作用是查看命令的用法，后面跟的参数为需要查看的具体命令。通过这种方法得到的信息比使用--help 得到的信息更加详细。读者可以通过这种方法来掌握很多命令的用法，而不用费神记住每个命令的选项和参数。

步骤三：按 q 键退出帮助，回到命令提示行。

步骤四：输入 ls -l /命令，按 Enter 键，系统可显示根目录下所有文件夹和文件的权限、硬连接数目、拥有者和组群名称、大小、修改时间和名称等信息，如图 2-66 所示。

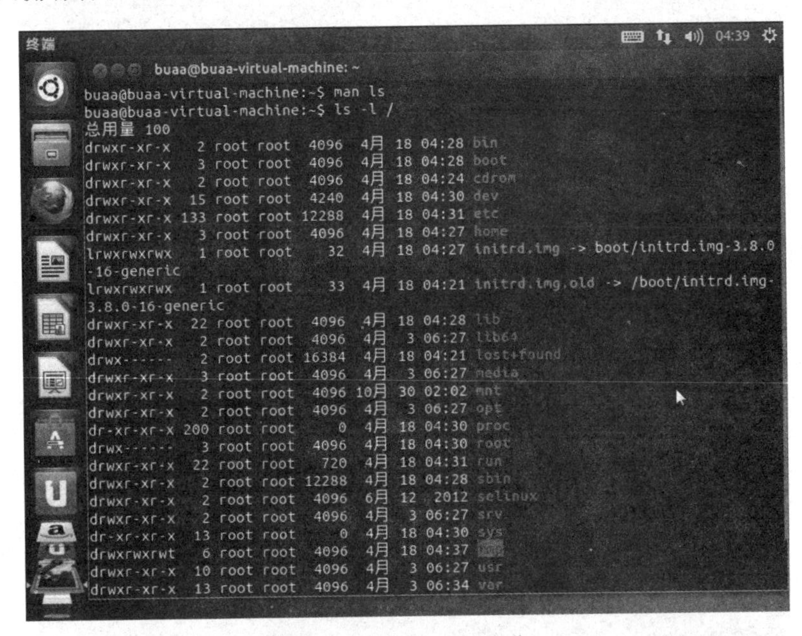

图 2-66　显示目录内容信息

步骤五：输入 mkdir a 命令，可在/home/stu 文件夹下建立一个名为 a 的空文件夹。

步骤六：输入 cd a 命令，可将当前路径改到 a 目录下。

步骤七：输入 cat > file1 命令，在出现的空白行中输入 Ubuntu is interesting!，按 Ctrl+C 组合键结束输入，回到命令提示行，系统将在 a 文件夹中建立一个名为 file1 的文件，文件内容为文本 Ubuntu is interesting!。

步骤八：输入 cat file1 命令，可查看 file1 文件的内容，如图 2-67 所示。

步骤九：输入 gzip file1 命令，可将 file1 文件进行压缩，变为 file1.gz。

步骤十：输入 gzip -d file1 命令，可将 file1 文件解压缩；输入 rm file1 命令，可删除 file1 文件；输入 cd ..命令，可返回上级目录；输入 rmdir a 命令，可删除 a 文件夹。

步骤十一：输入 su 命令，在 password 提示中填入为管理员用户设立的密码，按 Enter 键，可暂时以管理员身份登录系统。

步骤十二：输入 ps 命令，系统将列出正在运行的程序的信息，如图 2-68 所示。

步骤十三：输入 exit 命令，可退出管理员权限，回到普通用户权限。再次输入 exit 命令即可退出终端。

本实验介绍了 Ubuntu 13.04 的安装及其终端的简单使用方法，读者如果对 Linux 操作系统感兴趣，可以进行更深入的学习和实践，同时也可以使用虚拟机在 Windows 平台上

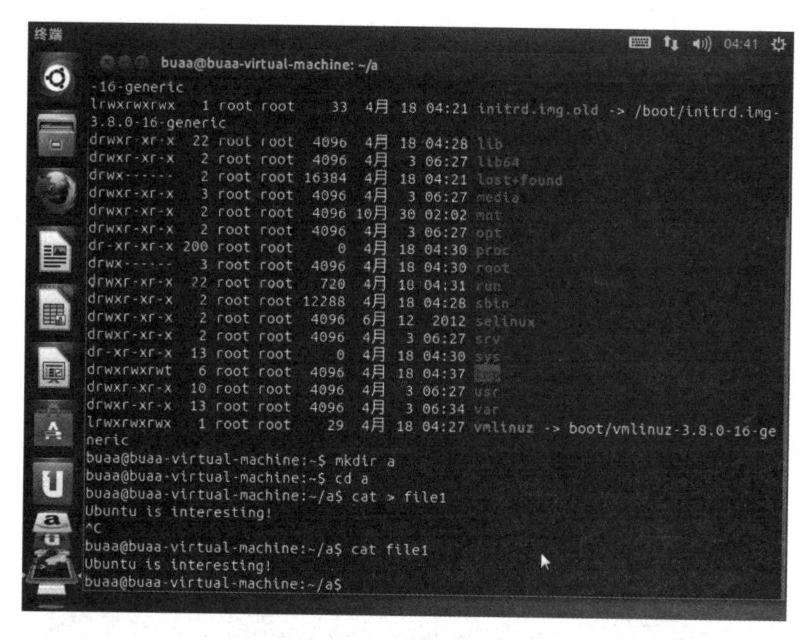

图 2-67　建立文件并查看内容

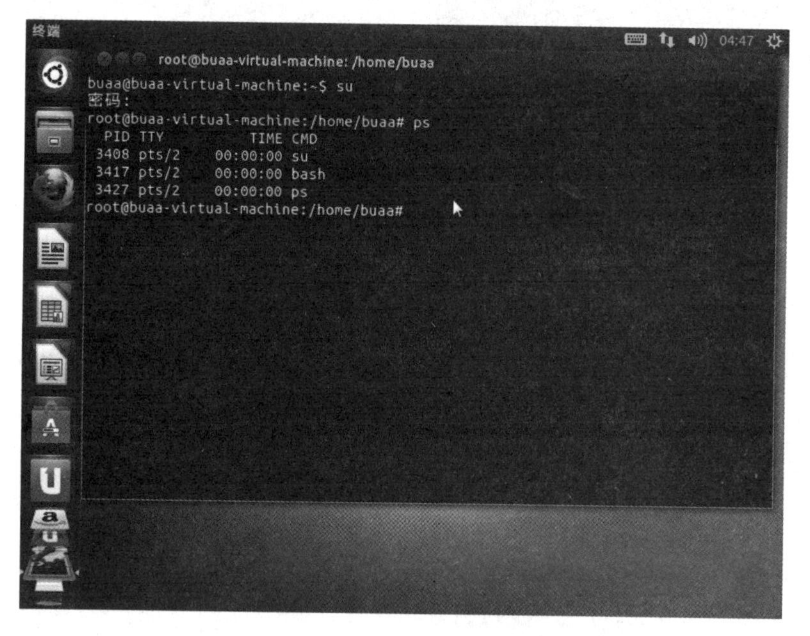

图 2-68　查看系统正在运行的程序

安装 Linux 操作系统,或在一台计算机上安装多个操作系统。

通过学习本章内容,希望读者能够掌握常用操作系统的安装方法和基本操作,并在今后的实践中总结出更多适合自己的操作系统使用和配置技巧。

第3章 应用软件的使用——概述

3.1 什么是应用软件

应用软件(application software)是和系统软件相对应的,是用户可以使用的各种程序设计语言,以及用各种程序设计语言编制的应用程序的集合。应用软件分为应用软件包和用户程序,应用软件包是利用计算机解决某类问题而设计的程序的集合,供多用户使用。

操作系统提供了一个运行软件的环境,每个具体的功能要由特定的系统和应用软件来完成,经常使用的软件主要可以分为以下几种类别。

(1) 应用软件。这类软件种类繁多,提供了可以在计算机上实现的各种基本功能,如办公软件 Microsoft Office 系列、压缩软件 WinRAR、电子阅读软件 Adobe Reader 和 CAJViewer、虚拟光驱 Daemon Tools 及 Alcohol 120%等。

(2) 网络相关软件。随着网络的普及,网络相关软件也逐渐发展壮大,包括浏览器软件(如 IE、Chrome、Firefox、Maxthon、360 安全浏览器)、聊天工具(QQ、Skype、MSN)、下载软件(迅雷、网际快车、BitTorrent、eMule)、FTP 相关软件(FileZilla 和 SmartFTP)以及局域网内传输软件(飞鸽传书)等。

(3) 编程开发软件。这类软件是计算机相关专业,特别是软件工程专业的学生经常会接触到的,如集成开发环境(Visual Studio、Intellij IDEA、Eclipse、Xcode、Borland C++ 和 Dev C++)、数据库软件(SQL Sever、Oracle 和 MySQL)、分析设计软件(Rational Rose)、文本显示和编辑软件(UltraEdit 和 EditPlus)、测试工具(Borland Silk、LoadRunner、IBM Rational 和 Parasoft Jtest)等。

(4) 媒体播放软件。这类软件包括播放软件(Media Player、RealPlayer、暴风影音、千千静听、WinDVD)、多媒体制作软件(After Effects、会声会影、Flash)、网络媒体软件(PPLive、SopCast、PPStream)、录制和截图软件(屏幕录制专家、CoolEdit)以及光盘刻录软件(Nero、WinISO)等。

(5) 图像处理软件。这类软件也是计算机相关专业特别是新媒体艺术专业学生经常使用的,如网页制作软件(DreamWeaver、Flash、Fireworks,俗称网页三剑客)、图像处理软件(Photoshop)、三维建模软件(3DS Max 和 Maya)等。

(6) 安全相关软件。这类软件是计算机的卫士,如杀毒软件(Windows Defender、卡巴斯基、Norton、瑞星、金山毒霸、江民、McAfee 等)、防护工具(360 安全卫士、瑞星卡卡、微点,防火墙和各种专杀工具)以及各种文件和目录加密工具等。

(7) 系统工具软件。这类软件是计算机爱好者的挚爱,可以帮助优化和增强计算机系统,如系统优化软件(电脑管家、超级兔子、优化大师)、系统备份软件(Ghost)、系统检测软件(CPU-Z、Everest)以及各种常用驱动程序。

(8) 游戏娱乐软件。这类软件包括各种单机版游戏和网络游戏客户端,这里不做赘述。

可以看到,在计算机上可以运行各种各样的软件,帮助用户完成某一方面的工作,而每一类软件又可以有很多种选择。每一款软件都有各自的优缺点、功能侧重和用户导向,用户不需要进行一一比对,只需要在长期的使用和实践中选择适合自己的一款。

用户可以选择自己偏爱的应用软件,养成自己独特的操作方式,设置自己习惯的系统风格,可见计算机越来越人性化,逐渐成为用户特质的一部分,反映一个人的性格、品位和行为模式。

3.2 基础实验1:获取和安装应用软件

应用软件在用户界面设计上都大同小异,有较多共同点,本实验将以两个实际使用中最常见的应用软件——Chrome浏览器以及WinRAR压缩文件管理器为例简单介绍应用软件的获取、安装以及使用方法。

通常情况下,用户可以通过访问应用软件的官方网站来获取应用软件的安装包(对于免费和共享软件),或者了解关于购买和订阅的信息(对于收费软件)。

当然,从互联网下载到的软件包有可能包含病毒或者其他捆绑的软件包,如果不信任程序来源,应当在运行之前进行查毒。在安装的时候也应当注意,不要在没有读完屏幕上显示的信息的状况下盲目进入下一步,因为这可能为计算机带来潜在的威胁。

本实验假设计算机刚刚安装好全新的Windows 7,网页访问都使用Internet Explorer(以下简称IE)。使用其他浏览器的操作方法基本相同。

3.2.1 下载并安装Chrome浏览器

步骤一:启动IE,并导航至https://www.google.cn/intl/zh-CN/chrome/,或在百度等搜索引擎中搜索Chrome,并进入其官方网站,如图3-1所示。

步骤二:单击页面中间的"下载Chrome"按钮,阅读并同意其服务条款,单击"接受并安装",如图3-2所示。

步骤三:等待下载和安装完成,如图3-3所示。

步骤四:完成后,Chrome会自动启动,成功安装后将显示起始页,至此Chrome已被成功安装到计算机上,如图3-4所示。

Chrome的安装程序比较特别,在安装过程中不需要进行任何设置。实际上,Chrome默认安装到C:\Program Files (x86)\Google\Chrome下,由于Chrome的占用空间不大,自动安装到这里对计算机运行效率影响不大。对于一些体积较大的软件,例如Visual Studio、Office套件等,在安装的时候要注意选择安装位置,以免在今后发现系统分区容量不足。

图 3-1　Chrome 官方网站

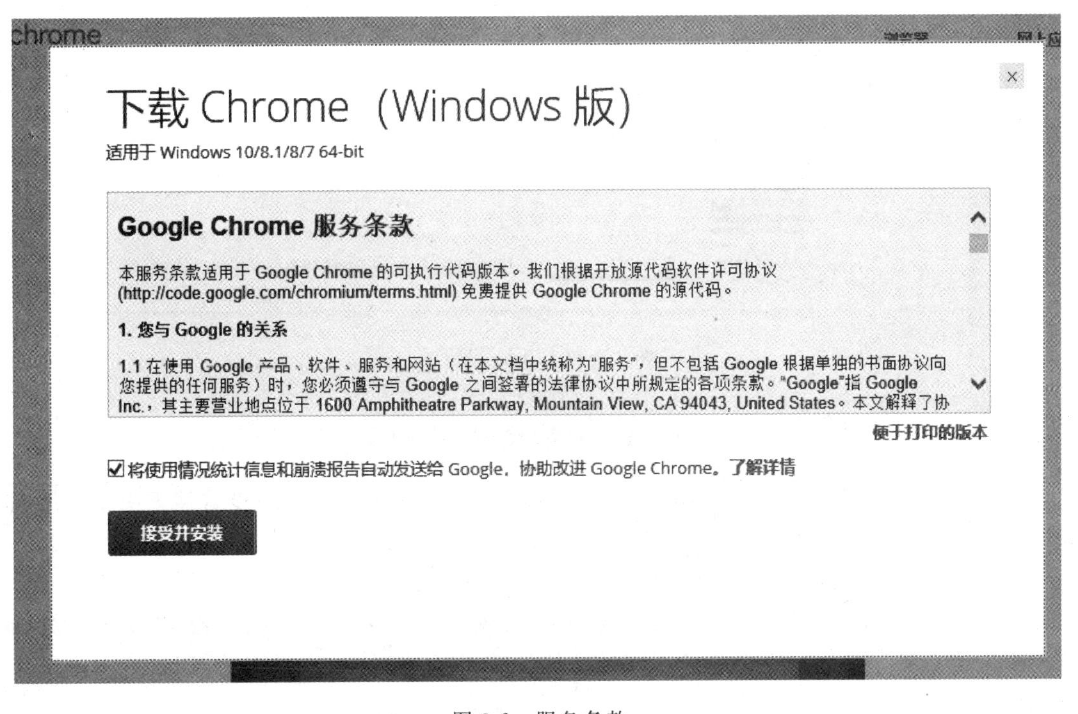

图 3-2　服务条款

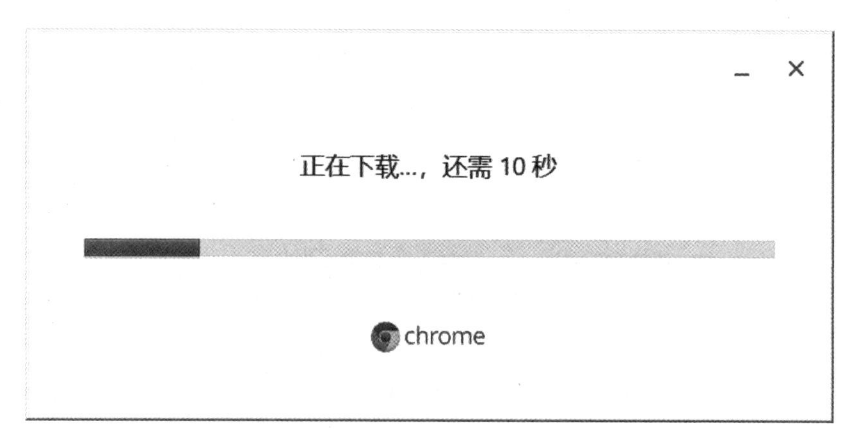

图 3-3　安装界面

图 3-4　Chrome 起始页

3.2.2　下载并安装 WinRAR 压缩文件管理器

步骤一：启动 IE，并导航至 http://www.winrar.com.cn，或在百度等搜索引擎中搜索 WinRAR，并进入其官方网站，如图 3-5 所示。

步骤二：单击页面上适合自己系统的软件版本进行下载。

有些软件会分为多种版本以供运行不同系统的用户使用。进行压缩和解压缩对于 CPU 的计算能力有一定的要求，所以在 64 位计算机上使用 64 位版本的 WinRAR 可以使软件性能得到一定程度的提升。

当然，64 位计算机也是可以运行 32 位程序的，但是 32 位计算机则不能运行 64 位程序，这点在下载软件的时候请务必注意。如果不清楚自己的计算机是否 64 位，可以右击"开

图 3-5 WinRAR 中国区官网

始”菜单按钮，在弹出的快捷菜单中选择“系统”命令进入系统信息页面查看。

步骤三：下载完成后弹出提示信息单击“运行”按钮，如图 3-6 所示。

图 3-6 下载确认信息

单击“运行”按钮后，计算机会将这个文件保存到临时文件夹或下载文件夹，并在下载完成后直接运行。用户也可以通过单击“保存”或者“另存为”按钮手动保存这个文件以备日后运行。

步骤四：阅读屏幕上显示的信息并完成安装向导，在计算机上安装 WinRAR，如图 3-7 所示。

步骤五：执行完安装过程后，弹出如图 3-8 所示的配置界面。在这里可以设置 WinRAR 要关联的文件类型（意味着被勾选的这些类型的文件会默认使用 WinRAR 打开），同时还可以配置 WinRAR 在资源管理器右键菜单里的整合情况（意味着用户可以在这里去除可能完全没用的“压缩并 Email”功能）。

很多比这个更复杂的软件，例如 SQL Server，MATLAB 等，都需要在安装过程中进行一部分配置，其中有一些甚至不能在安装完成后更改（WinRAR 可以，所以不要紧张），所以请务必确认安装界面上的所有选项无误后再单击“下一步”或“确定”按钮。

以上就是大部分软件都适用的获取及安装流程。在安装和使用软件的过程中，最重要的就是不要盲目操作，应该读懂屏幕上显示的提示信息后再做出决定。这不仅能够确保自

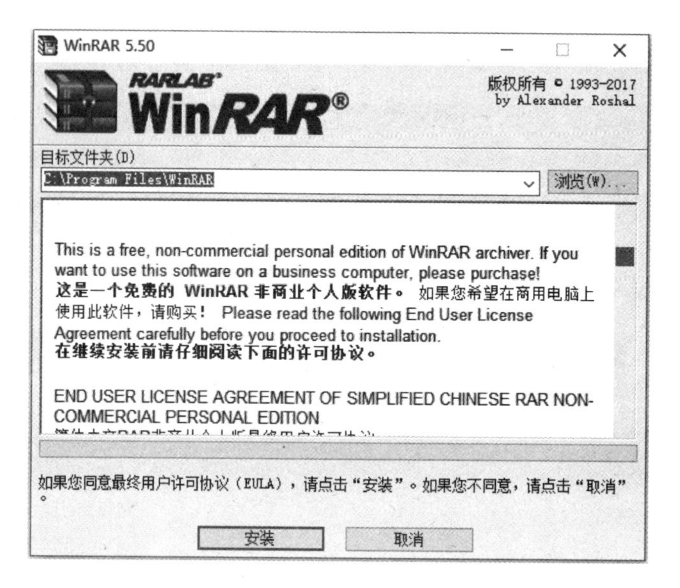

图 3-7　WinRAR 安装程序界面

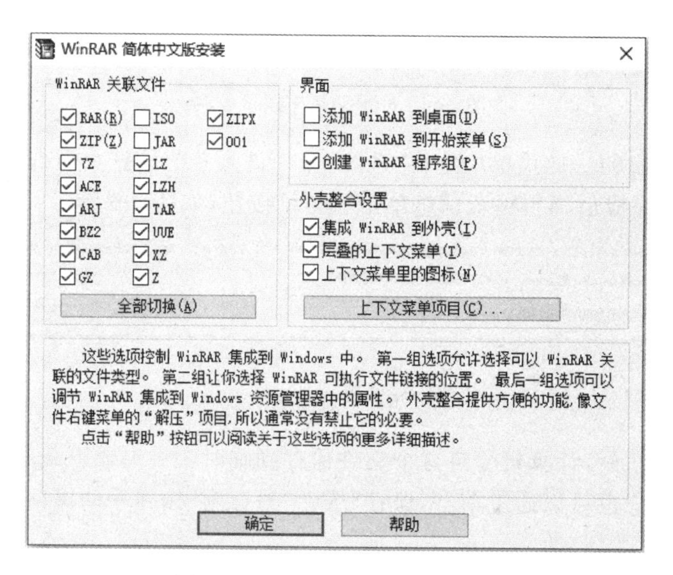

图 3-8　WinRAR 安装配置界面

己时时刻刻都掌控自己的计算机，每一次理解提示的过程中，还能同时理解计算机软件的一部分运作原理，加深自己对计算机本质的认识。这对于正确使用计算机来说，是非常重要且可贵的。

3.3　基础实验 2：应用软件的初步使用

总体上，应用软件在设计上就是从用户角度出发的，所以在某种意义上，使用应用软件的过程就是一个“人机对话”(或者说，用户和程序设计者对话)的过程。在大部分情况下，用户应该能够结合操作意图和界面上给出的信息分析出接下来应该如何操作，而不是死记硬背操作流程。

基于设计者和用户之间仍然有一些约定俗成的“常识”需要事先掌握，本实验结合了Chrome和WinRAR两款软件的不同界面特性来简单介绍使用应用软件的初步思路。

3.3.1 Chrome浏览器的使用

从“开始”菜单或桌面上找到Chrome并启动，可以看到它的主界面如图3-9所示。

图3-9 Chrome的主界面

Chrome的界面设计较为现代，主要是为了结合多种设备(台式机、平板电脑和手机)的特点，在注重各自特点的情况下尽量给用户统一的使用体验。其工具栏非常简短，从左到右依次是“后退”“前进”“刷新/停止”三个按钮，再往右是地址栏，地址栏右端有一个收藏按钮；地址栏的右侧是收纳了所有相对不常用的功能的菜单按钮。

1. 浏览网页

步骤一：在地址栏中输入baidu.com，按Enter键，进入百度搜索引擎，如图3-10所示。

步骤二：在页面中间的搜索框内输入“天气”，按Enter键，进行以天气为关键词的搜索，如图3-11所示，可以看到，搜索引擎通过跟踪用户的访问来源，自动返回了用户所在地的天气信息。

步骤三：尝试单击页面上的超链接访问不同的网页，并使用工具栏的“后退”“前进”“刷新/停止”按钮控制页面的浏览。

2. 个性化设置Chrome浏览器

步骤一：单击右上角的菜单按钮，在菜单中选择“设置”命令，进入设置界面。

步骤二：浏览整个设置页面，尝试修改默认搜索引擎为“百度”，同时将启动时的行为修改为打开特定网页www.baidu.com，如图3-12所示。

图 3-10　使用 Chrome 访问百度

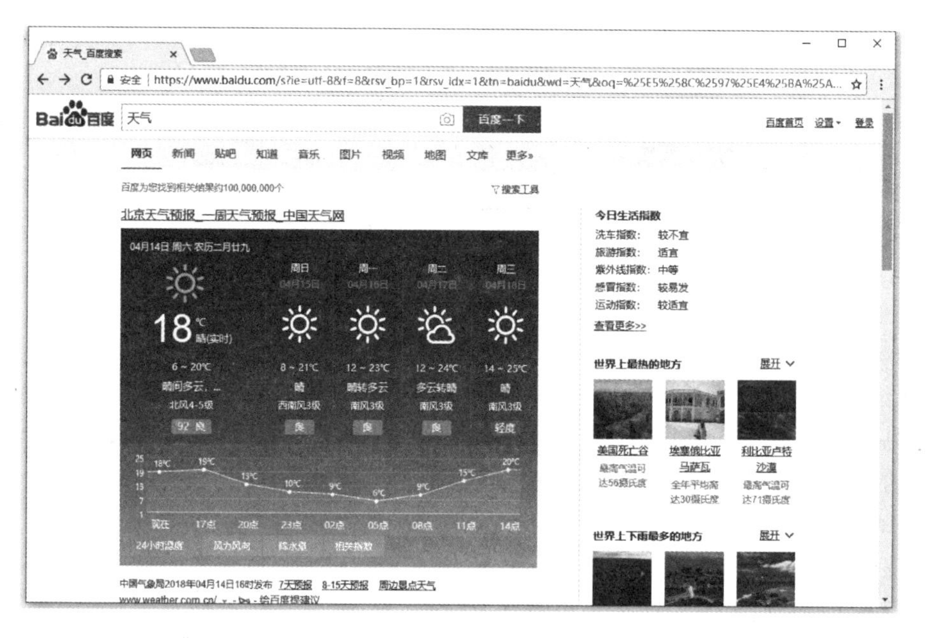

图 3-11　搜索当日天气

步骤三：关闭并重新启动 Chrome，检查首页是否为百度搜索引擎；如果是，尝试直接输入关键词进行搜索。

Chrome 的设置页有自动保存机制，会在每次修改后立即保存新的配置。如果在其他软件中看到带有“确定”“应用”一类按钮的设置对话框，要记得保存设置后再退出对话框，如果直接使用右上角关闭按钮退出，默认动作可能是不保存并退出，即“取消”设置。

在结束这次实验之前，请自行尝试使用 Chrome 的书签和历史记录功能，相应命令都可以在菜单中找到，本书不再赘述。

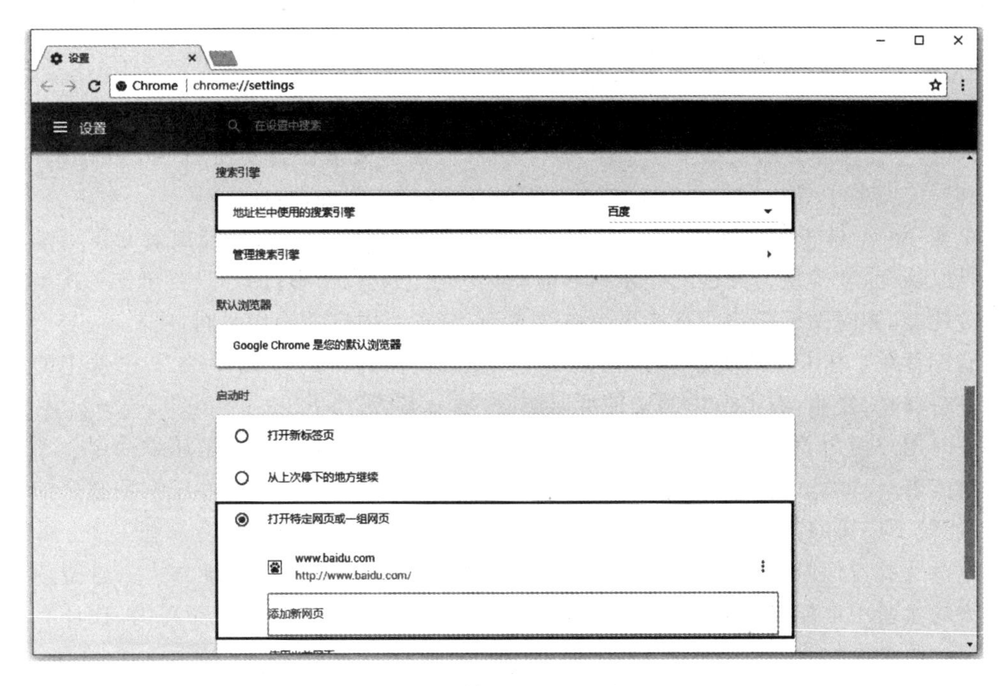

图 3-12　修改 Chrome 设置

3.3.2　WinRAR 压缩文件管理器的使用

相比于 Chrome，WinRAR 在界面设计上显得比较传统，如图 3-13 所示。

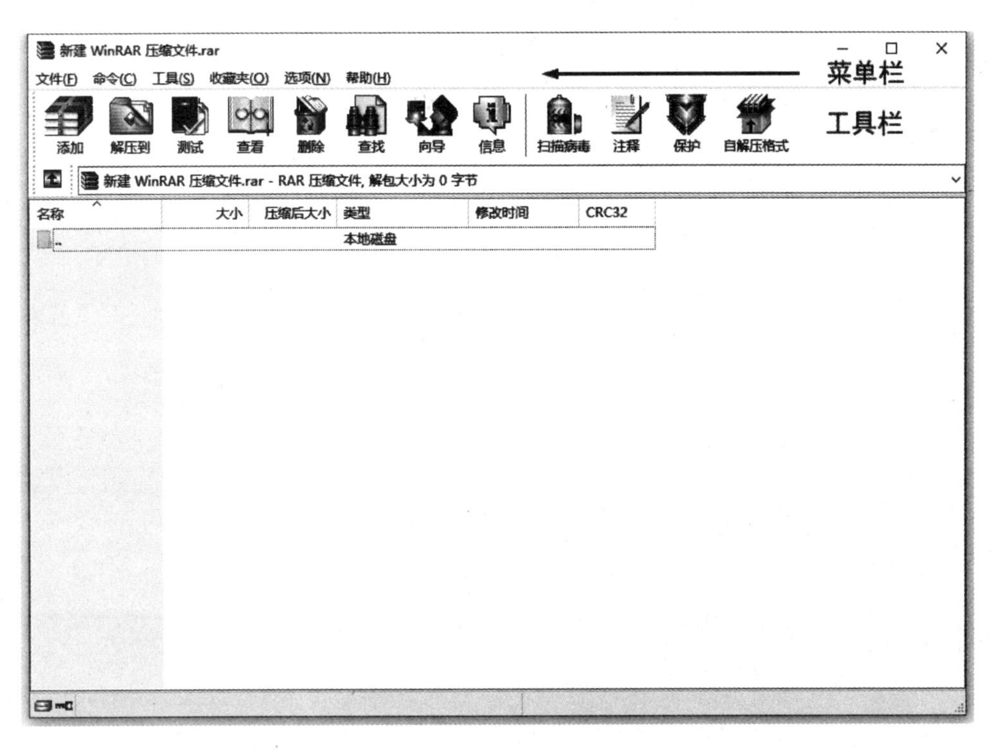

图 3-13　WinRAR 界面

在传统的设计思路中,软件的功能通常集中在工具栏、菜单栏以及右键菜单中,一般来说,它们起到的作用分别如下所述。

菜单栏:菜单栏集中了软件的几乎所有功能和配置菜单,按照各个功能所属类别不同进行区分,一层菜单下可能还有子菜单,便于用户检索。通常在需要使用一个功能的时候,可以到对应菜单中寻找看是否有需要的功能命令,或是类似的命令。

工具栏:工具栏包含软件最常用(至少是开发人员认为)的基础功能或者必不可少的功能。可以认为,软件最为关键的一系列功能就集中在工具栏当中,用户只要单击一次就能调用相应功能,同时图标相比文本能更快被注意到,节省了用户的操作时间。

右键菜单:右击弹出快捷菜单暗含"对选中项进行操作"的含义,例如右击选中的文本可以进行剪切、复制,右击选中的文件可以删除、重命名等。

平时用户使用 WinRAR 主要通过资源管理器右键菜单调用压缩、解压缩命令。

请读者自行尝试使用 WinRAR 工具栏中的主要功能,进行多个文件压缩和解压缩的测试,并比较不同压缩配置下压缩文件的大小。

本章实验看似简单,实际上介绍了使用计算机的一些最重要的思维方式。希望读者在接下来的实验中也能够细心观察,勇于探索,发掘手头的应用软件的全部潜力,让计算机真正为用户服务。

第4章 应用软件的使用——办公软件

作为计算机专业的学生，除了要掌握操作系统的基本操作外，办公软件的使用也是一项必备的技能。办公软件能使用户的工作更有效率，也更具有专业性。

办公软件是指可以进行文字处理、演示文稿制作、电子表格制作等工作的软件，目前主流的包括微软 Office 系列、金山 WPS 系列、永中 Office 系列、红旗 2000RedOffice 及致力协同 OA 系列等。这些软件是基于计算机进行工作和学习的基础，贯穿于对计算机的整个使用过程。例如电子作业、简历制作、论文编写、刊物排版、信息统计、演示文稿编辑等活动，都离不开办公软件的使用。

本章将以 Word、PowerPoint、Excel 以及 Outlook 为例，介绍办公软件的实际使用方法和技巧。现在 Microsoft Office 系列的最新版本是 2018。但是考虑到一般学校机房或实验室配置情况以及技术成熟度，本书以 2010 版作为示例版本。

4.1 基础知识储备与扩展

4.1.1 排版常识

办公软件，特别是文字处理软件的使用过程中，会涉及很多排版的常识，这些常识与具体的软件无关，但是了解和应用这些常识，有助于对软件的使用，并得出更专业、更美观的输出。

一个文档的排版一般会遵循以下顺序完成。

(1) 设置页面。这一步也可以放在稍晚的时候进行，但是考虑到一个文档的页面设置一般是在文档排版前就已经规定好的，而且设置好页面后，文字录入和编辑都更容易与实际要求的效果相比对，建议将这项工作放在第一步。

(2) 录入文字。这一步是后面步骤的基础，建议录入时把字号或者显示比例设大一些，这样有利于保护视力。

(3) 编辑字体、段落、编号、分栏。录入完毕后，要对字体、段落、编号、分栏等选项进行选择性设置。例如，选择合适的字体、字号、字形，设置段落缩进和间距，有条理地为段落选择合适的编号或项目符号，根据需要决定是否分栏等。

(4) 插入图片、表格及题注。在录入和编辑阶段可以先不考虑图片和表格的插入，但是这些对于文档内容表达和排版效果都十分重要，应该在需要的地方插入合适的图片和表格，并为它们添加题注。

(5) 设置标题，插入分节与分页符。对文档的标题进行格式设置，并进行合适的分节和分页。对于书籍和论文制作,本步骤十分重要。

(6) 生成目录和索引。为文档生成目录和需要的图表索引,修改文档时应注意保持目录和索引的及时更新。

(7) 添加页眉和页脚。利用页眉和页脚能够添加一些很重要的信息,如文档名称、作者、章名称、页码等,恰当、美观的页眉和页脚也可以体现文档风格的一致性。

(8) 统计字数,检查拼写,修订。本步骤进入文档的后期修改阶段,实施者可能是文档的撰写者,也可能是文档的阅读者或评审者。

(9) 添加封面。论文、刊物、书籍都需要添加封面,对于普通文档,添加封面也是一个好习惯。

(10) 预览和打印。这是文档排版的最后一步,当需要输出纸介文档时,要实施此步骤。排版的风格要根据文档的具体内容和类型来确定。在一个文档的排版中,最重要的是要保持整个文档风格的统一。总体来说,文档可以分为学术型和艺术型两类,例如电子作业、论文等都属于学术型文档,该类文档要求规范、整洁、简单;而文学作品集等属于艺术型文档,要求美观、活泼、生动。

排版中有如下一些小的技巧,总结出来供读者借鉴。

(1) 重视并合理地设计封面和页眉、页脚。

(2) 如果是学术型文档,请在封面或文档标题下方列出详细的作者信息,如姓名、单位、邮箱等,以方便与其他文档阅读者交流。

(3) 长度超过10页的文档最好在文档开头给出目录或其他显示文档结构的提示信息。

(4) 最常使用的中文字体是宋体,大段落的正文最好使用宋体,因为这种字体打印效果最清晰,也使文档显得更加整洁,方便阅读。最常使用的英文字体是Times New Roman。如果文档是在屏幕上展示为主,也可以使用一些等线字体(如英文的Arial、Calibri,中文的微软雅黑、等线、方正等线等),这些字体在高分辨率屏幕上显示的效果会比非等线字体好,但不适合在纸质媒介上长时间阅读。

(5) 使用楷体、幼圆等字体可以使文档更显活泼、生动,但是切忌在大幅的文字中使用一些奇怪的字体。

(6) 适当地插入和编辑图与表,并注意题注的使用,会使图和表的应用目的和内容更加清晰,便于理解。一般图的题注在图的下方,表的题注在表的上方。

(7) 插入图片时应注意图像的分辨率,不要拉伸分辨率过低的图片,那样会出现马赛克效果。同时在缩放照片时要注意保持比例。

(8) 如果要输出纸介文档,应注意图像彩度和灰度显示模式下的不同效果。最好把图像转换成灰度后调节到合适的亮度和对比度,以确保打印出来的图像依然清晰。

(9) 如果文档使用背景图,应注意调整叠放顺序。而且图片本身亮度要高些,一定不要覆盖文字或影响文字阅读。

(10) 切勿使用空格和回车符排版。不同字体、不同设备下的空格长度都不同,依赖空格和回车符排版会带来想不到的问题,应尽量使用段落设置和分页/分节符。

(11) 如果是刊物排版,要合理使用分栏。通栏文档往往每行字数过多,容易使阅读者疲劳。

(12) 避免使用艺术字。这一点可能会引起一些争议,有些人也许觉得艺术字比较方便，但事实是：如果是学术型文档，就不应该使用艺术字；如果是艺术型文档，所有图片和标题都应该是经过图像处理软件加工和处理过的，而不是简单地使用艺术字。

最后，需要强调的是排版的基本准则，具体如下所述。

（1）排版是为内容服务的，不要喧宾夺主。

（2）要符合文档本身的类型和风格。

（3）要尊重文档阅读者的文化和习惯。

4.1.2 印刷常识

考虑到大部分文档是要输出成纸介形式的，本节简要介绍一些印刷方面的常识。印刷作为一个学科涉及的知识很广泛，这里只介绍日常最可能接触到的与排版有关的部分。

1. 纸张类型

人们日常见到的纸张类型主要有凸版纸、新闻纸、胶版纸、铜版纸、画报纸、书面纸、邮封纸及牛皮纸等，这里不对每种纸张做具体介绍，但需要知道的是，这些纸在重量、颜色、韧性、打印效果等方面均有所不同。排版后的文档在交付印刷时要选择合适的纸张类型，在排版时也要考虑到后面印刷时可能会采用的纸张类型。

2. 色彩

印刷有黑白和彩色两种类型。一般为了节约费用，正文会采用黑白印刷，封面和部分夹页会采用彩色印刷，但也有一些宣传手册会整本采用彩色印刷。在排版时应考虑到黑白和彩色的区别，应用上文介绍的排版技巧中的方法处理正文中出现的图片。在计算机中，图片色彩一般为 RGB 模式，而在彩色印刷中则采用 CMYK 模式。这个区别有时会导致出现印刷版与电子版色彩不一致的现象，因此建议在需要彩色印刷的文档排版中将图像一律转换成 CMYK 模式进行编辑和处理。

3. 出血

“出血”是印刷领域的一个专业词汇，实际上得名于“初削”的谐音。学习者不需要了解得十分详细和深入，只需要知道在印刷时，各生产工序可能会导致一些偏差，使得设计尺寸和实际尺寸不一致，甚至有些文字和图案被裁掉。正文中通常都有足够大的页边距，所以这个问题主要发生在印刷的部分贴紧纸张边缘（例如海报、杂志封面等）的情况下。“出血”技术可以保证印后加工中原设计尺寸的稳定性，通常要求在排版和设计时把内容多做出 3mm。

4.2 基础实验 1：Word 2010 的高级功能

本实验以 OpenGL 的文档片断为例，应用 Word 2010 对这份文档进行排版，介绍关于 Word 2010 的一些高级操作和使用技巧。由于该文档属于学术型文档，因此排版风格以简约整洁为主。

该原始文档如下。

> 1. 3D 图形和 OpenGL 简介
>
> 1.1　计算机图形的简单历史回顾
>
> 最早的计算机是由一行行的开关和灯组成的。技术人员和工程师需要工作几个小时、几天甚至几星期对这些机器进行编程并阅读它们的计算结果。……

1.1.1　进入电子时代

纸张作为计算机的输出介质非常实用，直到今天仍然是主要的输出媒体之一。……

1.1.2　走向3D

三维(或3D)这个术语表示一个正在描述或显示的物体具有的3个维度：宽度、高度和深度。……

1.2　3D图形技术和术语

1.2.1　变换和投影

图1.4所示是BLOCK示例程序的原始输出结果，显示的是用线条绘制的一个放置在一张桌子或一个平面上的立方体。……

1.2.2　光栅化

实际绘制或填充每个定点之间的像素所形成的线段就叫作光栅化。我们可以通过隐藏表面消除来进一步澄清3D设计意图。……

1.2.3　着色

光栅和着色的操作在3D图形专业领域占据了非常大的比重，并且有专门论述它们的书籍。……

1.2.4　纹理贴图

1.3　3D图形的常见用途

在现代计算机应用程序中，三维图形具有广泛的应用。实时3D图形的应用范围包括交互式游戏和模拟以及数据的可视化显示。……

1.3.1　实时3D

如前面所述，实时3D图形是指活动的并与用户进行交互的图形。实时3D图形最早的用途之一是军事飞行模拟，即使到了今天，飞行模拟器仍然为许多业余爱好者所热衷。……

1.3.2　非实时3D

在实时3D应用中，我们常常需要做出一些妥协。只要有足够的处理时间，我们可以创建更高质量的3D坐标。……

1.3.3　着色器

在实时计算机图形中，最前沿的艺术是可编程调色器。今天的图形卡不再是低能的渲染芯片，而是功能强大的高度可编程的渲染计算机。……

1.4　3D编程的基本原则

1.4.1　并非工具包

OpenGL基本上是一种底层渲染API。我们不能告诉它“在什么地方绘制什么”——我们需要自己动手，通过载入三角形，应用必要的变换和正确的纹理、着色器，并在必要时应用混合模式来组合一个模型。……

1.4.2　坐标系统

现在，让我们考虑如何在三维中对物体进行描述。在指定一个物体的位置和大小之前，需要一个参考帧对它进行测量和定位。……

1.4.3　投影：从3D到2D

我们已经知道如何在3D空间中使用笛卡儿坐标来表示位置。但是，不管我们觉得自己的眼睛所看到的三维图像有多么真实，屏幕上的像素实际上只是二维的。……

下面开始排版工作。

4.2.1 设置页面、字体和段落

1. 设置页面

论文提交规格要求文档使用 A4 纸，左右页边距均为 3 厘米，上下页边距均为 2.5 厘米，具体设置操作步骤如下所述。

步骤一：选择“页面布局”→“页面设置”→右下角“扩展”命令，在弹出的对话框中选择“纸张”选项卡，在“纸张大小”选项栏中选取 A4，如图 4-1 所示。

A4 纸的长度为 29.7 厘米，宽度为 21 厘米，这些选项不需要手动填写，在选择 A4 后系统会自动生成。但是作为计算机相关专业的学生，这些参数应该牢记在心。今后在使用某些图像处理软件为排版的文档编辑封面时，为了大小合适，需要手动把图像大小设置为 A4 纸的大小，有时还需要考虑“出血”。

步骤二：选择“页边距”选项卡，将上下页边距改为“2.5 厘米”，将左右页边距改为“3 厘米”，如图 4-2 所示。

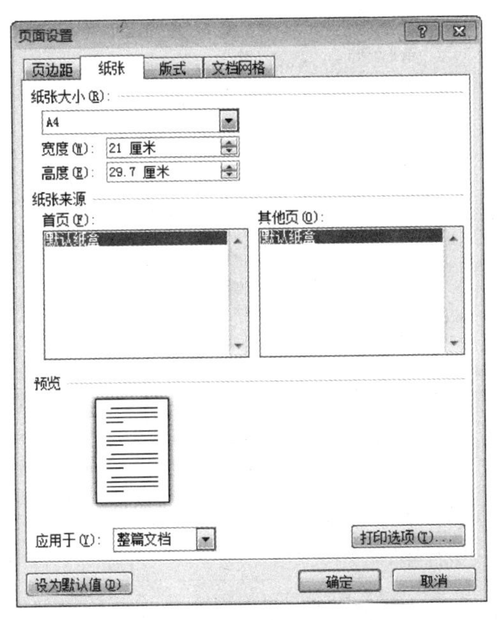

图 4-1 设置纸张大小

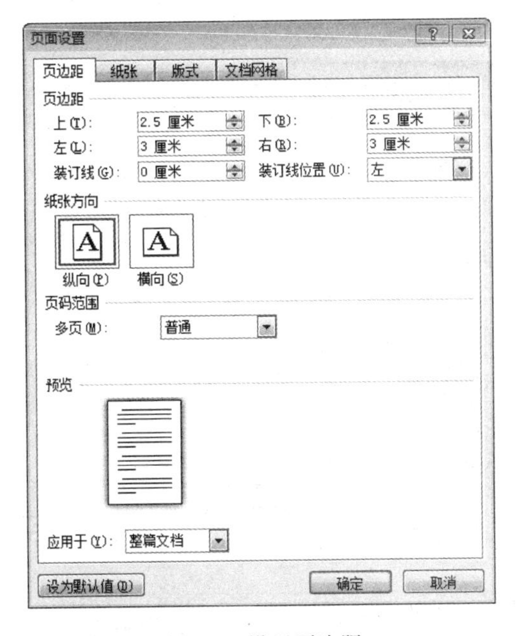

图 4-2 设置页边距

如果修改值以 0.1 厘米为单位进行调整，也可以使用右侧的“增加”和“减少”按钮。“纸张方向”直接使用默认的“纵向”。在很多情况下，也需要将此选项改为“横向”，例如编辑的文档是字数比较少的通知等。

步骤三：单击“确定”按钮，文档的页面就按规定设置好了，系统会自动调整文档的页面边距。

2. 设置字体

文档正文部分使用“宋体”“小四”号字，英文则使用“Times New Roman”。这里先把整个文档都作为正文处理，按 Ctrl+A 组合键全选文档，右击选中文字，选择“字体”命令，在弹出的对话框中设置字体,如图4-3所示。还可以在该对话框中对文字进行其他设置,如比较常用的设置某个文字为上标或下标等。

本步骤也可以直接使用工具栏中的快捷按钮实现设置。

3. 设置段落格式

现在文章中所有段落都是顶格开始的,这样不便于阅读。下面将所有段落设置成首行缩进两个字符,同时加宽行距。

步骤一:按Ctrl+A组合键选择全文,右击选中文字,在弹出的快捷菜单中选择“段落”命令。

步骤二:选择“缩进和间距”选项卡,将“对齐方式”设置为“两端对齐”。

步骤三:在“缩进”选项栏中将“特殊格式”设置为“首行缩进”,并将“度量值”设置为“2字符”。该步骤可以省去在每段首行添加两个空格的烦琐工作。

需要注意的是,首行缩进是中国人的书写习惯。在一些英文文档中,可能更习惯于首行不缩进。

步骤四:在“间距”选项栏中将“行距”设置为“1.5倍行距”,如图4-4所示。

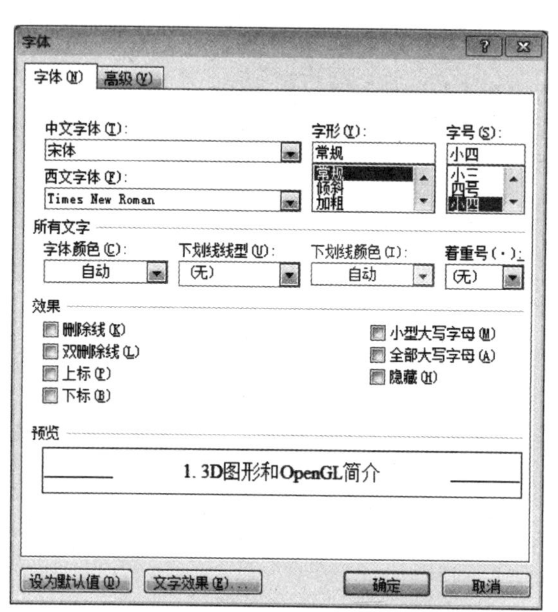

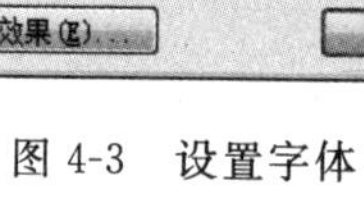

图4-3 设置字体

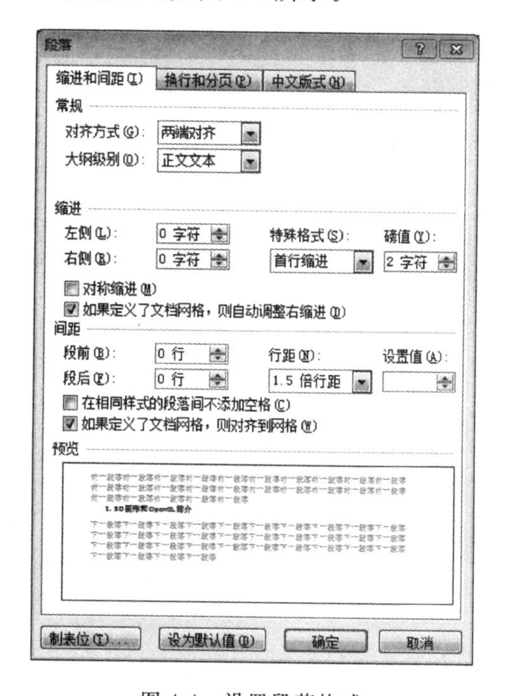

图4-4 设置段落格式

步骤五:在“换行和分页”与“中文版式”选项卡中对相应选项按照自己的排版习惯和排版要求进行其他设置。至此,第一部分编辑和排版工作就基本完成了,效果如图4-5所示。

在字体和段落的设置中,除了文档最初编辑时经常会使用的全选操作,格式刷是一个非常有用的工具。用户可以单击它来刷若干行或若干段落已经编辑好的文字,并将其直接应用到该文档其他部分甚至不同的文档上。

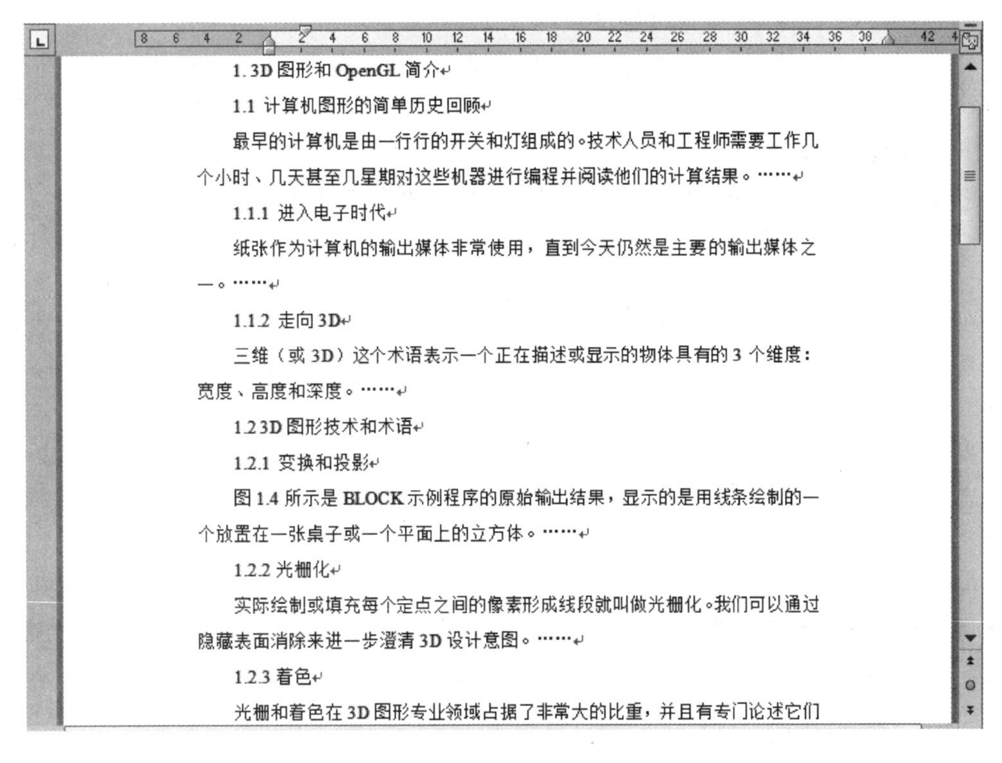

1.3D图形和OpenGL简介

1.1 计算机图形的简单历史回顾

最早的计算机是由一行行的开关和灯组成的。技术人员和工程师需要工作几个小时、几天甚至几星期对这些机器进行编程并阅读他们的计算结果。……

1.1.1 进入电子时代

纸张作为计算机的输出媒体非常使用，直到今天仍然是主要的输出媒体之一。……

1.1.2 走向3D

三维（或3D）这个术语表示一个正在描述或显示的物体具有的3个维度：宽度、高度和深度。……

1.2 3D图形技术和术语

1.2.1 变换和投影

图1.4所示是BLOCK示例程序的原始输出结果，显示的是用线条绘制的一个放置在一张桌子或一个平面上的立方体。……

1.2.2 光栅化

实际绘制或填充每个定点之间的像素形成线段就叫做光栅化。我们可以通过隐藏表面消除来进一步澄清3D设计意图。……

1.2.3 着色

光栅和着色在3D图形专业领域占据了非常大的比重，并且有专门论述它们

图 4-5　文档排版后的效果

4.2.2　插入表格和图片

本节将通过插入表格和图片来对正文内容进行补充和解释。

1. 插入并编辑表格

表格的优点是结构清晰，便于类比和对比，适合数据和属性信息的显示。本实验将为示例文档的1.2.4小节加入表格来显示最为常用纹理内部格式的常量和含义。

步骤一：在“1.2.4 纹理贴图”后新起一行，将光标设置在行首，选择“表格”→“插入”→“表格”，在弹出的对话框中设置表格“列数”为“2”，“行数”为“6”，如图4-6所示，单击“确定”按钮。

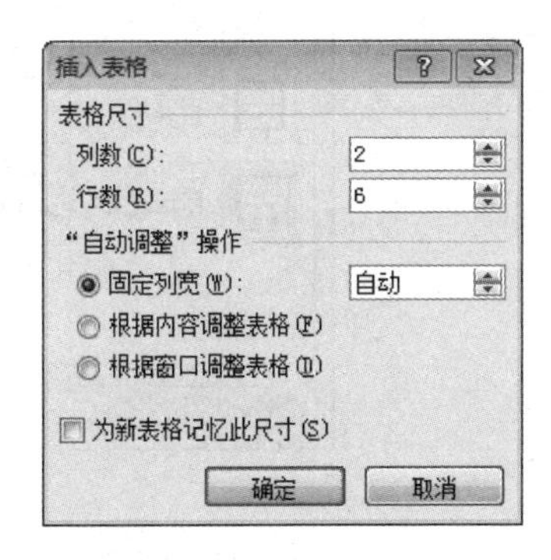

图 4-6　插入表格

行和列在后面的编辑过程中都可以动态地插入和删除。

步骤二：在第一行分别输入两列的列名“常量”和“含义”，并在下面的行和列中相应输入以下逐行内容。

GL_ALPHA　按照alpha值存储纹理单元

GL_LUMINANCE　按照亮度值存储纹理单元

GL_LUMINANCE_ALPHA　按照亮度值和alpha值存储纹理单元

GL_RGB　按照红、绿、蓝成分存储纹理单元

GL_RGBA　按照红、绿、蓝和alpha成分存储纹理单元

步骤三：单击表格左上角的图标选取整个表格，右击表格，在弹出的快捷菜单中选择“表格属性”命令，弹出“表格属性”对话框，将表格设置为居中；直接在工具栏中单击“居中”按钮也可实现相同效果。

步骤四：在表格全选的状态下右击表格，在弹出的快捷菜单中选择“单元格对齐方式”命令，并设置为9个选项中的第二行第一个。这个选项表示单元格中的内容全部在列上居中，在行上左对齐。

在表格的设置中，一般都要设置单元格对齐方式，以使得整个表格内容整齐。上述对齐方式是经常会选择的方式，但当表格内全部是数字时，更多人习惯将其设置为在行上右对齐。

步骤五：为了使表格看上去更加美观，可以对表格的边框和底纹进行设置。表格全选状态下右击表格，在弹出的快捷菜单中选择“边框和底纹”命令，打开“边框和底纹”对话框。

步骤六：选择“边框”选项卡，设置为“自定义”方式，单击对话框右边“预览”选项栏代表表格左右两端边框的竖线按钮，去掉表格左右两端的边框，如图4-7所示，单击“确定”按钮。

图4-7　设置边框

步骤七：只选取表格的第一行，将字体样式设为“粗体”，再打开“边框和底纹”对话框中的“底纹”选项卡，在“填充”选项栏中选择“深色－15%”，如图4-8所示，这样就实现了对第一行列名的强调效果，同时令表格更加美观。

现在完成的表格效果如表4-1所示。

实际排版中有很多种很好的表格设置风格，本实验所设置的只是其中一种。需要注意的是，在一个文档中，所有表格的风格应尽量保持一致。

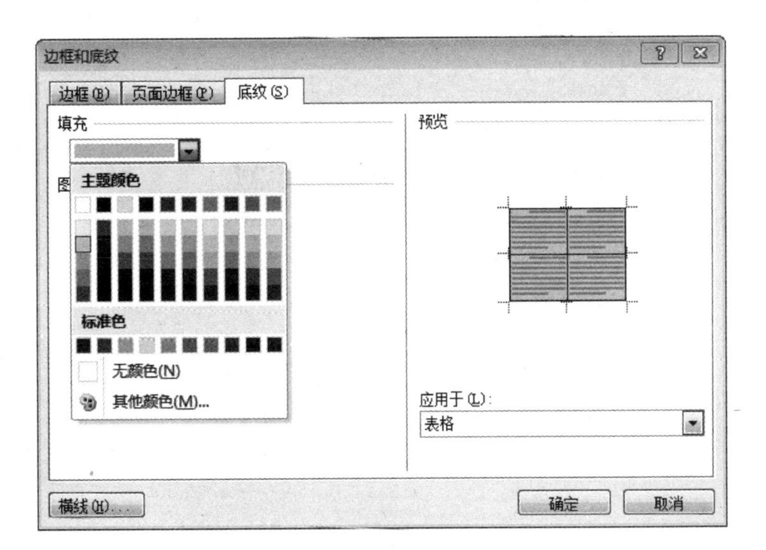

图 4-8　设置底纹

表 4-1　插入的表格样式

常　　量	含　　义
GL_ALPHA	按照 alpha 值存储纹理单元
GL_LUMINANCE	按照亮度值存储纹理单元
GL_LUMINANCE_ALPHA	按照亮度值和 alpha 值存储纹理单元
GL_RGB	按照红、绿、蓝成分存储纹理单元
GL_RGBA	按照红、绿、蓝和 alpha 成分存储纹理单元

2. 插入并编辑图片

图片的优点是生动、形象，能够很好地对文字描述进行直观显示。本实验将脚本系统的图标插入前面的文档的 1.3.2 小节，进而对文字描述进行辅助说明。

步骤一：将光标移动到文档尾部新起一行，选择“插入”→“图片”→“来自文件”命令，选择本书配套资源的“第 3 章素材”文件夹中的“图标”插入文档中。

步骤二：通过拖曳调整图片大小以适应文档和图片分辨率，并将图片设置为居中。

步骤三：选中并右击图片，在弹出的快捷菜单中选择“自动换行”→“其他布局选项”命令，在弹出的对话框中选择“文字环绕”选项卡，选择版式为系统默认的“嵌入型”，如图 4-9 所示。

“嵌入型”是比较稳定的一种版式，不容易随着排版的变化和文字长度的变化而变换图片与文字的相对位置。“四周型”很容易与文字位置发生偏移。如果希望把图片作为背景图片，则需要将其设置为“衬于文字下方”。

步骤四：选中并右击图片，在弹出的快捷菜单中选择“设置图片格式”命令，将图片颜色设置为“灰度”，并调整“亮度”和“对比度”，使图片能够清晰地显示，如图 4-10 所示。

插入图片并设置完成后的效果如图 4-11 所示。

对于图片的操作，也可以选中并右击图片后在弹出的快捷菜单中选择“显示图片工具栏”命令，然后通过工具栏上的“图片编辑”按钮实现。

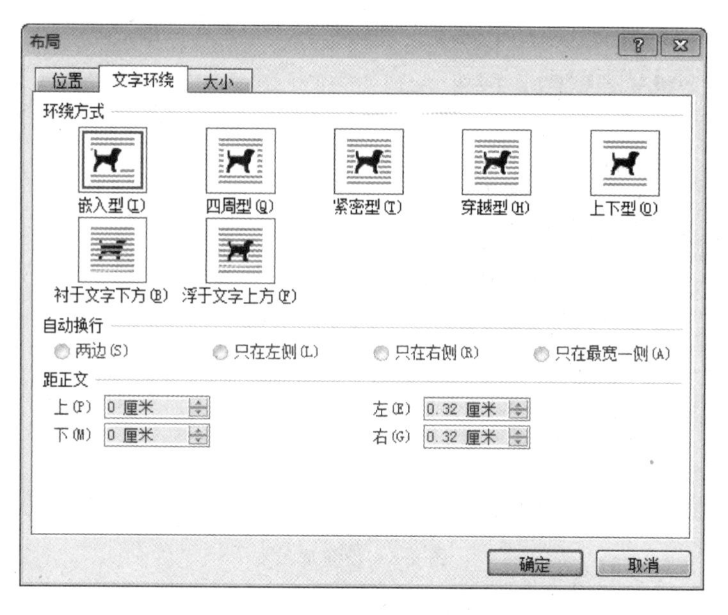

图 4-9　设置布局

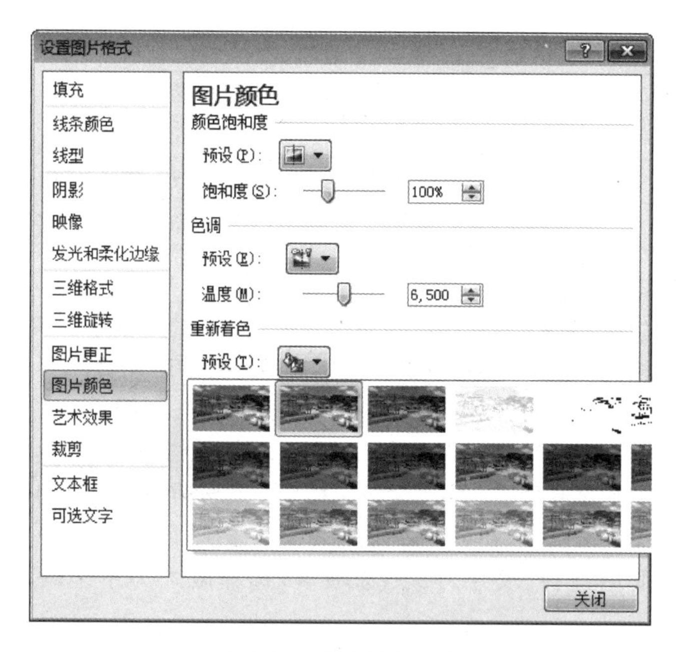

图 4-10　设置图片格式

如果想让图片与文字有很明显的分隔界限,可以为图片添加边框。特别是在插入的图片是照片时,添加边框是一个好的排版习惯。

3. 插入题注

为了让图片和表格的内容和表现目的更明确,应该为每个表格和每幅图片添加题注。题注包括该表格或图片的编号,以及其描述的具体内容。Word 2010 中提供了自动添加题注的功能。相比于手动添加题注,自动添加题注有以下几点好处。

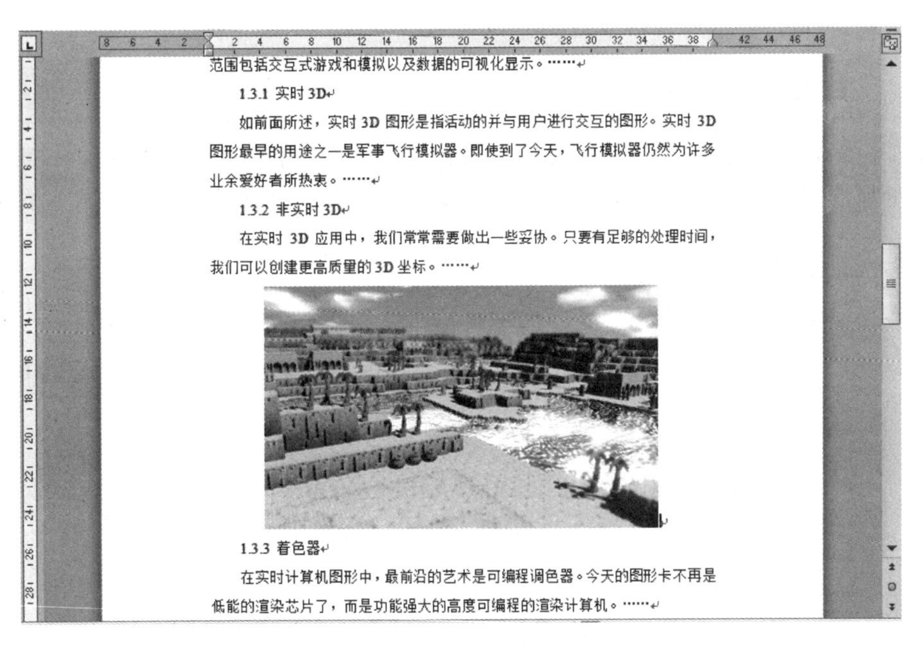
范围包括交互式游戏和模拟以及数据的可视化显示。……

1.3.1 实时3D

如前面所述，实时3D图形是指活动的并与用户进行交互的图形。实时3D图形最早的用途之一是军事飞行模拟器。即使到了今天，飞行模拟器仍然为许多业余爱好者所热衷。……

1.3.2 非实时3D

在实时3D应用中，我们常常需要做出一些妥协。只要有足够的处理时间，我们可以创建更高质量的3D坐标。……

1.3.3 着色器

在实时计算机图形中，最前沿的艺术是可编程调色器。今天的图形卡不再是低能的渲染芯片了，而是功能强大的高度可编程的渲染计算机。……

图4-11　插入图片后效果

(1) 编号可以与相对应的章节绑定。

(2) 当加入新的表格或图片时，标号会自动进行更新。

(3) 可以自动生成图和表的索引。

下面为前文插入的表和图添加题注。

步骤一：选中并右击表格，在弹出的快捷菜单中选择“插入题注”命令，在弹出的对话框中，“标签”选择“表格”，“位置”选择“所选项目上方”，并在“题注”文本框中自动生成的“表格1”后输入该表格的名称，如图4-12所示。

步骤二：单击“确定”按钮，表格上方即自动生成题注，将其居中。

步骤三：选中图片，选择“插入”→“引用”→“题注”，在弹出的对话框中，“标签”选择“图表”，“位置”选择“所选项目下方”，并在“题注”文本框中自动生成的“图表1”后输入该图片的名称，如图4-13所示。

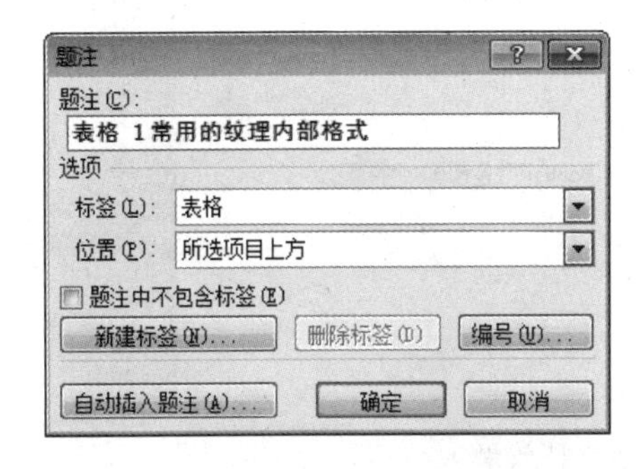

图4-12　插入表格题注

图4-13　插入图表题注名称

步骤四：单击“确定”按钮后，图片下方即可自动生成题注，将其居中。

如果不希望题注标签部分显示“图表”或“表格”文本，可以单击“新建标签”按钮建立新的标签名称,也可以对编号进行编辑。

4.2.3 设置标题与目录

对于论文和其他比较长的文档,设置标题和目录是十分重要的一项内容,这样可以使文章结构更加清晰,便于阅读和查询。在 Word 2010 中,可以通过设置标题样式来自动生成目录。

1. 设置标题

默认情况下,文档都是正文样式。需要将标题手动设置为标题样式。

步骤一:选择前例文档的文字"1. 3D 图形和 OpenGL 简介",在"开始"选项卡的格式工具栏中选择"标题 1",如图 4-14 所示。

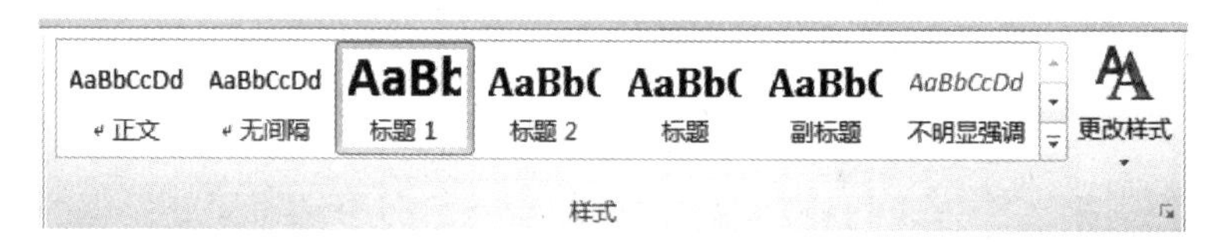

图 4-14 设置标题

步骤二:分别选择"1. 1""1. 2""1. 3""1. 4"及其后面的文字,并将其设置为"标题 2"。

步骤三:分别选择"1. 1. 1""1. 1. 2""1. 2. 1""1. 2. 2""1. 2. 3""1. 2. 4""1. 3. 1""1. 3. 2""1. 3. 3""1. 4. 1""1. 4. 2""1. 4. 3"及其后面的文字,将其设置为"标题 3"。

设置标题后文档效果如图 4-15 所示。

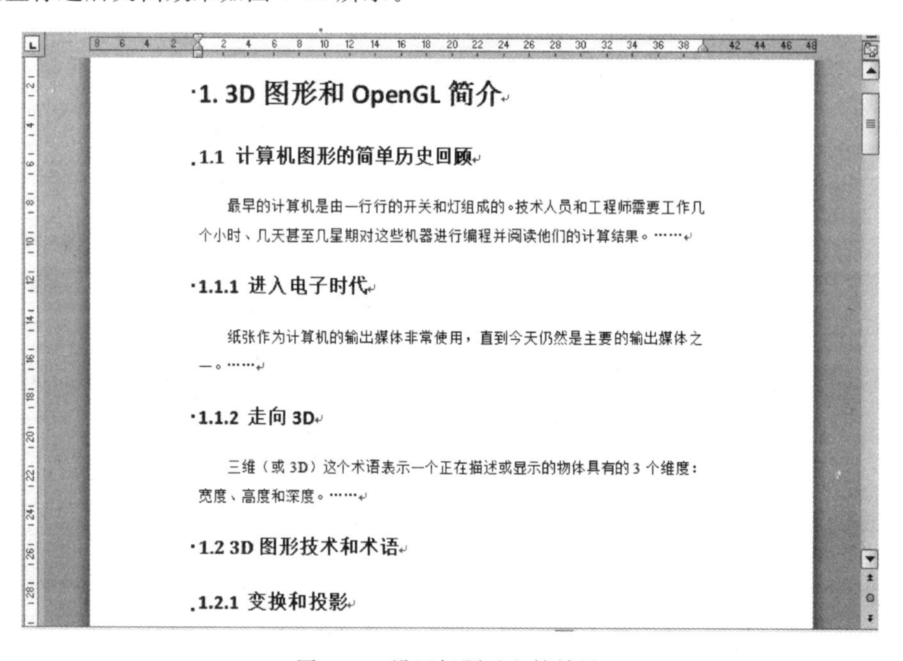

图 4-15 设置标题后文档效果

为了体现标题的结构,可以将不同级别的标题设置成不同的样式。"标题 1"的级别最高。每个样式有系统默认的字号、字体和字形,用户可以对其进行修改,但是要保持同一级标题样式一致。

在进行标题设置时，也可以单击“大纲”工具栏中的“提升”和“降低”按钮实现标题级别的改变。

2. 添加目录

标题设置完成后，可以使用系统自动生成目录。

步骤一：将光标移动到文件开头，录入“目录”，将其设置为“宋体”“3 号”“加粗”“居中”，并另起一行。

步骤二：选择“引用”→“目录”→“插入目录”，弹出“目录”对话框，如图 4-16 所示，单击“确定”按钮，系统会自动生成目录。

通过设置“常规”选项框中的“格式”选项，可根据需要调整目录的显示风格。

步骤三：为了使目录与正文在不同的页和不同的节中，在第一个标题 1 的前面插入分节符。将光标移至标题 1 行首，选择“页面布局”→“分隔符”→“下一页”，如图 4-17 所示。这样目录与正文将位于不同的两节中，可以对其进行不同的页眉、页脚设置。

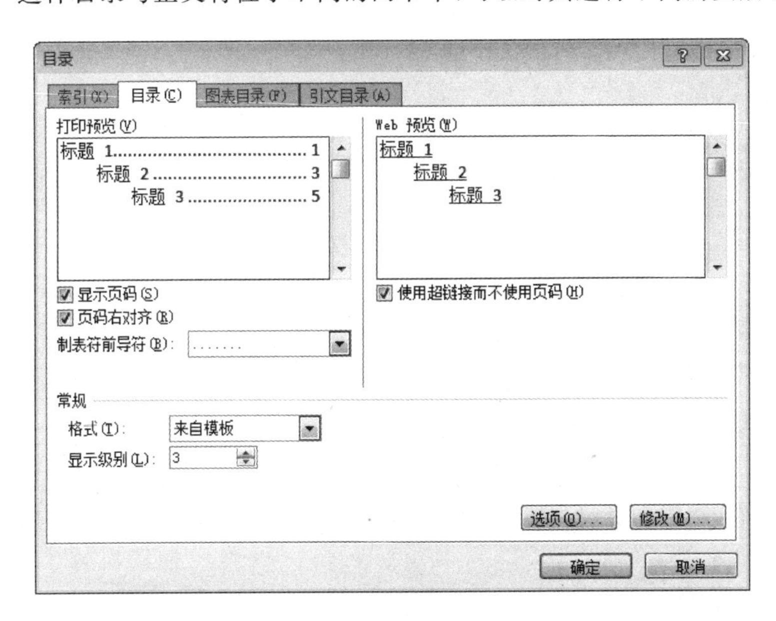

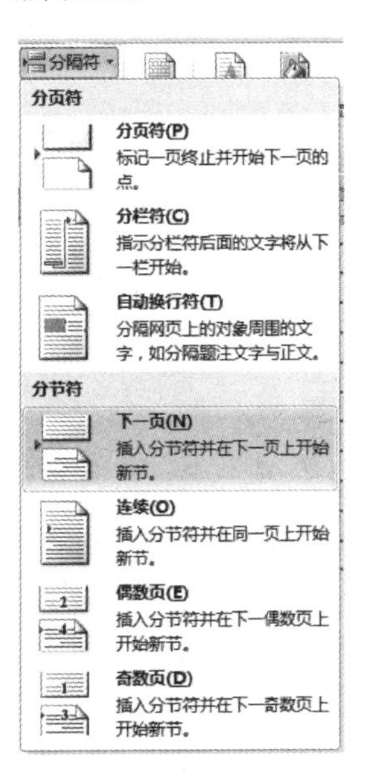

图 4-16　设置目录　　　　图 4-17　设置分隔符

3. 目录的使用与更新

目录生成后，用户可以很方便地从目录链接到正文中相应标题的位置。现在将 1.1 节的标题由“计算机图形的简单历史回顾”改为“计算机图形学的历史”。

步骤一：在目录中找到对应的标题，按住 Ctrl 键，当鼠标指针变为手形时，单击该标题，将文档跳转到正文中该标题对应的位置。

步骤二：将标题“计算机图形的简单历史回顾”改为“计算机图形学的历史”。

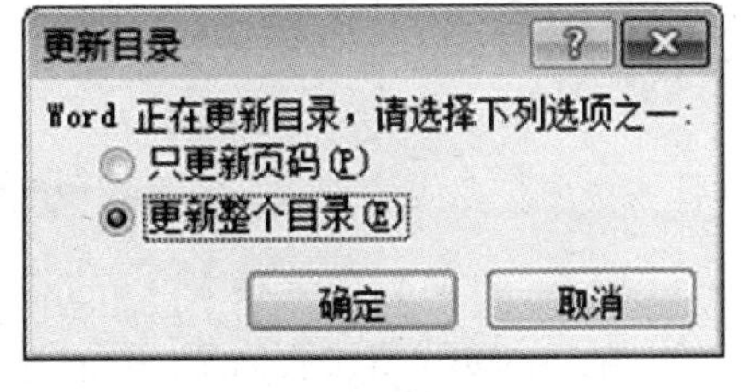

图 4-18　更新目录

步骤三：回到目录页面，单击目录任意位置选中目录并右击，在弹出的快捷菜单中选择“更新域”命令，在弹出的对话框中选中“更新整个目录”单选按钮，如图 4-18 所示。单击“确定”按钮后，刚才的改动自动体现在目录中。

添加的目录效果如图 4-19 所示。

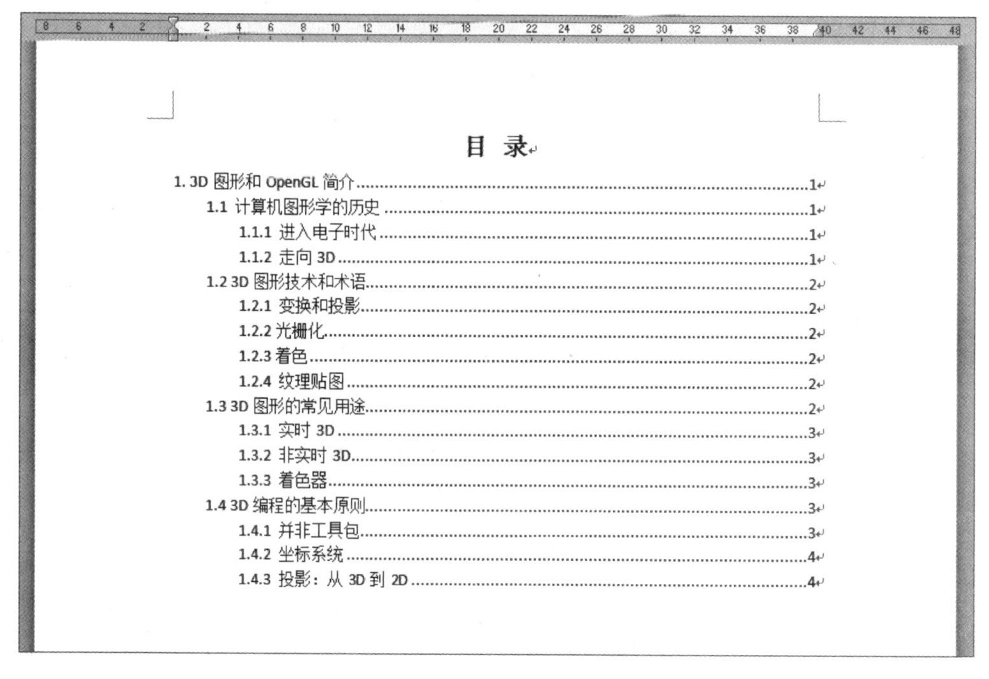

图 4-19 更新目录后效果

4.2.4 编辑页眉页脚

现在进入该文档的最后编辑和排版阶段，为其添加页眉和页脚。

步骤一：将光标移到第一页目录处，双击页眉位置，弹出“页眉和页脚”编辑框，同时文档内容部分变为不可编辑状态，页眉和页脚位置变为可编辑状态，如图 4-20 所示。

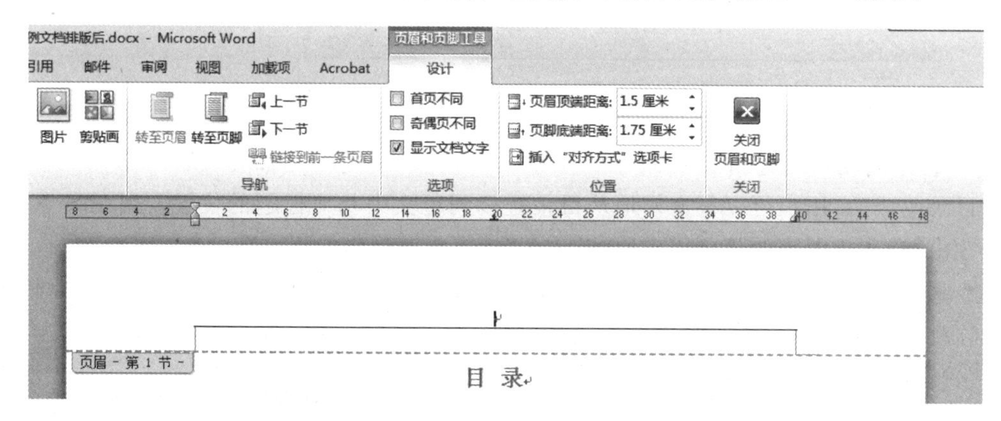

图 4-20 设计页眉和页脚

步骤二：在页眉位置录入“OpenGL 教程——目录”，每一页的页眉都将显示这行文字。

步骤三：转到第二页页眉，取消选中“页眉和页脚”编辑框中“链接到前一条页眉”选项按钮，将本页页眉改为“OpenGL 教程——第一章 3D 图形和 OpenGL 简介”。这样，后面的页眉都会变成这行文字，而与第一页不同。

当选中“链接到前一条页眉”时，本节页眉与上一节是相同的。如果需要为不同节进行不同的页眉和页脚设置，则需要取消选中此项。

步骤四：回到首页，单击页脚位置，将光标位置居中，单击编辑框中的“插入页码”选项按钮，系统会自动插入该页页码。

步骤五：转到第二页页脚，取消选中“链接到前一条页眉”选项，单击“设置页码格式”选项。在弹出的对话框中选中“起始页码”单选按钮，并设置为“1”，如图 4-21 所示，单击“确定”按钮，第二页将重新计算页码。

用户也可以在该对话框中对页码的显示格式进行设置。页眉和页脚的其他设置可以在“页面设置”对话框的“版式”选项卡中实现，如图 4-22 所示。

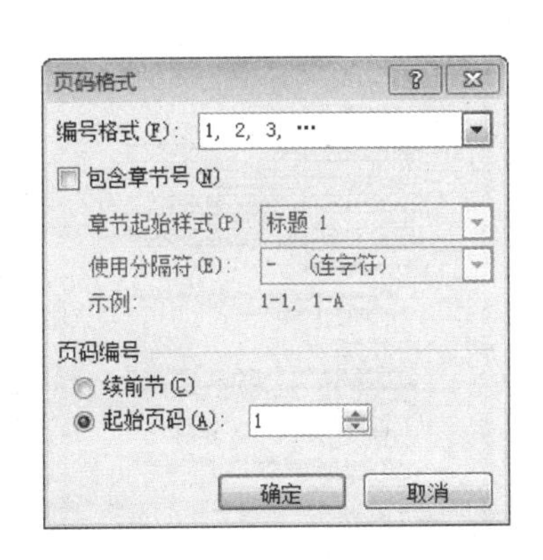

图 4-21　设置页码格式

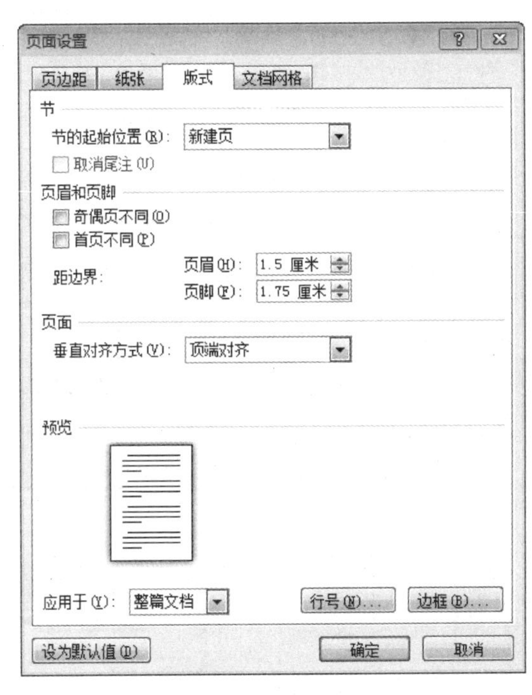

图 4-22　页面设置

步骤六：关闭“页眉和页脚”编辑框，回到正文编辑状态。

4.2.5　检查和预览

文档排版完成后，需要进行一些检查工作，主要会用到以下几个方法。

1. 检查拼写和语法

将光标移到文档开始位置，选择“工具”→“拼写和语法”。在弹出的对话框中，系统将逐条列出其认为存在拼写或语法错误的语句，如图 4-23 所示。对这些内容进行检查，如果发现确实是错误，则可以选择“更改”；如果不是，则单击“撤销编辑”按钮，直到浏览完整篇文档。软件还可以将系统未能识别的专有词汇添加到词典中。

2. 字数统计

在不选中任何文字的情况下选择“审阅”→“字数统计”，系统弹出的对话框中会显示统计结果,如图4-24所示。

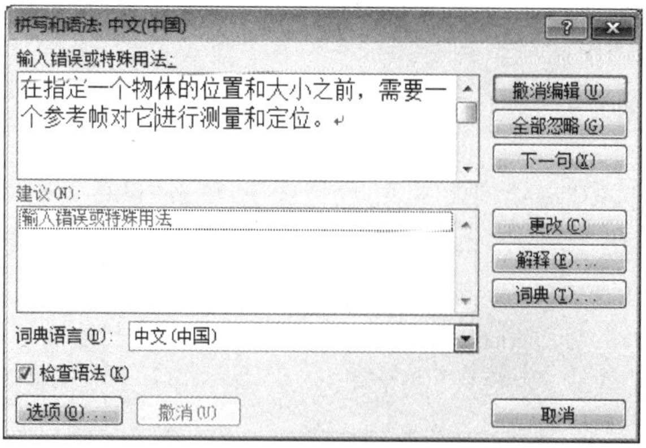

图4-23 拼写和语法

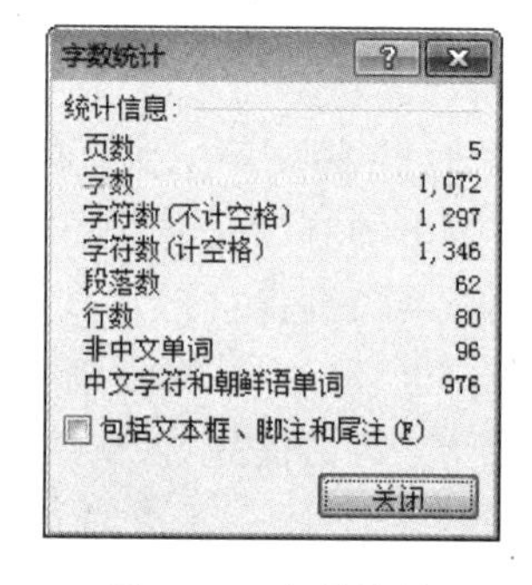

图4-24 字数统计

3. 打印预览

最后,选择"文件"→"打印"命令,查看排版后的文档实际打印时将显示的效果。本实验排版后的文档的显示效果如图4-25所示。

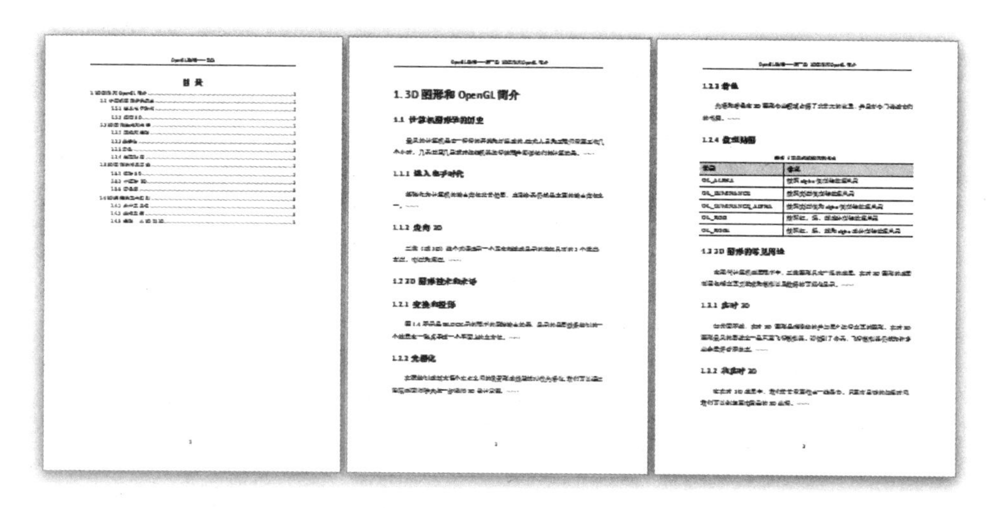

图4-25 打印预览

本实验介绍了Word 2010的一些高级功能的使用方法,并实践了排版的一些常用技巧,希望对读者有所帮助。

4.3 基础实验2:PowerPoint 2010的高级功能

近年来,PPT的应用领域越来越广,正成为人们工作生活的重要组成部分,例如在课程设计或答辩中,学生常常需要制作PPT来辅助展示与论述。本实验的目的是介绍PowerPoint的基础和高级操作,用PowerPoint 2010帮助一位学生制作"市场营销"课堂展示演示文稿。

4.3.1 基本操作

首先完成演示文稿的录入工作，并简单地进行编辑。

1. 新建演示文稿

步骤一：新建一个空白 PowerPoint 文档，并打开。

步骤二：单击显示“单击此处添加第一张幻灯片”文本的位置，系统会为用户添加第一张幻灯片。默认的第一张幻灯片为标题样式。

步骤三：在“单击此处添加标题”位置录入演示文稿的标题“市场营销调研展示任天堂公司”，并在“单击此处添加副标题”位置录入学生的学号、姓名等信息，如图 4-26 所示。

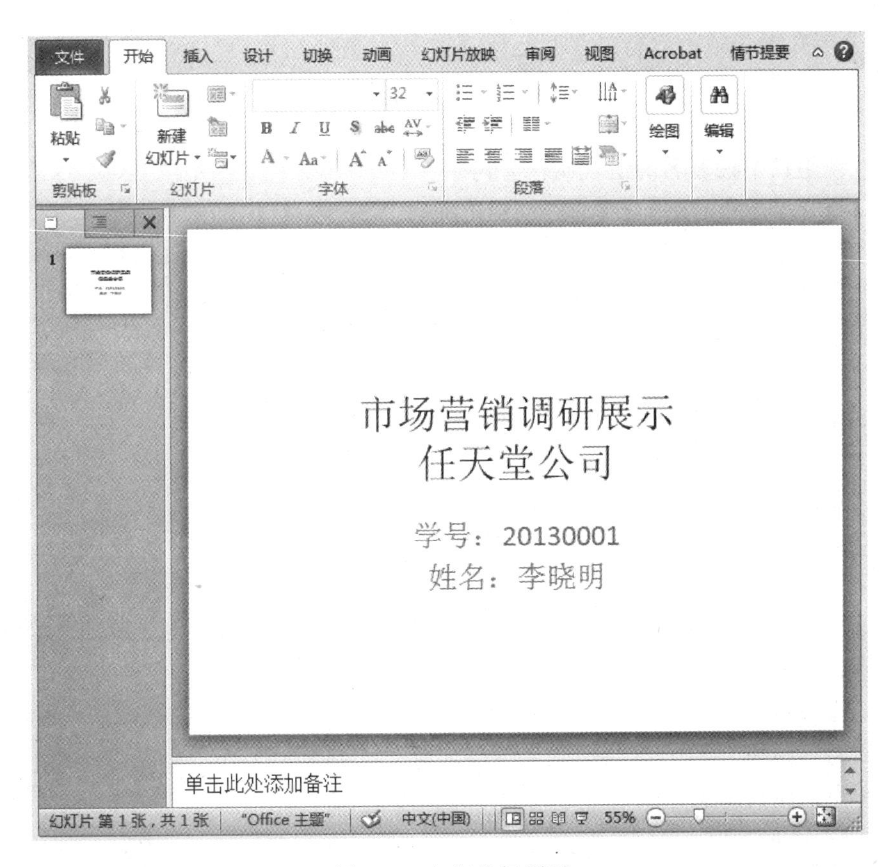

图 4-26 幻灯片标题页

2. 添加幻灯片

步骤一：左侧窗格中标签选为“幻灯片”，右击其中的一张幻灯片或空白处，在弹出的快捷菜单中选择“新建幻灯片”命令，右侧窗格中出现一张新的幻灯片。除第一张与最后一张幻灯片之外，其他幻灯片默认均为幻灯片样式。

“大纲”模式显示的是每张幻灯片的内容提纲，“幻灯片”模式显示的是每张幻灯片的缩略图。

步骤二：在“单击此处添加标题”位置录入该张幻灯片的小标题，在“单击此处添加文本”位置添加该张幻灯片的正文。每行结束后按 Enter 键，则每行间均以项目符号方式排列。重复本步骤录入剩余的 6 张幻灯片，内容如下。

内容提要
- 任天堂公司介绍
- 产品研究
- 公司财报
- SWOT 分析

任天堂公司介绍
- 任天堂公司名称
  - 英文：Nintendo
  - 日文：にんてんどう
- 公司介绍
  - 公司成立于 1889 年
  - 原为生产纸牌的手工作坊
  - 现是日本最著名的游戏制作公司

产品研究
- 精灵宝可梦
- 马里奥
- 星之卡比

公司财报
- 2012 财年 3 月期
  - 总销售额 647652
  - 营业利润－37320
  - 经营利润－60863
  - 当期纯利润－43204
- 2011 财年 3 月期
  - 总销售额 1014345
  - 营业利润 171076
  - 经营利润 128101
  - 当期纯利润 77621

SWOT 分析
- STRENGTH
  - 售价比对手低
  - 游戏数量较多
- WEAKNESS
  - 全球市场货源不足
  - 非日本市场无售后服务
- OPPORTUNITIES
  - 激发更多的游戏产业创意
  - 可以急速扩充市场占有率

- THREATS
  - 竞争对手已经出现类似产品
  - 游戏软件盗版现象不容忽视

谢谢观看!

录入完成后的演示文稿效果如图 4-27 所示。

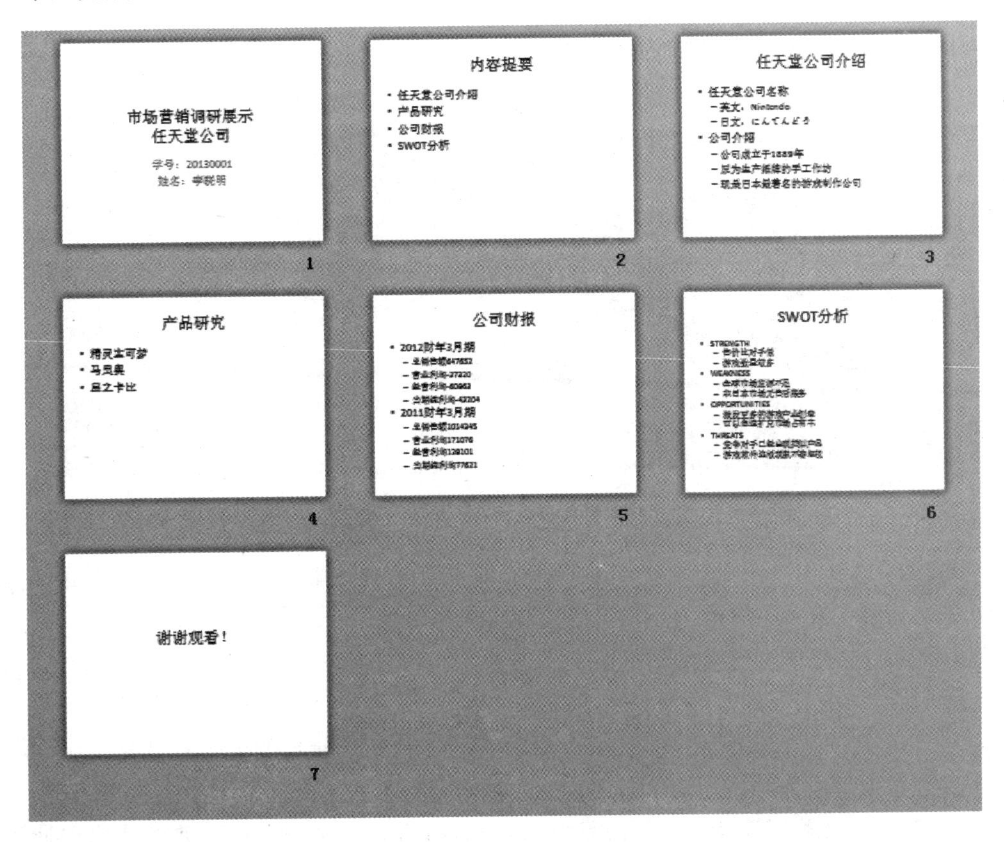

图 4-27 幻灯片缩略图

幻灯片的显示有很多种方式,可以在左下角进行设置,一般采用“普通视图”。

演示文稿本质上是对演讲者起一个辅助作用,因此每张幻灯片文本的字数不宜太多,而且应当条理清晰。每张幻灯片都应有合适的小标题,在文稿开始时应对整个文稿的内容进行一个概述,一般列出各小标题即可。

4.3.2 母版设计

现在已经初步完成了一个共 7 张幻灯片的演示文稿,但是该文稿看起来十分不专业、不美观,需要进一步编辑和加工。为了体现其所在学院和所做项目的特色,本节将为其自定义一种格式。

用户可以使用 PowerPoint 2010 提供的各种模板,选择“设计”→“主题”命令,选择一种设计模板,系统可自动将该模板应用到所有幻灯片中,样例中选择了蓝色调的波形模板。

1. 编辑母版

步骤一：选择“视图”→“母版视图”→“幻灯片母版”命令，系统进入母版设计状态，默认使用添加了各种版式的幻灯片母版，选择第二张母版幻灯片(标题母版幻灯片)。

步骤二：选中“单击此处编辑母版标题样式”文本，将其字体设置为“华文新魏”、60号、加粗、有阴影、居中、白色。

步骤三：选中“单击此处编辑母版副标题样式”文本，将其字体设置为“华文新魏”、36号、无阴影、左对齐、白色。

设置完成的标题母版整体效果如图4-28所示。

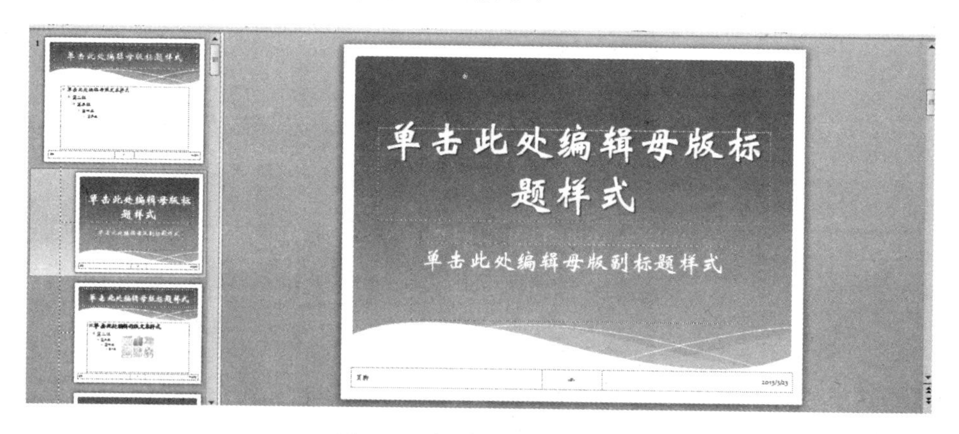

图4-28　标题母版整体效果

步骤四：选择第三张母版幻灯片，选中“单击此处编辑母版标题样式”文本，将其字体设置为“华文新魏”、48号、加粗、有阴影、居中、白色。

步骤五：选中“单击此处编辑母版文本样式”文本，将其字体设置为“华文新魏”、32号、加粗、无阴影、居中、深蓝色、项目符号为蓝色方块。

步骤六：选中“第二级”文本，将其字体设置为“华文新魏”、28号、无阴影、左对齐、蓝色、项目符号为星号。

因为本演示文稿只涉及前两级文本，所以后面的几级文本可以进行设置，也可以使用系统默认效果。

幻灯片母版整体效果如图4-29所示。

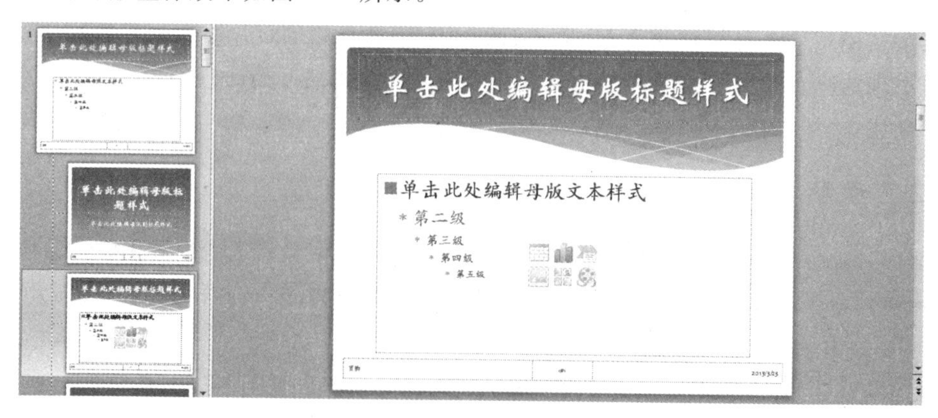

图4-29　幻灯片母版整体效果

如果不使用系统自带的模板,也可以通过在母版空白区右击,在弹出的快捷菜单中选择“设置背景格式”命令后,在弹出的对话框中来设定背景格式,背景的“填充”方式有纯色填充、渐变填充、图片或纹理填充和图案填充 4 种选项,如图 4-30 所示。

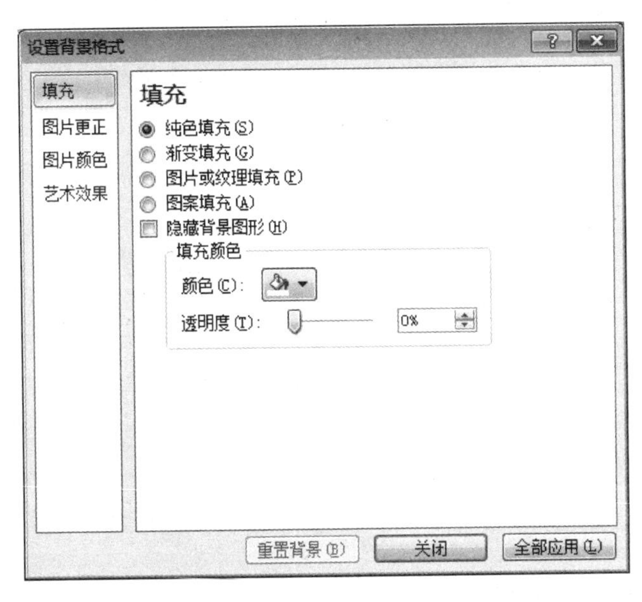

图 4-30 设置背景格式

幻灯片的背景颜色应与文字颜色区分开。如果选用深颜色的背景,则标题和文本文字宜采用黄色和白色等亮色;如果选用浅颜色的背景,则标题和文本文字宜采用深蓝色和黑色等暗色。

一张幻灯片的主色调不宜过多,否则会显得太花哨,主次不分。

2. 选择动画方案

在幻灯片切换和文本显示时加入合适的动画方案,能增加演示文稿的趣味性,并使演讲者能够更方便地操作显示。接下来为幻灯片设置动画方案。

步骤一:选择幻灯片第一张母版,选择“切换”菜单,在工具栏中选中一种幻灯片切换的方法,则放映时每张幻灯片都会以相同的切换方式切入,本例中使用了“擦除”切入方式。单击效果列表右侧的“效果选项”按钮,选择“自右侧”项。

PowerPoint 软件提供了很多种动画方案,基本可以满足用户的需要。单击每个动画方案,中间窗格中的幻灯片就会播放该动画方案的效果。选择“切换”菜单,再单击面板右下角的“扩展”按钮,可弹出更多的切换效果,如图 4-31 所示。

步骤二:选择“动画”菜单,选择第二张母版(标题母版),选中“单击此处编辑母版标题样式”文本,选择动画效果为“浮入”,选择“效果选项”为“上浮”。选中“单击此处编辑母版副标题样式”文本,用同样的方法进行编辑,并在“计时”选项卡“开始”下拉列表中选择“上一动画之后”选项。

步骤三:选择“动画”菜单,单击面板右下角的“扩展”按钮,弹出更多切换效果,如图 4-32 所示。选择第三张母版,选中文本框,选择动画效果为“淡出”。

动画方案的选择应以内容显示需要为主要准则,不应选用过多种不同的动画方案。

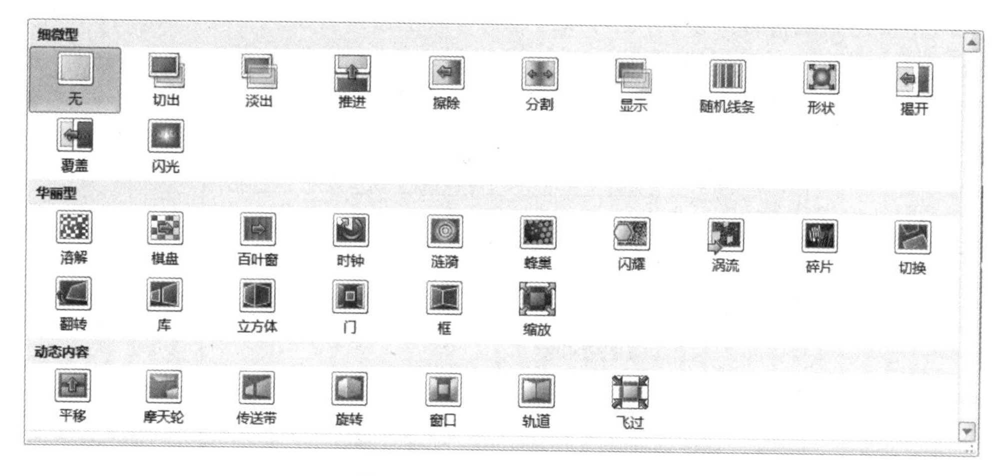

图 4-31　显示更多切换效果

单击“动画”菜单，在“高级动画”面板中单击“动画窗格”按钮后可以进行更细致的设置，如图 4-33 所示。

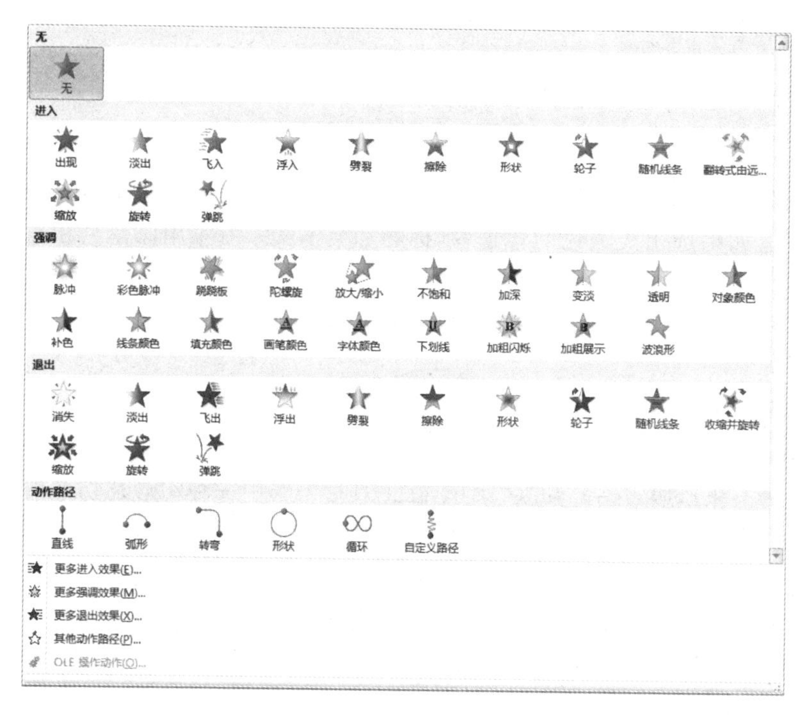

图 4-32　动画效果

图 4-33　动画窗格

3. 应用母版

步骤一：如果希望该设置好的母版能够在今后重复使用，需要将其保存起来。选择“文件”→“另存为”，在弹出的对话框中将文件命名为“毕业设计答辩模板”，“保存类型”为“演示文稿设计模板”。

步骤二：单击“保存”按钮后关闭“幻灯片母版视图”，系统可自动将该模板应用到当前演示文稿中。

如果希望在一个演示文稿中应用之前定义好的模板，可以在“设计”选项卡下选择“主题”选项，单击“浏览主题”按钮，然后在其中选择自己需要的模板。

步骤三：查看每张幻灯片，对不合适的地方进行局部调整。特别是通过增加和减少缩进量来调整文本所在的显示级别。

4.3.3 高级功能

PowerPoint 2010 提供了很多高级功能，用户通过简单的操作就可以使幻灯片更加美观。

1. SmartArt

SmartArt 图形是信息和观点的视觉表现形式，用户可以通过选择不同布局来创建 SmartArt 图形，从而快速、轻松、有效地传达信息。

步骤一：选择标题为“内容提要”的幻灯片，选择“插入”→SmartArt，在弹出的对话框中依次单击“列表”→“垂直 V 形列表”，如图 4-34 所示。

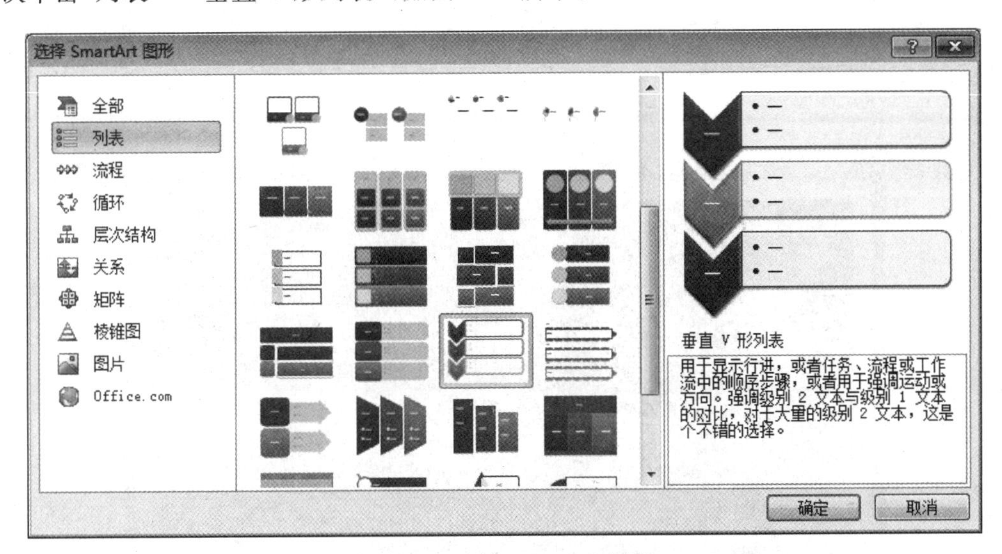

图 4-34 选择 SmartArt 图形

步骤二：将“内容提要”中的 4 条要点输入生成的 SmartArt 中。

步骤三：选择“SmartArt 工具”→“设计”→“更改颜色”，在弹出的对话框中选择“彩色范围—强调文字颜色 2-3”，并选择“SmartArt 样式”中的“中等效果”，效果如图 4-35 所示。

2. 插入图片与图片效果编辑

PowerPoint 2010 提供了操作简便但功能强大的图片处理功能，可以大大提高制作演示文稿的效率与质量。

步骤一：选择首页幻灯片，选择“插入”→“图片”，选中图片。

步骤二：选择“图片工具(格式)”→“删除背景”，调整选择区域大小。图片中紫色区域为将要删除的部分，使用“标记要保留的区域”或“标记要删除的区域”功能标记图片，直至需要保留的部分留下。选择“保留更改”，完成图片背景删除。

步骤三：选择“排列”→“旋转”→“水平翻转”，调整图片的大小与位置，最终效果如图 4-36 所示。

图 4-35　SmartArt 效果

图 4-36　第一张幻灯片效果

步骤四：选择标题为“任天堂公司介绍”的幻灯片，选择“插入”→“图片”，选中图片。

步骤五：选择“图片样式”→“棱台亚光”。

步骤六：选中图片，鼠标移至图片上方绿色圆点处，按住左键拖动光标，使图片顺时针旋转一定角度。然后调整图片大小，并移动至该张幻灯片中合适位置，如图 4-37 所示。

步骤七：选择标题为“产品研究”的幻灯片，将文字删除，选择“插入”→“图片”，选择图片 3、4、5。

图 4-37　第三张幻灯片效果

3. 插入表格与图表

表格与图表可以更加清晰地展现演示文稿中的信息。

步骤一：选择标题为"SWOT 分析"的幻灯片，选择"插入"→"表格"，选择"4 行 2 列"表格，将原有文字输入表格。

步骤二：选择"表格工具"→"底纹"，更改表格底纹颜色，并调整字体、字号，效果如图 4-38 所示。

图 4-38　第六张幻灯片效果

步骤三:选择标题为“公司财报”的幻灯片,选择“插入”功能区,单击“图表”按钮,在弹出的对话框中选择“簇状柱形图”,如图4-39所示。

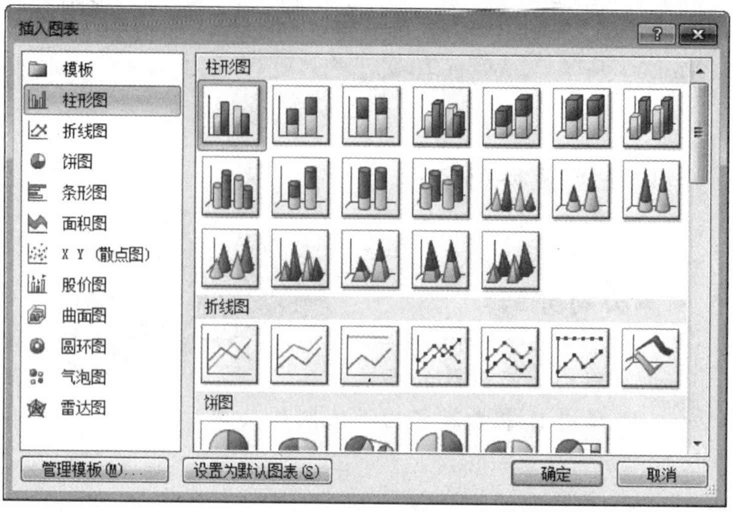

图4-39 插入图表

步骤四:单击“确定”按钮,将原有文字信息输入表格中,如图4-40所示。

	A	B	C	D	E	F
1		总销售额	营业利润	经营利润	当期纯利润	
2	2011财年3月期	1014345	171076	128101	77621	
3	2012财年3月期	647652	-37320	-60863	-43204	
4						
5						
6						
7						
8		若要调整图表数据区域的大小,请拖拽区域的右下角。				

图4-40 输入信息

步骤五:关闭表格,并调整图表大小,效果如图4-41所示。

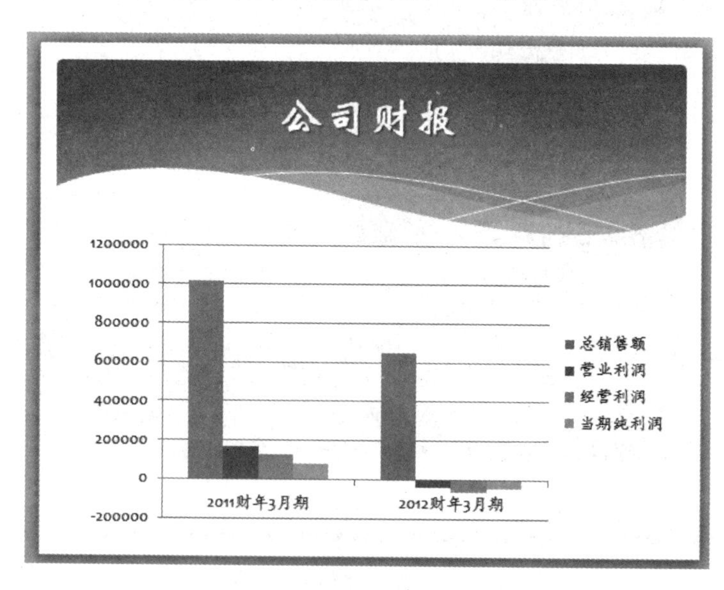

图4-41 第五张幻灯片效果

至此，关于该演示文稿的所有编辑工作都完成了，效果如图 4-42 所示。

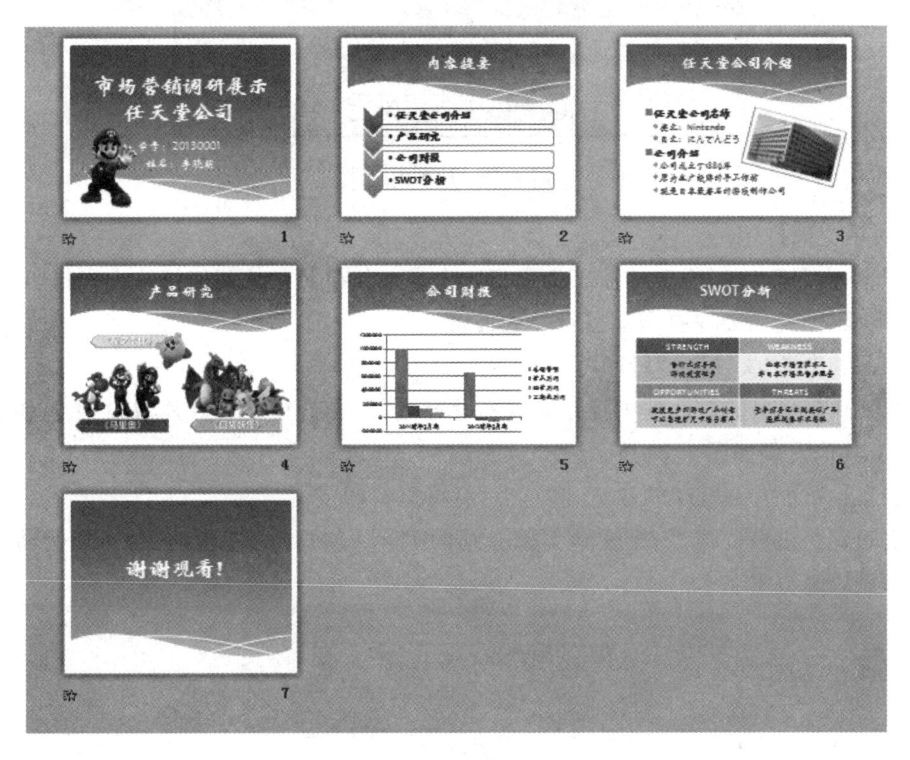

图 4-42　整体效果

4.3.4　放映和打印

接下来预览演示文稿的放映效果，并将其打印出来。

1. 演示文稿放映

步骤一：选择“幻灯片放映”→“从头放映”。

步骤二：通过按鼠标左键、“下”方向键、Page Down 键或“空格”键，观看幻灯片放映。

步骤三：在放映页面右击，选择“定位至幻灯片”命令，选择 6，跳至第六张幻灯片放映。

步骤四：切换回幻灯片放映，最后一张放映结束后，将出现黑屏，单击即可退出放映。

在放映过程中，可以按 Esc 键或在右键菜单中选择“结束放映”命令退出放映模式。

2. 排练计时

由于展示有时间限制，因此在练习时需要注意时间的安排，这时可以使用“排练计时”功能。

步骤一：选择“幻灯片放映”→“排练计时”。

步骤二：放映开始后，左上角出现计时器，显示每张幻灯片的持续时间和放映的总时间。通过这一功能可以在每张幻灯片讲解练习的同时把握时间。

步骤三：放映结束后，系统弹出对话框询问是否保存排练时间，如图 4-43 所示。单击“是”按钮，则排练时间将保存在最后一张幻灯片之后。

图 4-43　放映时间

3. 演示文稿打印

为了方便阅读,有时需要将演示文稿打印出来。如果只是按照幻灯片方式打印,字体过大,浪费纸张,因此需要在打印前进行一些设置。

步骤一:选择"文件"→"打印"。

步骤二:在弹出的对话框中将打印内容设置为"讲义",每页幻灯片数设为6,颜色设置为"灰度",其他设置如图4-44所示。

步骤三:查看右侧打印的预览,满意后,就可以打印了。

本实验到这里就完成了,掌握本实验介绍的PowerPoint的使用功能,可以为将来的展示和答辩做好充分准备。

图 4-44　打印文稿

4.4　选做实验:Excel 2010 的使用

一个学期结束后,学生的期末成绩也出来了,本实验样例中共有4门课程的成绩,教务教师要将每位学生的4门课程成绩累加,计算出每位同学的总分;还要计算每位同学的平均分数，并对成绩进行分级、统计和分析。这里用到了 Microsoft Office 中的电子表格软件 Excel。本实验的目的就是通过帮助教务教师完成这些工作来介绍 Excel 2010 的基本操作和应用。

4.4.1 基本操作

步骤一：新建 Excel 文件并打开。

默认情况下系统为新建的 Excel 文件建立了 3 个工作表，单击下方的工作表标签可以进行切换。本实验只需用到第一个工作表，也就是默认的当前工作表。

步骤二：选中单元格区域 A1:J1，选择"开始"→"单元格"→"格式"，在弹出的下拉列表中选择"设置单元格格式"选项，弹出"设置单元格格式"对话框，选择"对齐"选项卡，选中"合并单元格"复选框，如图 4-45 所示。

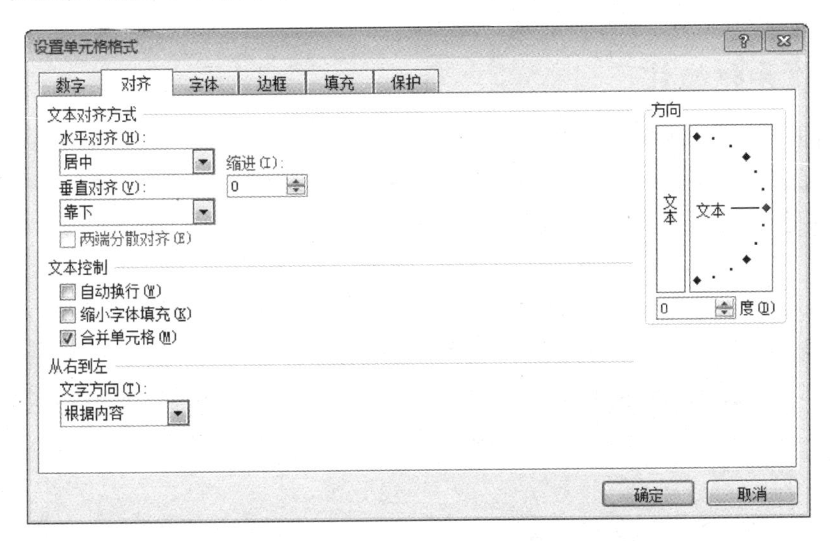

图 4-45　设置单元格格式

合并单元格和拆分单元格是表格操作中经常会用到的操作，用户也可以通过单击工具栏中的"合并后居中"按钮完成。

步骤三：在合并后的单元格中输入文本"××大学计算机专业大一期末成绩"。单元格的内容既可以在选中单元格后直接输入，也可以在选中单元格后在表格上方的编辑栏里输入。

步骤四：在 A2:J2 区域的单元格中分别输入表格每列的列名，如图 4-46 所示。

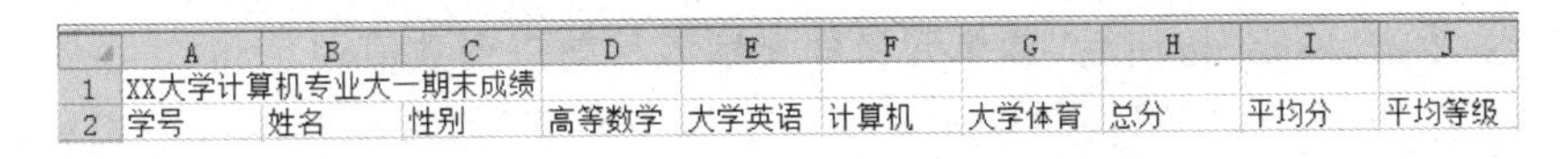

	A	B	C	D	E	F	G	H	I	J
1	XX大学计算机专业大一期末成绩									
2	学号	姓名	性别	高等数学	大学英语	计算机	大学体育	总分	平均分	平均等级

图 4-46　表格列名

步骤五：在 A3 中输入学号 2013001，A4 中输入学号 2013002。选中 A3 和 A4，把鼠标指针移至单元格的右下角，当光标形状变成黑色实心十字形时，按住左键向下拖曳至 A12。系统会按照前两行递增的顺序自动填充其他学生的学号。

自动填充是 Excel 提供的一个非常有用的功能，熟练使用能节省很多的录入工作。除了可以像本实验这样按照规律自动递增,还可以通过拖曳在单元格中填入同样的内容,或者按照同样的函数公式计算结果。

步骤六:在 B:G 列依次输入相应数据,如图 4-47 所示。

	A	B	C	D	E	F	G	H	I	J
1				XX大学计算机专业大一期末成绩						
2	学号	姓名	性别	高等数学	大学英语	计算机	大学体育	总分	平均分	平均等级
3	2013001	张小芳	女	86	92	76	92			
4	2013002	周小伟	男	93	81	85	91			
5	2013003	王小华	男	76	85	77	88			
6	2013004	刘小雪	女	66	76	79	95			
7	2013005	陈小宇	男	96	89	98	93			
8	2013006	李小红	女	88	83	86	79			
9	2013007	蔡小军	男	81	72	87	96			
10	2013008	吴小光	女	99	96	95	92			
11	2013009	赵小明	男	72	82	86	83			
12	2013010	杨小波	女	82	88	79	87			
13										

图 4-47 原始文档

4.4.2 计算和统计

基本数据录入完毕后,可以开始进行一些计算和统计工作。首先要计算每个学生的总分,即其期末的最终成绩,然后计算所有学生的平均分,最后按成绩段给每个人一个等级分。

1. 计算总分

步骤一:选中 H3,输入"="。

步骤二:选择"公式"→"插入函数",在弹出的"插入函数"对话框中选择"SUM"选项,弹出"函数参数"对话框,将 Number1 设为 D3:G3,如图 4-48 所示。

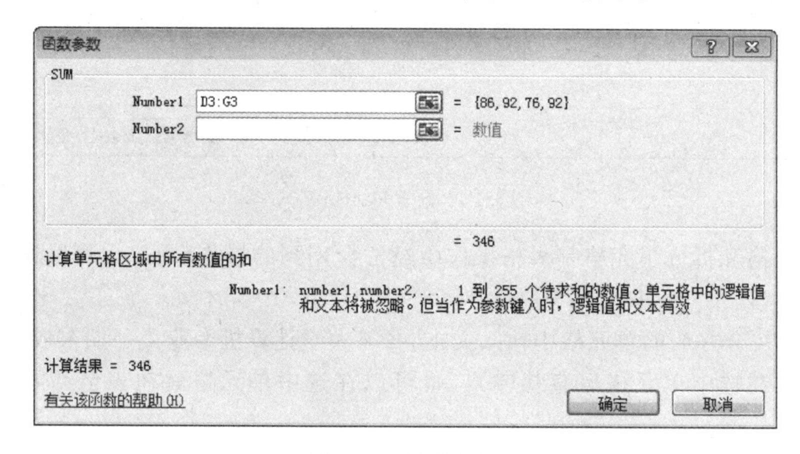

图 4-48 函数求和

步骤三:单击"确定"按钮后,该单元格即显示该行前三列数值的总和。

步骤四:选中 H3 后使用自动填充手柄向下拖曳至 H12,自动套用该公式算出每个学生的总分。

2. 计算平均分

步骤一:选中 I3,输入"="。

步骤二:选择"公式"→"插入函数",在弹出的"插入函数"对话框中选择 AVERAGE 选项,单击"确定"按钮弹出"函数参数"对话框,将 Number1 设置为 D3:G3,如图 4-49 所示。

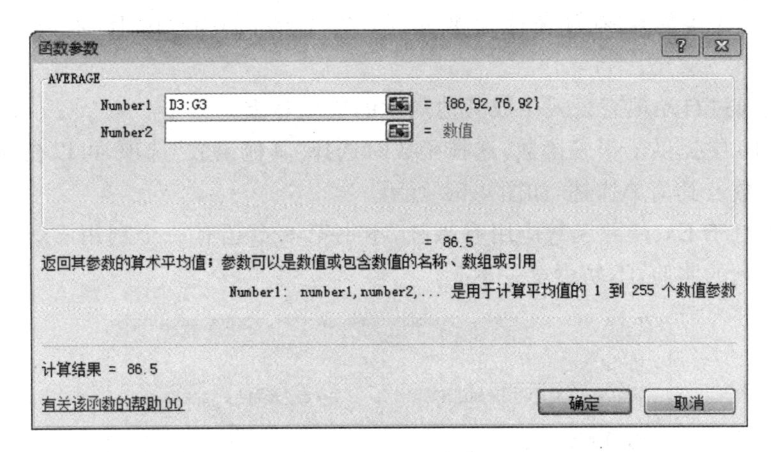

图 4-49　函数求平均值

步骤三：单击“确定”按钮后，I3 中可显示所有学生总分的平均分。

步骤四：选择“开始”→“单元格”→“格式”→“设置单元格格式”，在弹出的对话框中选择“数字”选项卡，在“分类”列表框中选择“数值”，右侧窗格中的“小数位数”设为 1，如图 4-50 所示。

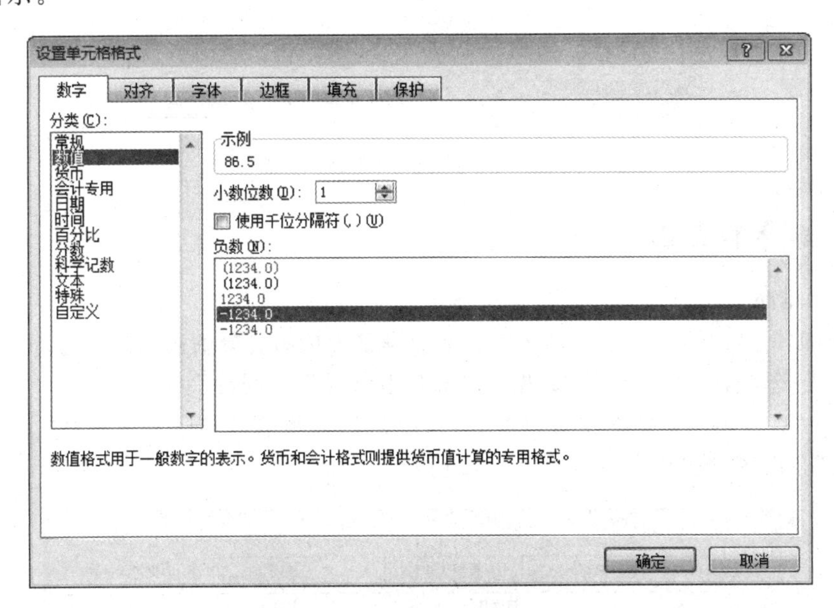

图 4-50　设置单元格格式

步骤五：单击“确定”按钮，I3 中显示的数字变为 86.5。

在实际应用中，为了显示适当的数字精度或数据类型，经常需要对单元格的数字格式进行设置，经常用到的数字分类有日期、科学计数法等，文本和数值之间的转换也经常会涉及。

3. 计算等级

步骤一：选中 J3，在编辑栏内输入函数表达式“=IF(I3>=90,"A",IF(I3>=80,"B",IF(I3>=70,"C",IF(I3>=60,"D","不及格"))))”，J3 中的内容变为“B”。

前面几个函数的计算功能也可以直接在编辑栏内输入函数表达式，这里用到的 IF 函数中有多层嵌套,直接使用函数表达式更方便。在 Excel 2010 中,IF 函数最多容许嵌套 64 层。

步骤二:通过自动填充公式生成其他同学的成绩等级。

Excel 2010 中提供了很多函数,选择函数时选择“其他函数”选项,可以在弹出的对话框中查看每个函数及其简单描述,如图 4-51 所示。

如果读者对于 Excel 的函数应用有兴趣,本书第 8 章还有一个利用 Excel 函数功能解决简单数学问题的实验,不妨尝试一下。

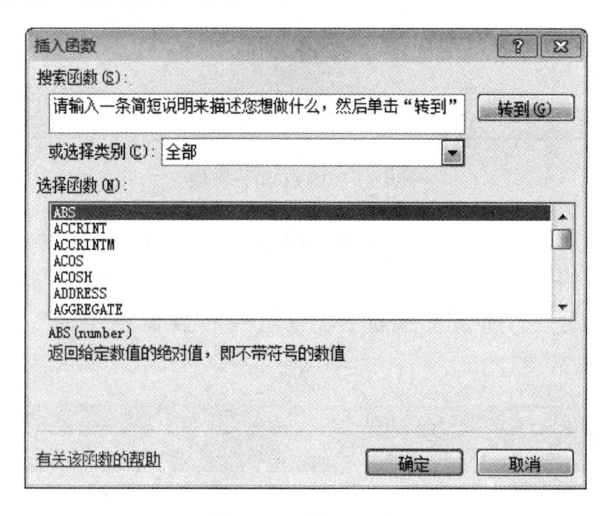

图 4-51 插入函数

4.4.3 排序和筛选

1. 数据排序

现在的数据是按照学号进行排序的。下面调整为按照总分的高低进行排序。

步骤一:选中 A3:J12,选择“数据”→“排序和筛选”→“排序”。

步骤二:在弹出的对话框中可以看到,系统默认按照学号排序。这里将“主要关键字”改为“总分”,“次序”改为“降序”,如图 4-52 所示。

图 4-52 “排序”对话框

步骤三：单击“确定”按钮，数据即变为按照总分进行降序排序。

当主要关键字有数值相同的情况发生时，可以通过“添加条件”指定次要关键字甚至是第三关键字来确定数据顺序。

2. 筛选显示

若要看女生的期末成绩如何，只需显示女生的数据，具体操作如下。

步骤一：选中 A2:J12，选择“数据”→“排序和筛选”→“筛选”。

步骤二：每一列的第一行都会出现一个下拉列表按钮，选择“性别”列的“女”。表格中将只显示“性别”为“女”的数据。

步骤三：选择“数据”→“排序和筛选”→“筛选”，将其中选中的状态去掉，数据显示将恢复到之前的状态。

筛选功能只是显示的改变，数据本身并没有被删除。

4.4.4 格式设置

下面对这个表格进行一些格式设置，使其更加美观。

1. 设置边框

步骤一：选中 A1:J12，选择“开始”→“单元格”→“格式”→“设置单元格格式”。

步骤二：在弹出的对话框中选择“边框”选项卡，将“外边框”设置为“双线”，“内部”设置为“单线”，如图 4-53 所示，单击“确定”按钮。

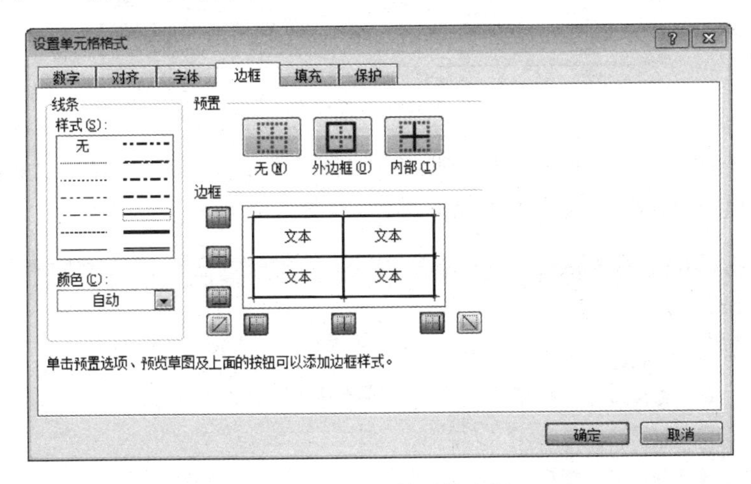

图 4-53 设置单元格边框

2. 更改字体

步骤一：选中 A1，选择“开始”→“单元格”→“格式”→“设置单元格格式”。

步骤二：在弹出的对话框中选择“字体”选项卡，设置“字体”为“黑体”，“字号”为“18号”，如图 4-54 所示，单击“确定”按钮。

3. 条件设置

如果希望突出显示成绩优秀的学生，以便日后向学校推荐优秀的候选人，将所有“总分”列中数值大于 90 的单元格的背景改为黄色。

步骤一：选中 I3:I12，选择“开始”→“样式”→“条件格式”→“突出显示单元格规则”→

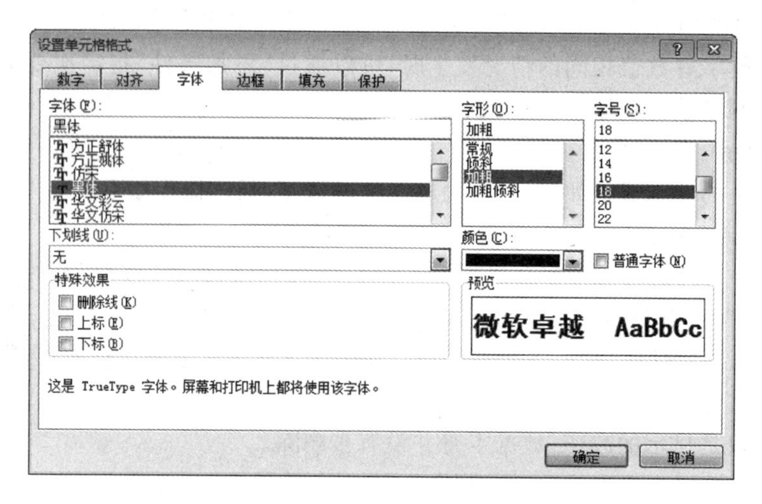

图 4-54 设置字体

"大于"。

步骤二：在弹出的对话框中将数值设为90,如图4-55所示。

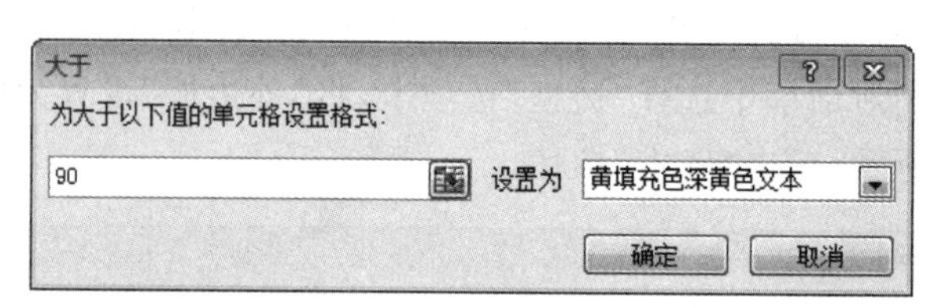

图 4-55 条件设置

步骤三：单击"设置为"下拉列表按钮,选择"自定义格式"选项,弹出"设置单元格格式"对话框,单击"填充"标签,选择需要填充的颜色,如图4-56所示。

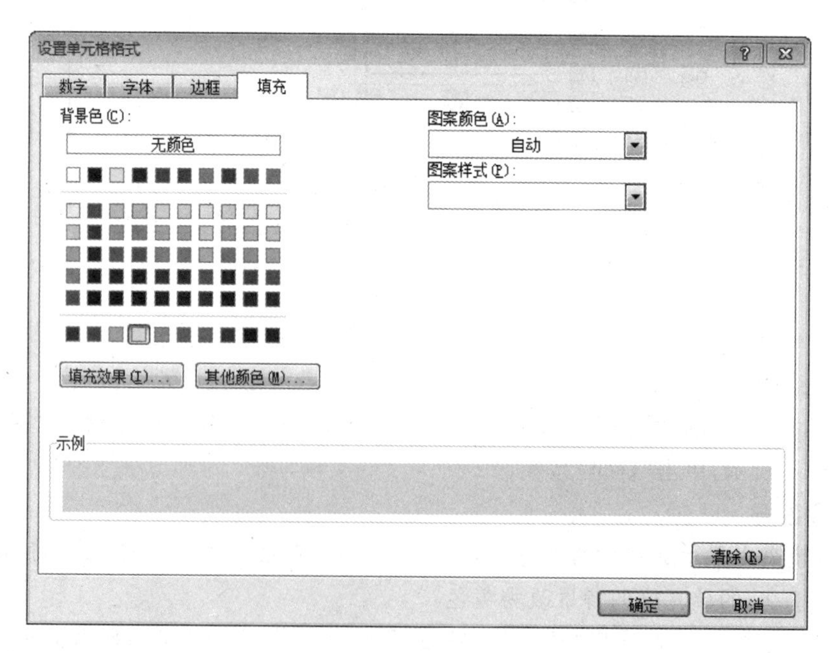

图 4-56 设置填充颜色

步骤四：单击“确定”按钮，两个平均分大于 90 分的单元格即可变为“黄填充色深黄色文本”。

经过计算、统计和编辑后的表格效果如图 4-57 所示。

	A	B	C	D	E	F	G	H	I	J
1	XX大学计算机专业大一期末成绩									
2	学号	姓名	性别	高等数	大学英	计算机	大学体	总分	平均分	平均等
3	2013001	张小芳	女	86	92	76	92	346	86.5	B
4	2013002	周小伟	男	93	81	85	91	350	87.5	B
5	2013003	王小华	男	76	85	77	88	326	81.5	B
6	2013004	刘小雪	女	66	76	79	95	316	79.0	C
7	2013005	陈小宇	男	96	89	98	93	376	94.0	A
8	2013006	李小红	女	88	83	86	79	336	84.0	B
9	2013007	蔡小军	男	81	72	87	96	336	84.0	B
10	2013008	吴小光	女	99	96	95	92	382	95.5	A
11	2013009	赵小明	男	72	82	86	83	323	80.8	B
12	2013010	杨小波	女	82	88	79	87	336	84.0	B

图 4-57　编辑后的表格效果

4.4.5　创建图表

图表往往比表格更直观。Excel 2010 支持通过数据自动生成各种类型的统计图表。下面制作一张学生分数的统计图表。

步骤一：将排序方式更改为按照学号升序排列。

步骤二：选择“插入”→“图表”面板扩展按钮，弹出“插入图表”对话框。

步骤三：在左侧列表框中选择“条形图”，在右侧列表框中选择“条形图”栏的第一个子图，如图 4-58 所示，单击“确定”按钮。

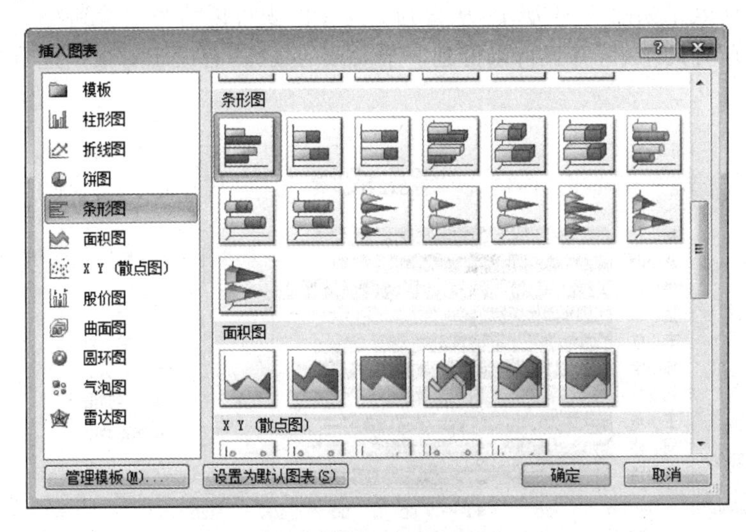

图 4-58　插入图表

图表类型的选择主要取决于要进行统计分析的数据和类型。

步骤四：单击空白图表，选择“图表工具”→“设计”→“选择数据”。在“图表数据区域”输入框中单击，回到表格中选中 B2:B12、D2:G12 以及 I2:I12 区域，如图 4-59 所示。

步骤五：如果需要修改水平轴显示标签，单击“水平(分类)轴标签”列表框中的“编辑”按钮，在弹出的对话框中进行设置即可，如图 4-60 所示。

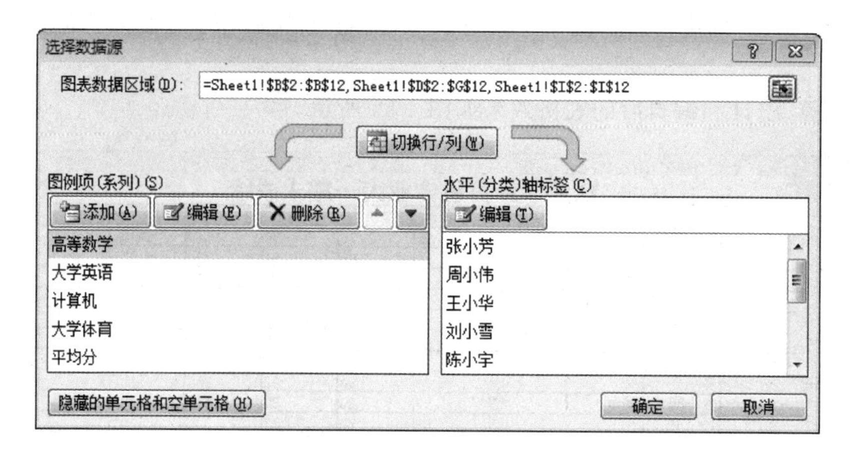

图 4-59 选择数据源

图 4-60 轴标签

步骤六：单击图表，选择"图表工具"→"布局"→"图表标题"→"图表上方"，回到图表，将图表标题修改为"学生成绩"，再将该图表移动到合适的位置并调整大小。

图表的最终效果如图 4-61 所示，从得到的这张图表可以清楚地看到每个学生各门成绩在所有学生中所处的水平，并且可以得到一个大致的规律，有助于对数据进行进一步分析和总结。

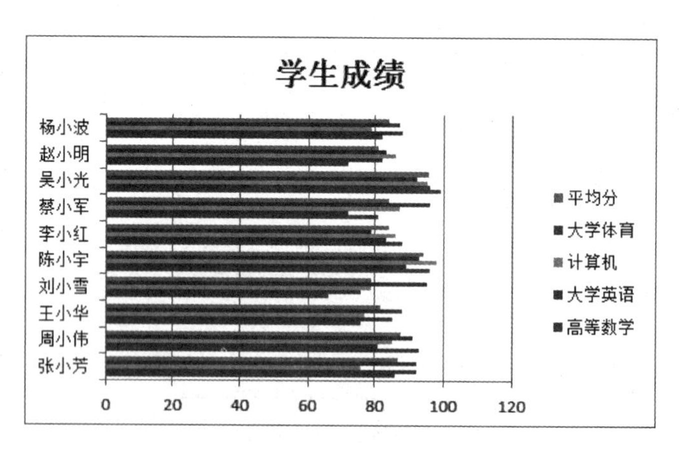

图 4-61 学生成绩统计表

4.4.6 保存和导出

现在，将工作成果保存起来。一般情况下都会把其保存为 Excel 默认的.xlsx 格式。但是 Excel 在计算机编程及与其他软件配合使用时，经常会担任数据转换和预处理的角色，所以有时也会把其另存为一些其他格式，以便于其他软件使用，常用到的格式有.xml（XML表格或数据）、.csv（逗号分隔）和.txt（文本文件）等。具体的保存格式要由应用环境来决定。

Excel实际上是一个一维表格的数据库，里面很多操作都是数据库基本操作的简化和界面化。应用过程中会接触到很多功能更强大、更完整的数据库产品，特别是在编程用到数据存储时，往往是Excel表格无法胜任的。但是因为Excel操作简单，安装方便，很多日常的工作都还要靠它来完成。

到这里，关于办公软件的介绍就结束了。本章实验的内容都只是对软件主要功能的简单涉及，要熟练掌握某种软件的用法，还要参考一些专门的书籍，并通过日常实践操作来积累经验。

第5章 应用软件的使用——多媒体编辑软件

5.1 基础知识储备与扩展

不论是进行图像处理、网页制作还是视频编辑，除了对多媒体编辑软件的熟练使用技能，还需要一些美学方面的知识，使作品更专业、更美观。本节将介绍一些平面构成和色彩构成的基础知识和主要概念，由于篇幅所限，对很多内容都是一笔带过，没有展开介绍，感兴趣的读者可以利用这里提到的概念和关键词，寻找更多的资料进行学习。

5.1.1 平面构成

在平面构成中，形态的概念主要指运用于设计中的视觉形态，可分为具体形和抽象形。具体形是在现实生活中能看到的各种自然形，而抽象形是几何概念上的形，包括方形、圆形、角形和不规则形等。

点、线、面是平面构成的基本要素，在平面设计中应合理利用不同类型的点、线、面带给人的不同视觉效果。点是构成一切形态的基础。线是点移动的轨迹，直线给人阳刚、果断、明确的感觉，曲线给人柔和、优雅、含蓄和弹性的感觉；水平线给人平和安定的感觉，垂直线给人挺拔崇高的感觉，锯齿状线给人不安定感。面是线移动的轨迹，包括几何形、有机形和偶然形(见图 5-1)。

在平面设计中，经常会说到“形式美”，所谓“形式美”，是指抛开内容，单凭形式上的因素进行研究鉴赏。利用形式美法则和规律可以简单地获得好的平面设计。形式美法则主要包括统一与变化(见图 5-2)、对称与均衡(见图 5-3)、对比与调和、节奏与韵律等。

利用透视学原理，可以在平面中体现空间构成。艺术创作中经常会遇到的空间是透视空间，它利用了透视法中近大远小、近实远虚的特点。此外还有透叠空间和矛盾空间。

运动是视觉最容易注意到的现象。平面设计中的运动感是通过形象的重复、渐变、发射、移动等手段来表现的。重复使得画面有秩序感，加强人对视觉的记忆；渐变能产生较大的视觉冲击，趣味性较强(见图 5-4)；发射能在人的视野中形成强烈的视觉中心。

平面设计中还要注意构图的分割与比例。分割比例合理的构图通常具有秩序、明朗的特性，可以给人一种清新之感，常用到的有等分分割、等比分割和黄金分割等。封面设计、建筑设计通常会使用黄金分割。此外还会遇到的平面构成有近似构成、特异构成、对比构成等。

图 5-1　偶然形

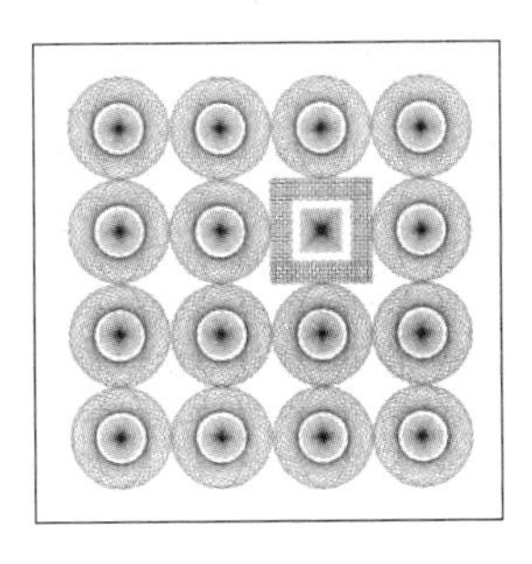

图 5-2　统一与变化

图 5-3　对称与均衡

图 5-4　重复和渐变

5.1.2　色彩构成

要了解色彩构成，首先需要知道色彩的 3 个要素，即明度、色相和纯度。明度是色彩的明暗程度；色相指色彩的相貌，它是色彩最直接的代表，是色彩的灵魂；纯度是色彩的鲜艳程度，即饱和度。这 3 个要素能决定所有色彩，能够体现这 3 个要素的性质特点和关系的就是著名的色立体，如图 5-5 所示。

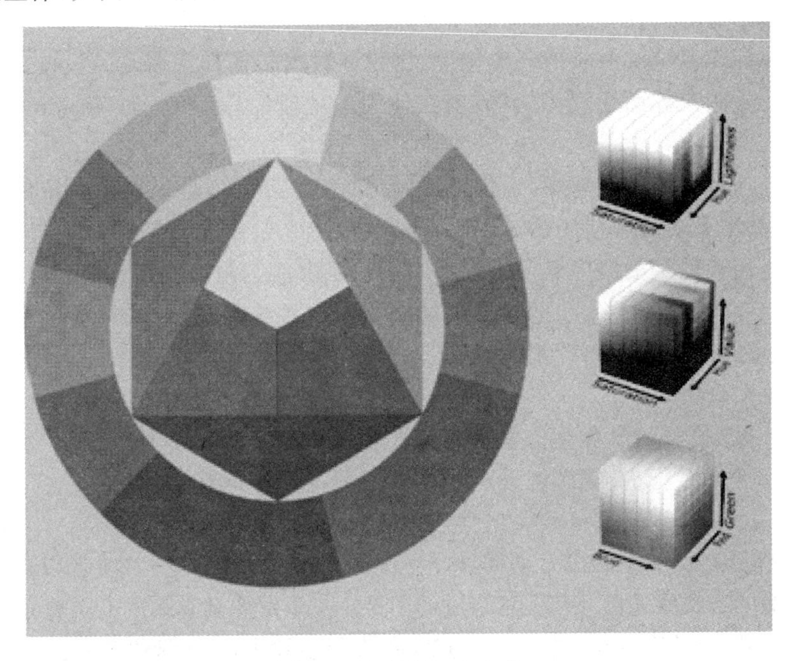

图 5-5　色相环和色立体

色彩构成中还有一个比较重要的概念是三原色。原色是不能用其他颜色混合得到却可以混合出所有其他颜色的颜色。不同色彩环境下，色彩混合原理不同，三原色的含义也是不同的。在绘画中，色彩属于减色混合，三原色是品红、柠檬黄和天蓝；在自然光中，色彩属于加色混合，三原色是朱红(R)、翠绿(G)、蓝紫(B)；由于计算机屏幕显示的颜色也是由色光发出的，因此计算机中用的三原色是指后者，每种颜色可以由不同比例的三原色混合而成。

如同平面构成一样，色彩构成也有很多规律可循，经常用到的有色彩对比和色彩调和。色彩对比包括明度、色相、纯度、面积、冷暖等对比，色彩调和包括统一引导、隔离、类似、秩序等调和。

此外还要注意,色彩可以表现出不同的情感特征。例如,红色代表热情、喜庆、危险,黄色代表阳光、灿烂、高贵,绿色代表生命、自然、和平,蓝色代表清洁、冷静、希望,黑色代表失望、沉默、神秘等;不同的色彩搭配能带给人膨胀收缩、动静、前进后退、轻重、软硬、华丽朴素、兴奋平静、温度高低等不同的心理差异。

同文字排版规律一样,进行平面设计,不论平面构成还是色彩构成,最重要的还是要满足设计内容本身的需要和受众群体的性别、年龄、文化背景等特征,以达到最好的表现效果和目的。

5.1.3 多媒体

1. 多媒体系统组成

一般的多媒体系统由4部分组成,分别为多媒体硬件系统、多媒体操作系统、媒体处理系统工具和用户应用软件。

- 多媒体硬件系统包括计算机硬件、声音/视频处理器、多媒体输入/输出设备、信号转换装置、通信传输设备及接口装置等,例如现在计算机中广泛应用的声卡、显卡、光盘驱动器、耳机、麦克风等。
- 多媒体操作系统具有实时任务调度、多媒体数据转换和对多媒体设备的驱动和控制以及图形用户界面管理等功能,现在使用的主流操作系统(如Windows等)大多都是多媒体操作系统。
- 媒体处理系统工具,也称为多媒体系统开发工具软件,是多媒体系统的重要组成部分,比如本章实验中使用的After Effects等。
- 用户应用软件是根据多媒体系统终端用户要求而定制的应用软件,或面向某一领域的用户应用软件系统,它是面向大规模用户的系统产品,比如第2章中介绍的各种音频播放工具、图片查看工具等。

2. 多媒体信息

现在用户经常接触的多媒体信息主要有文本、图像、音频、视频等类型。文本类型相对比较简单,接下来对图像、音频和视频这3种类型做简要的介绍。

1) 图像

一般来说,目前的图像格式大致可以分为位图和矢量两种类型。前者以点阵形式描述图像,后者以数学方法描述由几何元素组成的图像。矢量图像具有缩放不影响分辨率的特点,因此在专业级的图像处理中运用较多。图像文件有很多种格式,经常遇到的有以下几种。

- BMP:PC上最常用的位图格式,有压缩和不压缩两种形式。该格式在Windows系统环境下相当稳定,在文件大小没有限制的场合中运用极为广泛。
- GIF:在各种平台的各种图形处理软件上均可处理的经过压缩的图形格式,缺点是存储色彩最高只能达到256种。
- JPG:可以大幅度地压缩的图形文件的一种图形格式。对于同一幅画面,JPG格式存储的文件大小是其他类型图形文件的1/10甚至是1/20,而且色彩数最高可达到24位,所以它被广泛应用于Internet上的主页或图片库。
- TIF:文件体积庞大,存储信息量亦巨大,细微层次的信息较多,有利于原稿阶调与色彩的复制。

2）音频

多媒体系统涉及多种音频处理技术，如音频采集、语音编码与解码、文语转换、音乐合成、语音识别与理解、音频数据传输、音频视频同步以及音频效果与编辑等。现在比较流行的音频格式有以下几种。

- WAV：该格式记录声音的波形，故只要采样率高、采样字节长、机器速度快，记录的声音文件能够和原声基本一致，质量非常高，但这样做的代价就是文件太大。
- MP3：现在最流行的声音文件格式，因其压缩率大，在网络可视电话通信方面应用广泛，但和 CD 唱片相比，音质不能令人完全满意。
- MIDI：目前最成熟的音乐格式。作为音乐工业的数据通信标准，MIDI 能指挥各音乐设备的运转，而且具有统一的标准格式，能够模仿原始乐器的各种演奏效果甚至无法演奏的效果，而且文件非常小。本章介绍的 Overture 4.0 就可以利用制作的乐谱生成 MIDI。

3）视频

动态图像包括了动画和视频信息，是连续渐变的静态图像或图形序列，沿时间轴顺次更换显示，从而构成运动视感。视频信息目前最流行的两种格式是苹果公司的 Quicktime 和国际标准化组织（ISO）的 MPEG-4。

5.2 基础实验 1：Photoshop 的使用

Adobe 公司的 Photoshop 是一款功能强大的图像处理软件，可以用于平面设计、网页设计、多媒体设计等诸多领域，受到专业设计人员和业余爱好者的广泛喜爱，甚至出现了流行语 PS。本实验将使用 Photoshop 设计一张静态网页，帮助读者学习这款软件的基本使用方法，也为本章后续的实验奠定基础。

本实验来自于一个真实的项目，某公司开发一个“企业短信中心系统”，使员工可以通过网络发送短信。该系统采用 B/S 架构，前台通过浏览器进行交互；由于是企业内部应用型系统，因此网页设计的风格定位为简约、素雅，以绿色为网页主色调。

5.2.1 基本操作和图层

步骤一：打开 Photoshop 软件，熟悉软件的布局。默认情况下上方为菜单栏和选项栏，左侧为工具箱，右侧为各种工作面板，中间为工作区。首先对程序版式进行调整，使其符合个人的使用习惯。

本实验示例程序使用的是 Photoshop CS6 版本。

步骤二：选择“文件”→“新建”，弹出“新建”对话框，如图 5-6 所示。将名称改为“短信中心主页”，“宽度”为 755 像素，“高度”为 600 像素，单击“确定”按钮。

在 Photoshop 中，经常用到的计量单位是像素和厘米。对于网页设计而言，传统网页经常使用的经验参数为宽度 755 像素，高度为 600～1000 像素。

步骤三：工作区中出现了背景色为白色的新图像。选择“图像”→“图像大小”，弹出“图像大小”对话框，如图 5-7 所示，查看图像的像素大小、文档大小和分辨率，着重记住厘米数，单击“确定”按钮。

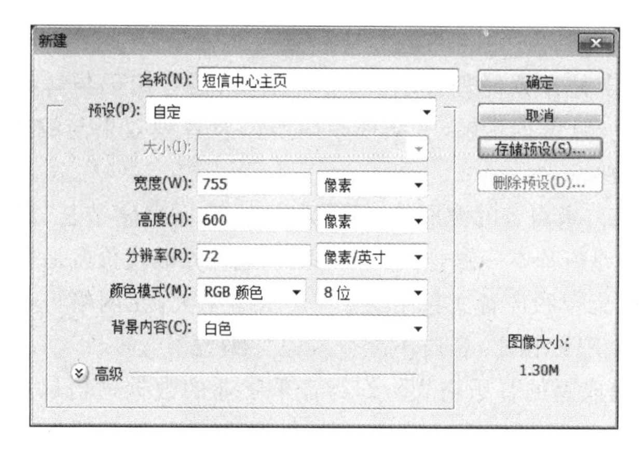

图 5-6 "新建"对话框

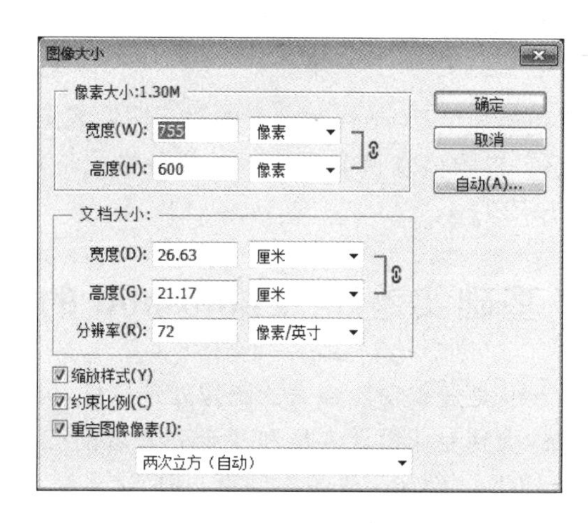

图 5-7 "图像大小"对话框

如果对新建图像时指定的大小不满意,在后面的工作中也可以在这里对图像大小进行修改。

步骤四:选择"视图"→"新建参考线",弹出"新建参考线"对话框,如图 5-8 所示。选中"垂直"单选按钮,"位置"为"5 厘米",单击"确定"按钮。可以看到,白色的图像上出现了一条垂直的蓝色线条,它只是在设计布局时提供参考,并不出现在最终的图像中。

步骤五:重复步骤四,建立水平参考线,"位置"也为"5 厘米"。

这里将图像上端约 1/4 的页面设置为标题栏,左侧约 1/5 的页面设置为菜单栏,这也是网页中比较常见的一种布局。

步骤六:在右下方的"图层管理器"中单击下方卷起一个角的方形按钮,新建一个图层。双击新建的图层,当其变为可编辑状态后,改名为"底色",如图 5-9 所示。

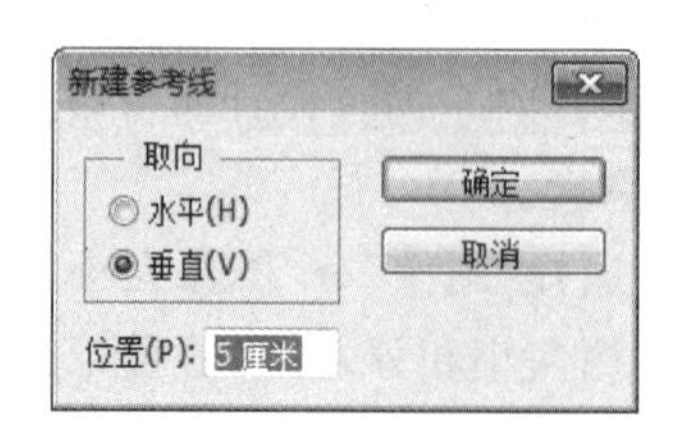

图 5-8 新建参考线

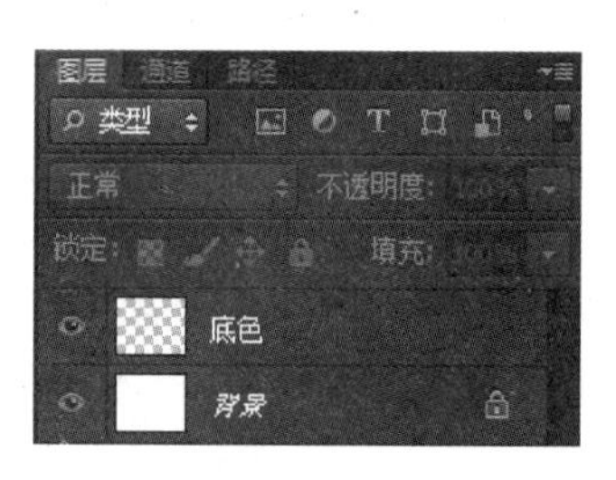

图 5-9 新建图层

图层是含有文字或图形等元素的图片，一张张按顺序叠放在一起，组合起来即形成页面的最终效果。Photoshop 中很多强大的功能实现都是建立在图层管理的基础上。为不同的图像元素建立不同的图层并合理命名，是图像处理的良好习惯。

步骤七：双击工具箱下侧的“拾色器”图标中靠前的小方块，弹出“拾色器(前景色)”对话框，如图 5-10 所示。将前景色设为 d8e3d5，单击“确定”按钮。

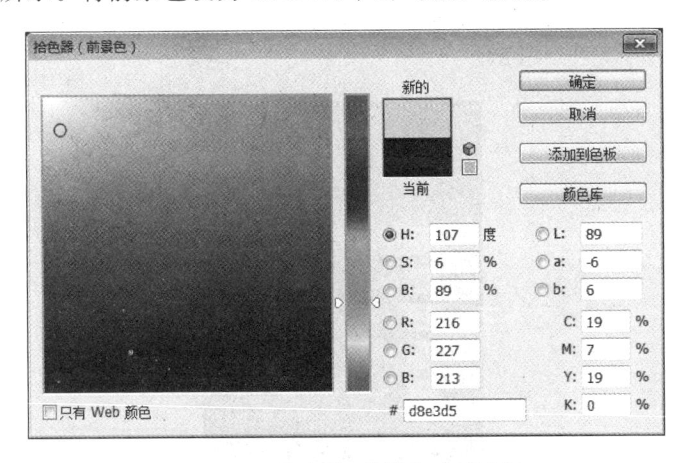

图 5-10　“拾色器(前景色)”对话框

Photoshop 中有前景色和背景色的概念，使用前景色可以绘画、填充和描边选区，使用背景色可以生成渐变填充并在图像的抹除区域中填充。一些特殊效果滤镜也使用前景色和背景色，默认前景色为黑色，背景色为白色。拾色器标志中前面的小方块代表前景色颜色，后面的小方块代表背景色的颜色。单击拾色器左下角的黑白小方块可以将前景色和背景色恢复为默认颜色，单击右上角的转换箭头可以将前景色和背景色互换。

步骤八：单击工具箱中的“油漆桶工具”按钮，将鼠标指针移动到图像工作区中，鼠标指针变成油漆桶形状时单击，图像变为拾色器中指定的浅灰色。

如果工具箱中没有“油漆桶工具”图标，则选中并右击“渐变工具”按钮，在弹出的列表中选中油漆桶选项即可，如图 5-11 所示。在工具箱中，凡是右下角带黑色小三角的图标都表示该图标有多个工具选项，可以右击选择需要的工具。

图 5-11　选择油漆桶工具

步骤九：新建“内容”图层，将前景色改为白色；选择工具箱中“矩形工具”中的“圆角矩形”选项，在选项栏中将填充方式设置为“填充像素”，“半径”为“50 像素”，如图 5-12 所示。

步骤十：将鼠标指针移至图像工作区，鼠标指针变为“十”字形状，将十字准星对准水平和竖直参考线的交点，按住左键向右下方拖曳，得到1/4 个白色的圆角矩形。

步骤十一：新建“标题背景”图层，选择普通矩形，将前景色设为 bcf7b5，在图像上方到距水平参考线 3/4 的面积拖曳出一个

图 5-12　圆角矩形设置

绿色矩形。

步骤十二：新建“文字背景”图层，前景色设为ffffff，拖曳矩形至占标题背景矩形的1/2，并将其不透明度设为50%，如图5-13所示。

图 5-13　设置图层不透明度

步骤十三：新建“标题按钮”图层，选择普通矩形，前景色设为bcf7b5，从标题背景矩形向下拖曳出一个新矩形，距水平参考线10像素左右。现在图像效果如图5-14所示。

图 5-14　图像雏形

5.2.2 路径和颜色填充

步骤一：新建“菜单背景”图层，选择工具箱中的“钢笔工具”，绘制出如图 5-15 所示的封闭路径。

路径在 Photoshop 中是使用贝赛尔曲线构成的一段闭合或者开放的曲线段。熟练地使用钢笔工具可以绘制出包含直线和曲线的形状丰富的路径，但是需要很多经验，作为初学者可能不是很习惯，可以利用历史记录反复修改，以达到满意的效果。

步骤二：将图层管理器切换到“路径”选项卡，选中刚才绘制的路径（见图 5-16），单击下侧的“将路径作为选区载入”小按钮，图像中的路径变成了选择区域。

图 5-15 绘制菜单背景路径

图 5-16 将路径转换为选区

步骤三：单击工具箱中“渐变工具”按钮，在选项栏中单击渐变颜色色块，弹出“渐变编辑器”对话框，如图 5-17 所示。双击颜色色条左下方的小图标，弹出拾色器，将颜色设为 ffffff；双击右下方的小图标，将颜色设为 dedede，单击“确定”按钮。

步骤四：将鼠标指针移至图像选区内，从左侧到右侧绘制一条水平线。松开鼠标后，选区内即被从白色到灰色的渐变颜色填充，如图 5-18 所示。按 Ctrl+D 组合键取消选区。

步骤五：切换回“图层”选项卡，选中“标题背景”图层，新建图层“背景花纹”，使其位于“标题背景”和“文字背景”中间。

图层管理器中图层的叠放顺序也是它们在图像中的叠放顺序，可以通过调整图层顺序来确定其遮挡和显示关系。

步骤六：用钢笔工具绘制图 5-19 所示的封闭路径，并在“路径”选项卡中将其转换为选区。

步骤七：选择油漆桶工具，将前景色设为 3a7231。单击图像工组区内的一点，选中区域变为深绿色，如图 5-20 所示。按 Ctrl+D 组合键取消选择。

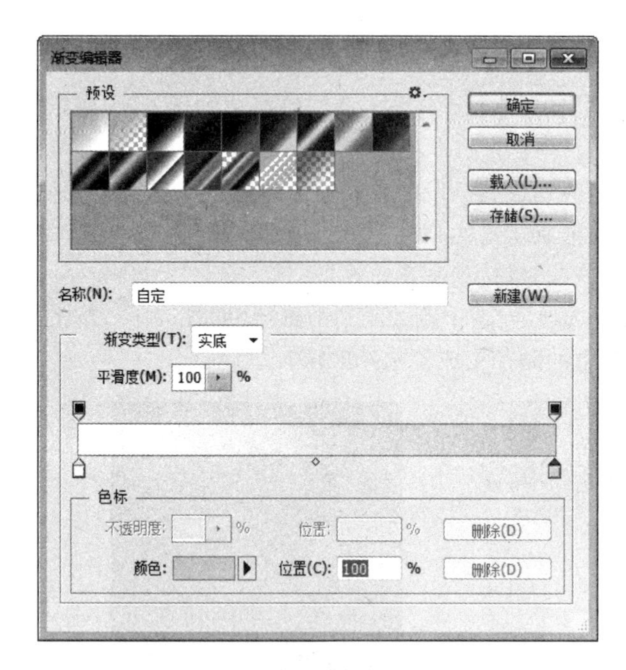

图 5-17 “渐变编辑器”对话框

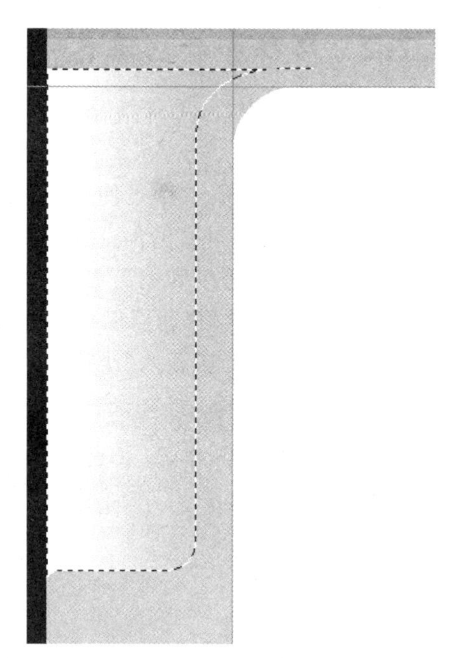

图 5-18 填充渐变色

图 5-19 绘制标题背景花纹路径

图 5-20 用油漆桶工具填充背景花纹

步骤八：在工具箱中选择画笔工具，将“大小”设为“100 像素”，“硬度”设为 0%，如图 5-21 所示，前景色设为 63a55b。

画笔工具是 Photoshop 中一个很强大的工具，设置合适的笔尖形状和各种参数，可以绘制出很多效果。单击工具箱中的“画笔工具”按钮，打开“画笔预设”面板，如图 5-22 所示，可以进行更详细的设置。

步骤九：选中“标题背景”图层，选择工具箱中矩形选框工具，再选择一个不低于文字背景的矩形选区，这样画笔只在选区内有效。按图 5-23 所示绘制花纹。

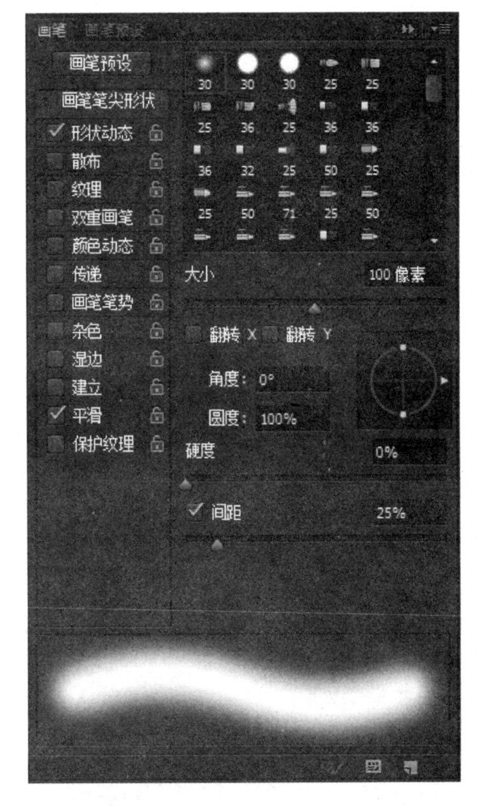

图 5-21　设置画笔

图 5-22　画笔设置面板

图 5-23　用画笔工具绘制花纹

步骤十：选择工具箱中的减淡工具，在"标题背景"图层中绘制花纹，如图 5-24 所示。减淡工具可以使所经过的地方明度变高，加深工具可以使经过的地方明度变低，海绵工具可以使经过的地方纯度变低。

图 5-24　使用减淡工具绘制花纹

5.2.3 图层样式与滤镜

1. 设置图层样式

步骤一：选择“内容”图层，双击标题以外的地方，弹出“图层样式”对话框，在“样式”列表中选中“斜面和浮雕”复选框，并双击。在“斜面和浮雕”选项区域中设置“大小”为5像素，“角度”为−45度，取消选中“使用全局光”复选框，阴影模式的“不透明度”为50%，如图5-25所示，单击“确定”按钮。查看图像，可以发现“内容”图层中的白色矩形多了立体效果。

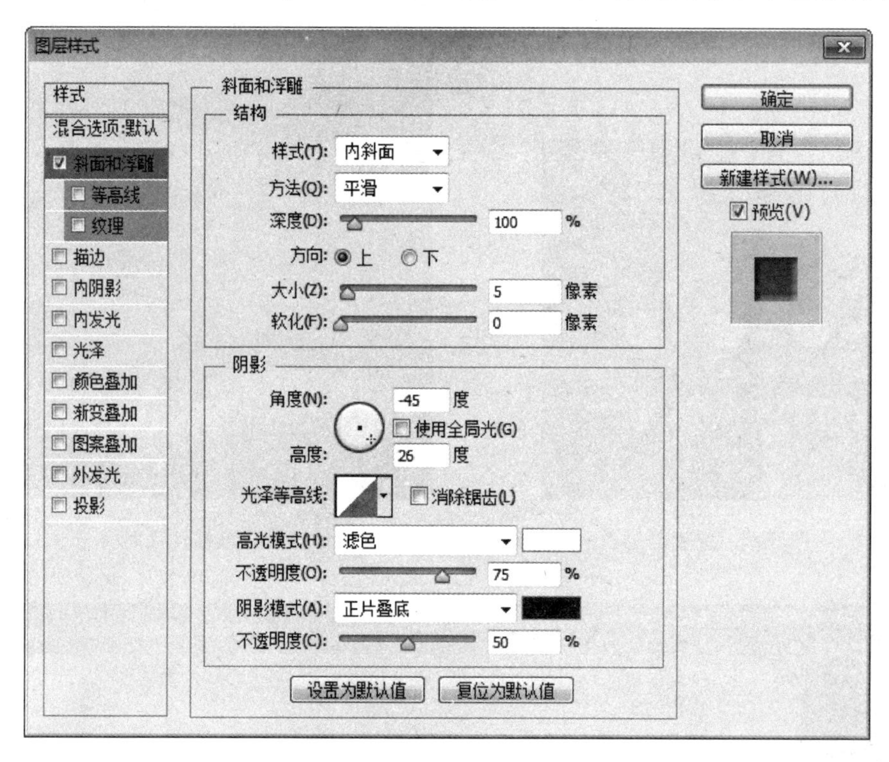

图5-25 设置“内容”图层样式

通过设置图层样式，能够为一个图层上的所有元素添加效果。它支持很多效果，对于每个效果可以做很详细的设置，因此是Photoshop中非常方便的一个工具。但是，因为效果会作用在整个图层上，所以合理地划分图层是使用图层样式的前提。

步骤二：选择“标题按钮”图层，打开“图层样式”对话框，选中“投影”复选框，并双击。在“投影”选项区域中设置“不透明度”为50%，“角度”为90度，取消选中“使用全局光”复选框，如图5-26所示，单击“确定”按钮。

步骤三：选中“斜面和浮雕”复选框并双击，在“斜面和浮雕”选项区域中设置“深度”为10%，“大小”和“软化”均为5像素，“角度”为90度，取消选中“使用全局光”复选框，“阴影模式”的“不透明度”为50%，如图5-27所示。

步骤四：选中“纹理”复选框并双击，选择一个视觉效果较好的纹理，如图5-28所示，单击“确定”按钮，查看图像效果是否满意。

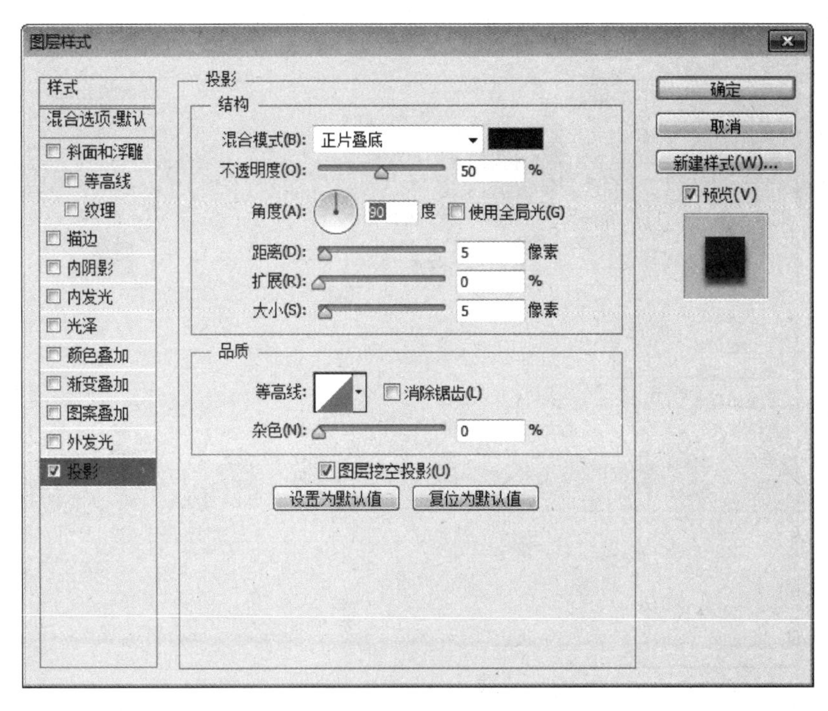

图 5-26 设置“标题按钮”图层的投影效果

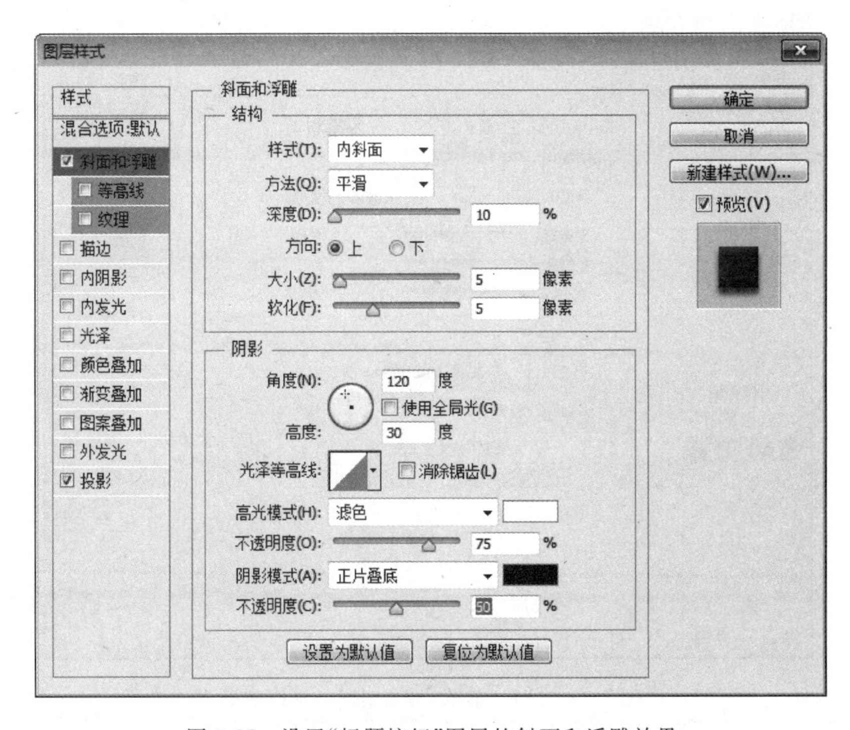

图 5-27 设置“标题按钮”图层的斜面和浮雕效果

步骤五：选择“菜单背景”图层，打开“图层样式” 对话框，选中“投影”复选框，参数设置如图 5-29 所示，单击“确定”按钮。

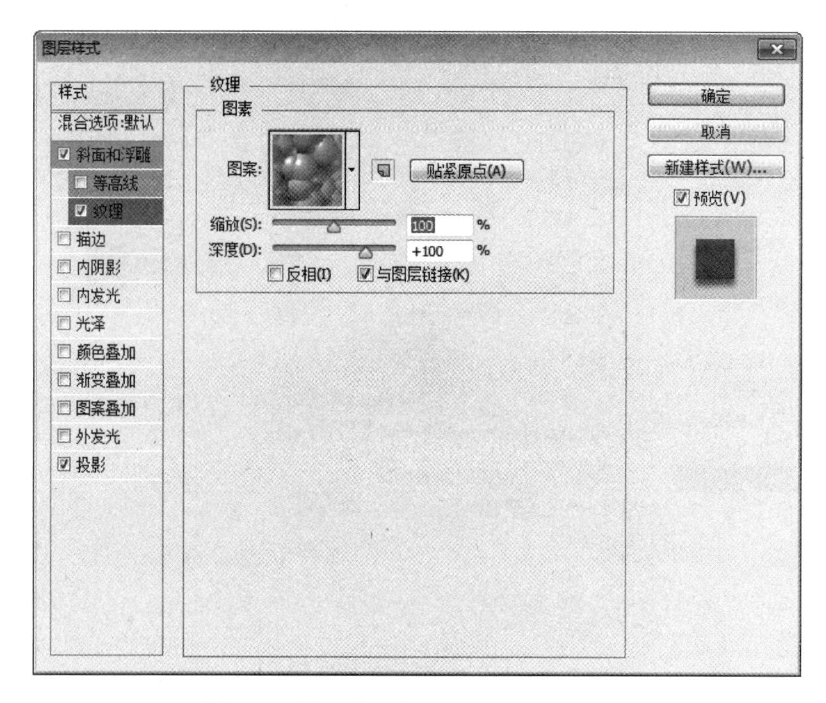

图 5-28　设置"标题按钮"图层的纹理效果

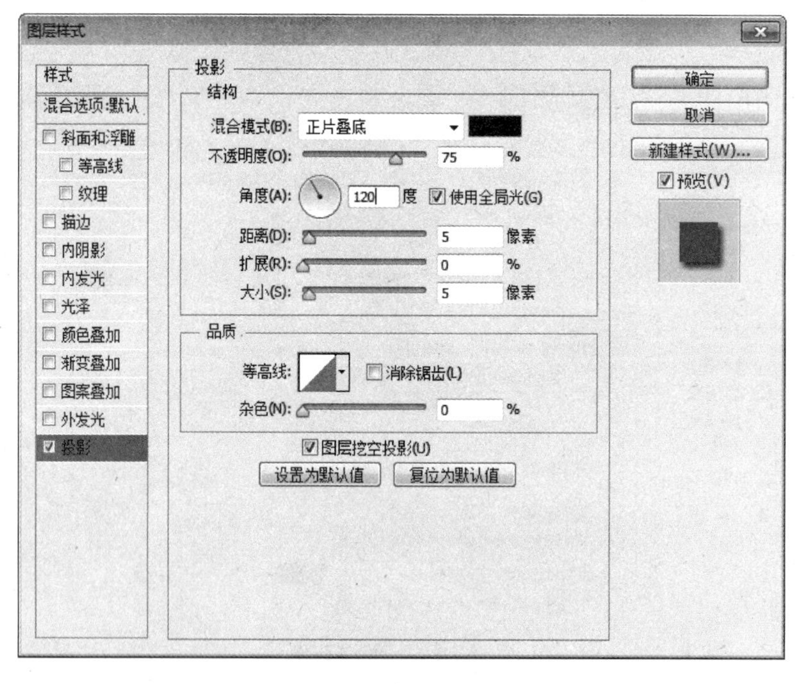

图 5-29　设置"菜单背景"图层的投影效果

步骤六：新建"菜单项"图层，绘制 5 个等大的圆角矩形，"填充方式"设为"填充像素"，"半径"设为 5 像素，前景色设为白色，并将其均匀分布于菜单栏区域。

为了使 5 个圆角矩形等大等距，可以先制作 1 个，然后将图层复制 4 次，得到其余 4 个。

再通过调整 5 个图层的位置使其等距，然后将 5 个图层合并为 1 个图层，并命名为“菜单项”。图层的复制和合并工作都可以在图层管理器中通过选择右键快捷菜单命令完成。

步骤七：打开“图层样式”对话框，选中“斜面和浮雕”复选框并双击，按图 5-30 所示设置参数，单击“确定”按钮。此时图像效果如图 5-31 所示。

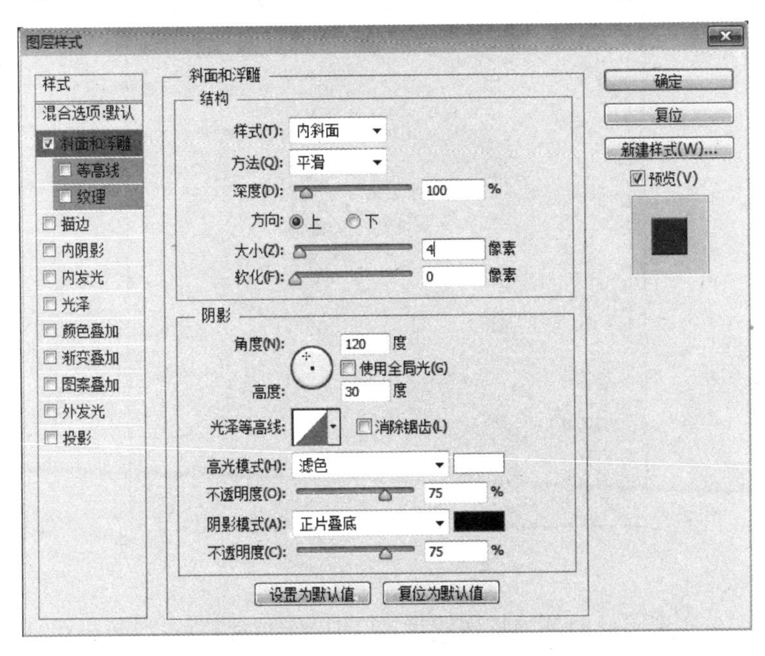

图 5-30　设置菜单样式

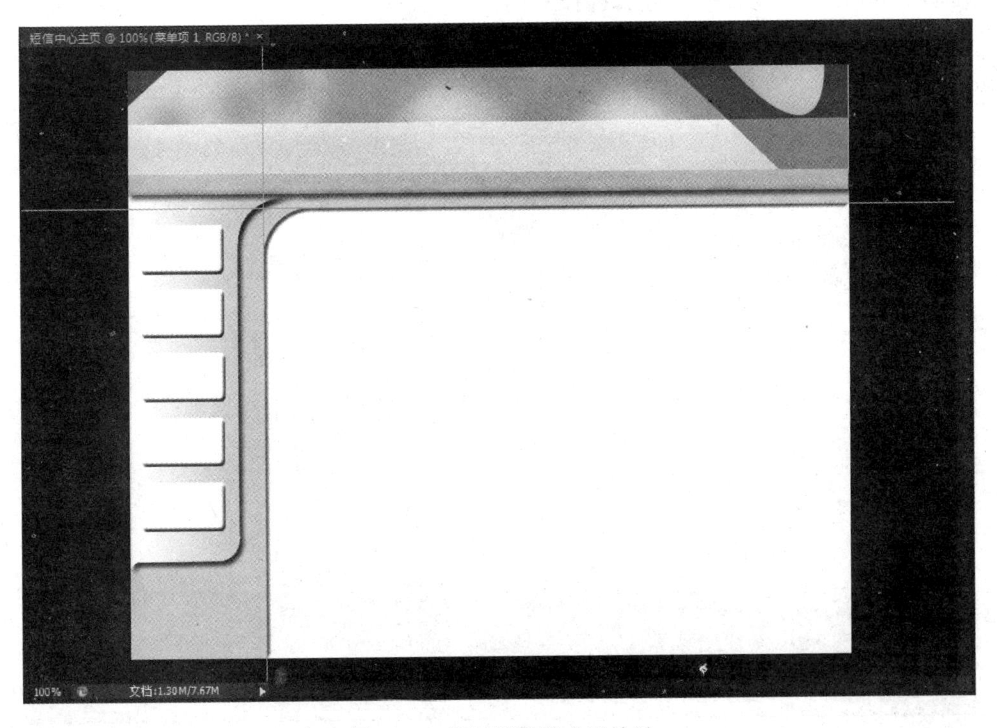

图 5-31　使用图层样式后效果

2. 使用滤镜

步骤一：选择“背景花纹”图层，选择“滤镜”→“风格化”→“风”，弹出“风”对话框，如图5-32所示，选中“大风”单选按钮，方向为“从左”，单击“确定”按钮。

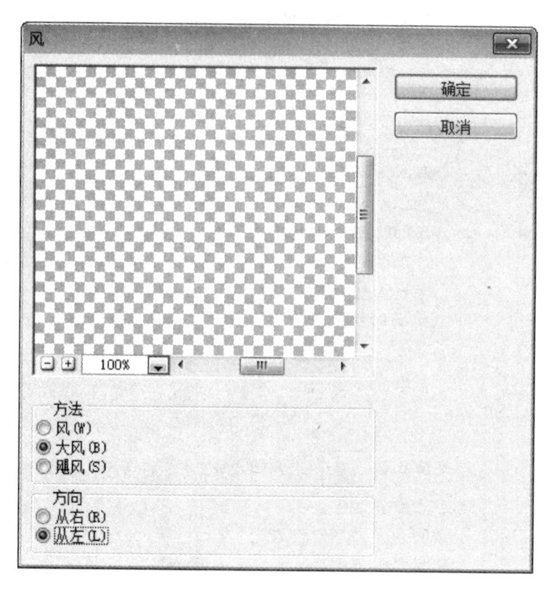

图5-32　添加风滤镜

滤镜主要用来实现图像的各种特殊效果，它的操作非常简单，但是很难真正用得恰到好处，通常需要同通道、图层等联合使用，还要依赖用户丰富的经验。

步骤二：选择“标题背景”图层，选择“滤镜”→“滤镜库”，弹出“滤镜”对话框。选择“纹理”→“纹理化”，打开“纹理化”对话框，如图5-33所示，选择“纹理”为“画布”，单击“确定”按钮。

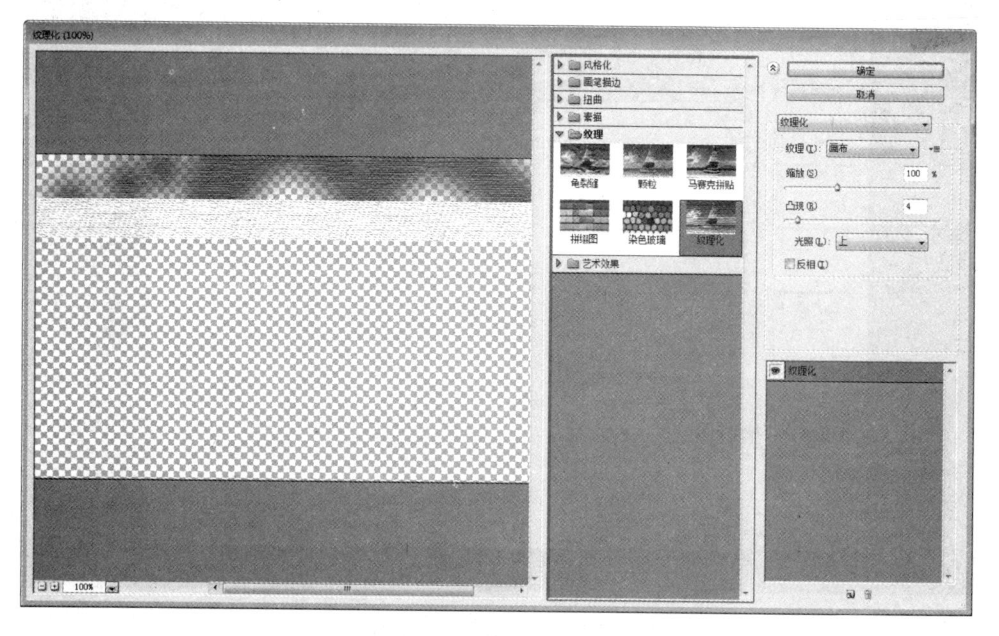

图5-33　添加纹理化滤镜

“滤镜”菜单中第一项是最近一次使用过的滤镜，如果还需要设置同样的滤镜效果，可以直接选择第一项。如图 5-33 所示，还有很多其他效果，可以直接在这里进行其他滤镜效果的选择和可视设置。

步骤三：添加新图层“标题分割线”，将前景色改为 083b00，选择“矩形工具”组中的直线工具，在选项栏中设置其像素值，如图 5-34 所示。选择合适的像素值，可以使线条有节奏和变化感，效果如图 5-35 所示。

图 5-34　添加“标题分割线”图层

图 5-35　标题分割线效果

5.2.4　编辑文字和图片

1. 编辑文字

步骤一：选择工具箱中的横排文字工具，在选项栏中设置字体为“黑体”，字号为“30 点”，颜色为 000000，如图 5-36 所示。

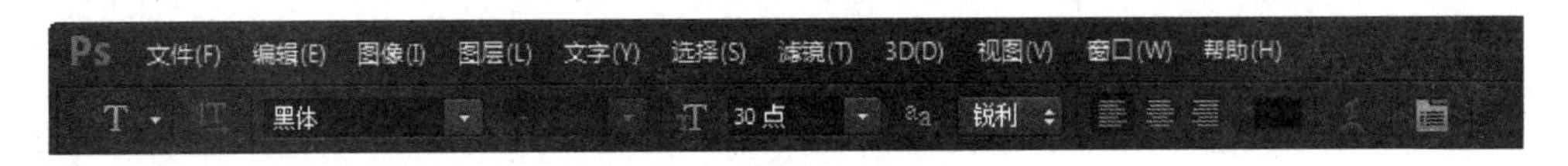

图 5-36　设置字体格式

作为网页设计，为了防止不同计算机和浏览器对字体支持的差异性而导致显示错误，标题和内容中的中文字体最好使用“宋体”或“黑体”。

步骤二：将鼠标指针移动到图像工作区中，鼠标指针变为竖线形状，单击，系统自动建立一个新的文字图层，输入网站的标题“企业短信中心系统”。

步骤三：选择工具箱中的移动工具，将文字移动到文字背景上的合适位置。

步骤四：选择横排文字工具，设置字体为 Arial，字形为斜体，字号为“14 点”，颜色为 63a55b，如图 5-37 所示。

图 5-37　设置英文字体格式

步骤五：依照步骤二，输入Enterprise Message Center System，并使用移动工具将这行文字拖到文字背景的右下角。

步骤六：为了使文字和背景区分开，同时增加活泼性，使用文字工具选中System，将其颜色改为dffcdb。

步骤七：选择“企业短信中心系统”图层，打开“图层样式”对话框，为其添加“投影”效果，参数设置如图5-38所示。

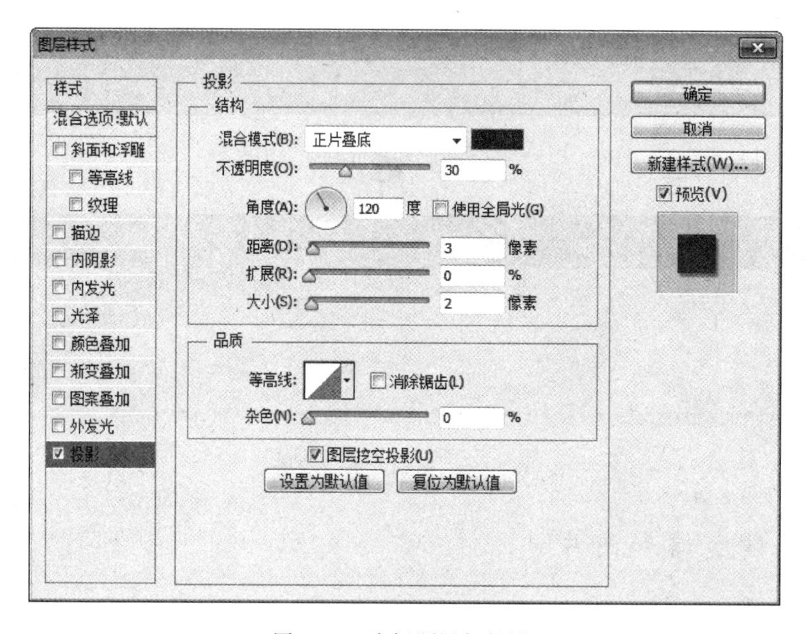

图5-38 为标题添加投影

2. 加入图片

步骤一：选择“文件”→“打开”命令，选择打开本书配套资源的“第6章素材”下“网页素材”文件夹中的文件“新消息.bmp”。

步骤二：使用移动工具将该图片移动到图像工作区中，该图片在图像中作为一个新的图层存在，将其改名为“新消息”。

步骤三：按Ctrl+T组合键，图像周围出现一个黑色线框，通过线框周围的小方块调整图像大小和角度，将图像缩小到适当大小后双击图像确定，并将其移动到菜单栏中第一个菜单项矩形上，如图5-39所示。

在调整图像大小的同时按住Shift键，图像会长宽等比例缩放，这样可以避免在调整大小时导致图像变形。

步骤四：选择横排文字工具，字体设为“宋体”，字号设为“12点”，在图标旁边输入文本“新消息”，并调整位置。

步骤五：重复步骤一～步骤四，分别添加“收件箱”“草稿箱”“发件箱”“联系人”图标按钮和文字信息。

3. 保存图片

还有最后一步重要的工作：把此网页保存起来。

步骤一：为了方便今后进行修改，这里将文档保存成Photoshop的PSD格式。选择“文

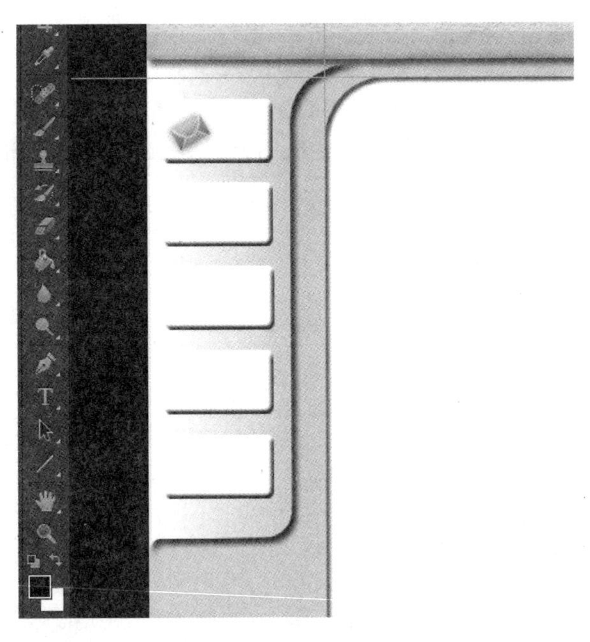

图 5-39　添加按钮图标

件”→“存储”，在弹出的对话框中选择合适的保存路径，文件类型设为 Photoshop(*.PSD；*.PDD)，单击“保存”按钮，如图 5-40 所示。

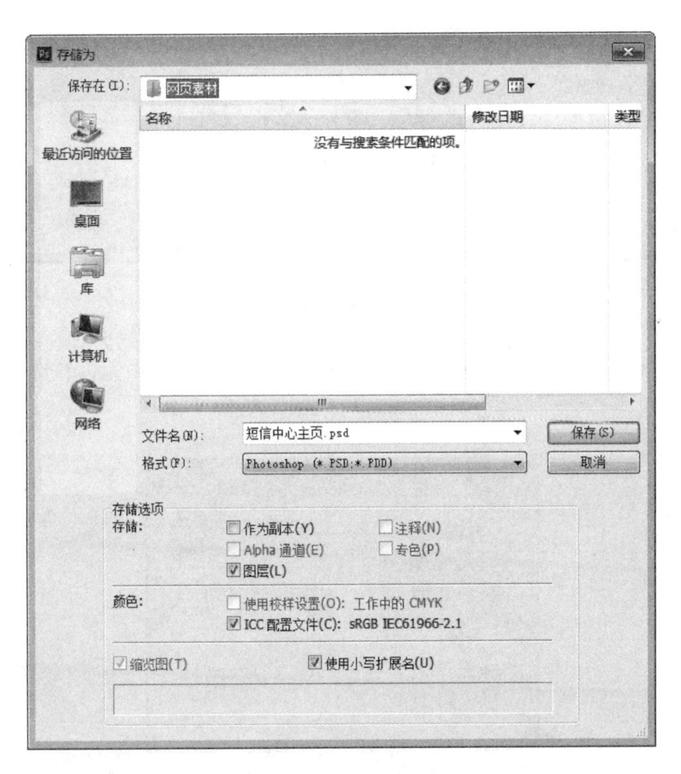

图 5-40　保存 PSD 格式

该文件类型将保留图层、样式等所有与该图像有关的处理信息。

步骤二：为了使其他软件能够使用这幅图片，还需要将其保存成一种通用的图片格式。选择“文件”→“存储为”，在弹出的对话框中将文件类型设定为 PNG(*. PNG; *. PNS)格式，“文件名”更改为“短信中心主页”，选择合适的路径，单击“保存”按钮，如图 5-41 所示。

图 5-41　保存为 PNG 格式

步骤三：弹出如图 5-42 所示的“PNG 选项”对话框，选中“无”单选按钮，单击“确定”按钮。

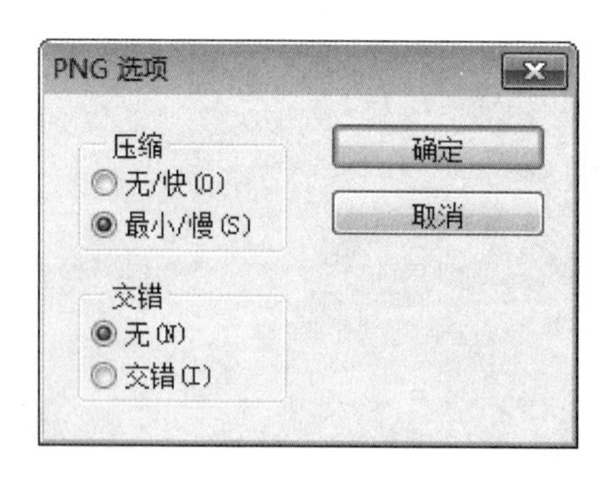

图 5-42　PNG 选项

至此，一个简单的网站主页就设计完了，效果如图 5-43 所示，有兴趣的读者可以对其进行进一步完善和美化。

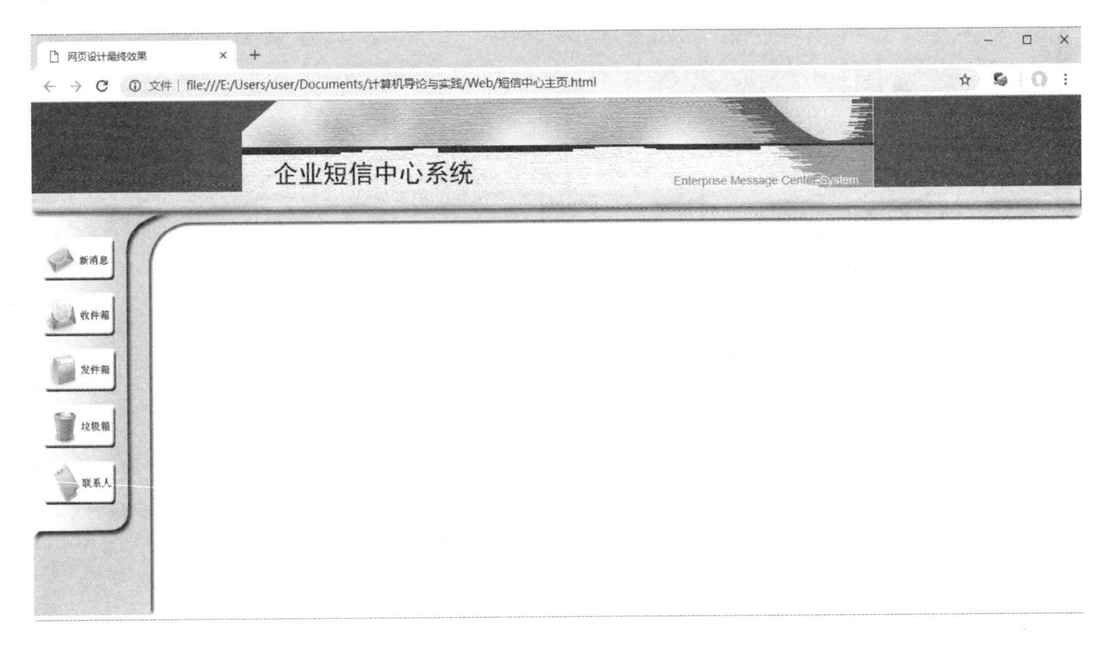

图 5-43　网页设计效果

5.2.5　对设计稿进行切片

切片是网页制作中的一个专业术语，指的是把一张图片切成多个不同的部分，这样做有下述好处。

- 能够形成网页框架，帮助定位网页中的文字元素。
- 能够更灵活地适应不同类型和不同大小的浏览器。
- 能够自动生成 HTML 语言，有助于 ASP 中的界面制作。
- 能够使图像分片上传，加快上传和显示速度。
- 能使文字和图片结合得更加紧密。

从这一小节开始，网页就由设计图一步步向实际可用的网页转化了。

步骤一：打开保存的“短信中心主页.png”，在工具箱中选择切片工具，如图 5-44 所示。

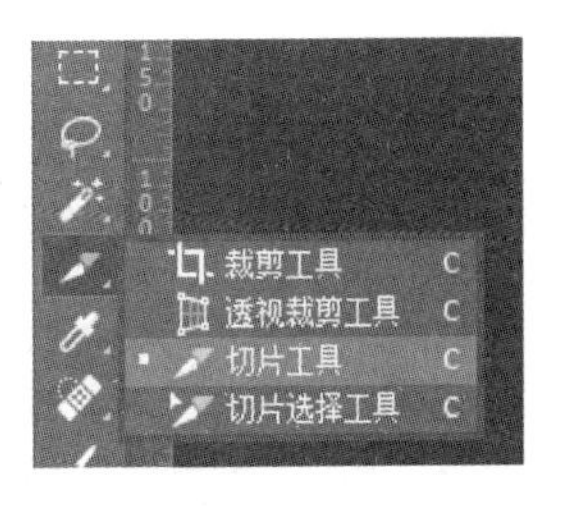

图 5-44　切片工具

步骤二：首先对整体网页进行切片以形成大的网页框架。

使用切片工具拖曳矩形框，框选出顶部标题部分。Photoshop 会为剩下的部分创建一个自动切片，如图 5-45 所示。

之后切片工具会自动吸附到已有切片的边界上，如果没能一次切好可以使用切片选择工具进行切片的细微调整。

步骤三：按照图 5-46 及图 5-47 中标注的顺序对设计图进行多次切片。

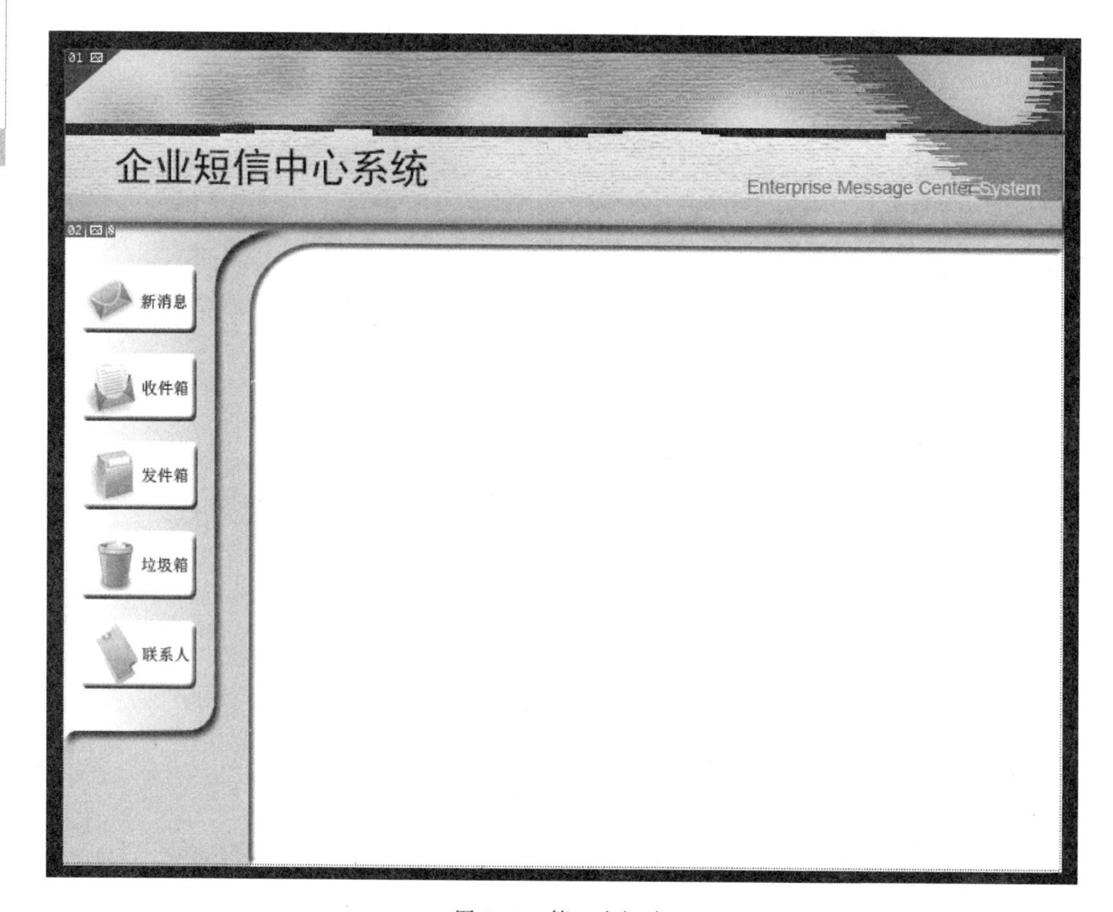

图 5-45　第一个切片

切片原则主要是把各个大的元素分隔开,把可拉伸元素和不可变元素分隔开,通常按照由大到小、由粗到细的顺序进行切片。为了使网页显示效果达到最好,切片往往是一个需要多次递归的过程,一个切片可能需要再次进行切分,切片的位置和次数选择需要很多的经验。

步骤四:在切片完成以后,如果图中还有剩余的自动切片,应当将其转换为用户切片以进行后续操作。右击灰色显示的切片,在弹出的快捷菜单中选择“提升到用户切片”命令,如图 5-48 所示。

步骤五:在保存之前,需要对切片进行命名以方便后续使用。右击切片,在弹出的快捷菜单中选择“编辑切片选项”命令,在弹出的对话框中输入切片的名称,并单击“确定”按钮,如图 5-49 所示。

切片名称应尽量采用“网页名字_网页元素_相对位置”的命名方法,这样便于后期查找和分类。

至此,网页切片的工作就完成了。该示例网页设计比较简单,所以切片工作量也不是很大。对于一些大型的、界面设计复杂的网页,切片是个复杂而烦琐的过程,越是到后期,就越要保持清醒的头脑和足够的耐心。

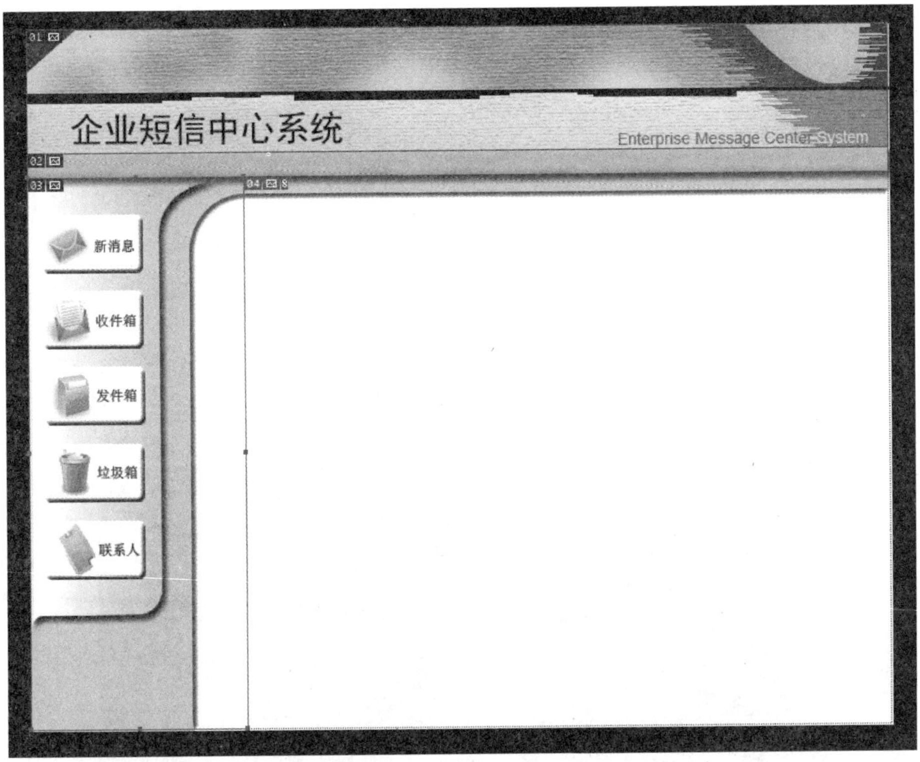

图 5-46　第二次切片

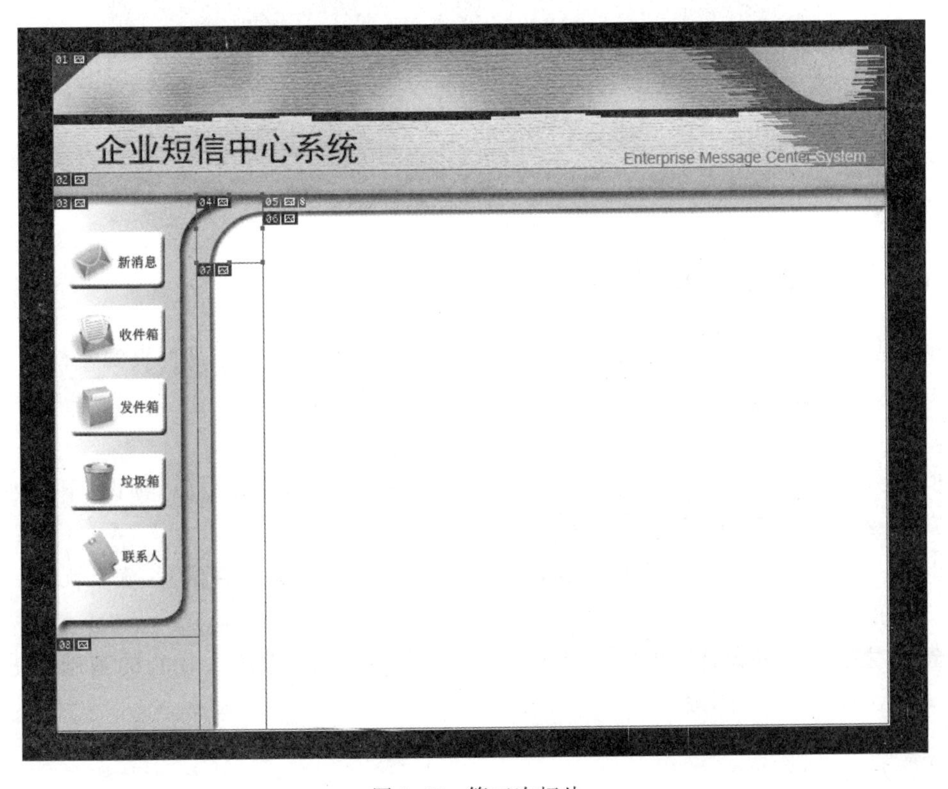

图 5-47　第三次切片

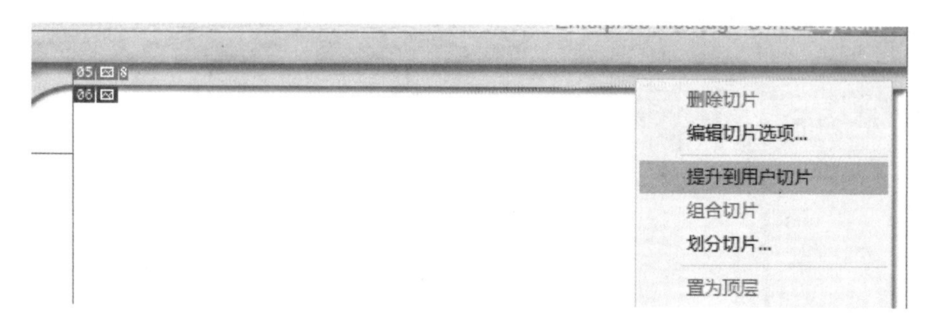

图 5-48　提升到用户切片

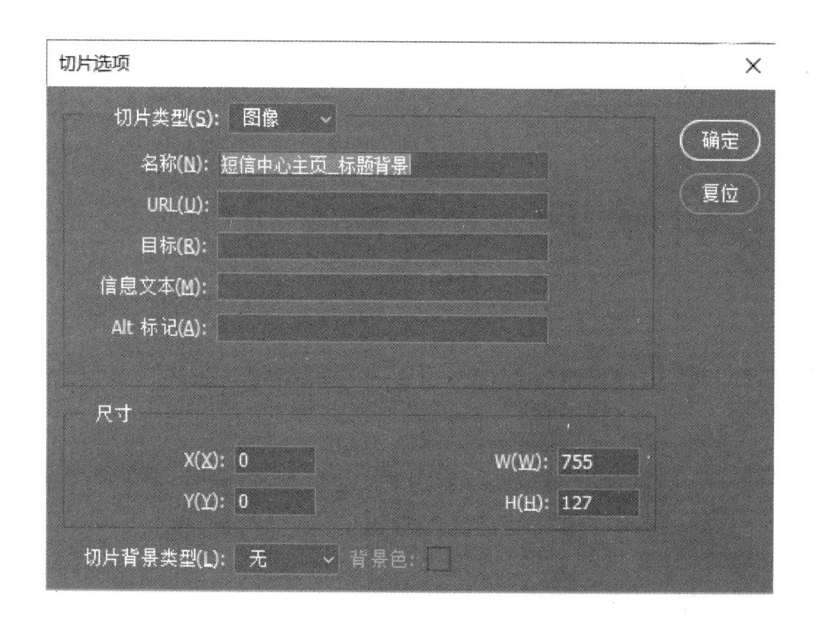

图 5-49　“切片选项”对话框

5.2.6　保存并生成图片和网页

在完成设计工作以后,Photoshop 能够自动生成由图像切片组成的网页源文件。

步骤一:选择“文件”→“导出”→“存储为 Web 所用格式”,弹出对话框如图 5-50 所示。

步骤二:使用对话框左侧的切片选择工具框选所有切片,并在右侧“预设”下拉列表中选择 PNG-24,这样所有切片都会被保存为 PNG 格式。

步骤三:单击右下角的“存储”按钮,在弹出的对话框中修改保存配置,确认无误后单击“保存”按钮,如图 5-51 所示。

至此,之前做出的设计图即转化成了一个网页文件。5.3 节将会在它的基础上进行关于 Dreamweaver 的应用实验。

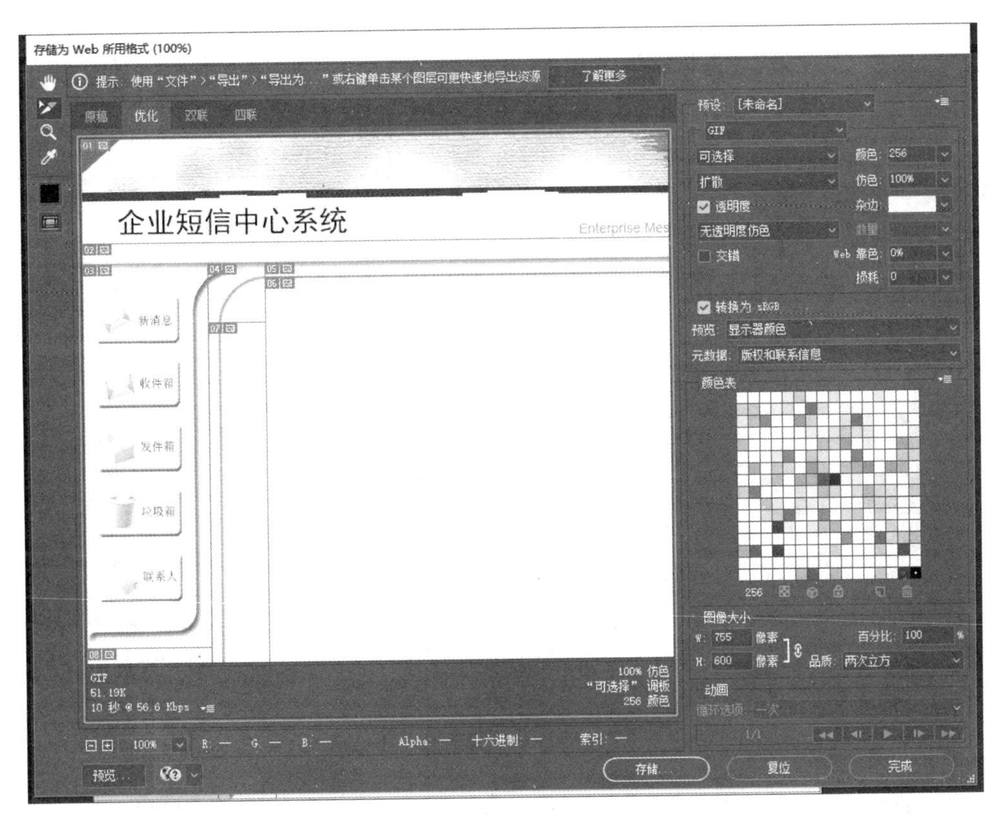

图 5-50 "存储为 Web 所用格式"对话框

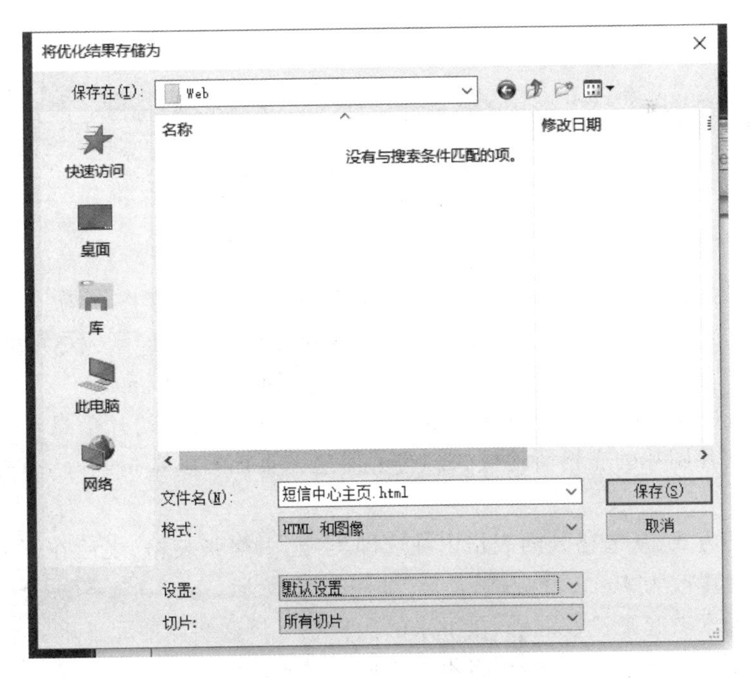

图 5-51 "将优化结果存储为"对话框

5.3 基础实验 2：Dreamweaver CS6 的使用

由于 HTML5 逐渐普及，现在的许多网页都是直接使用手写代码的方式制作，而不是像从前那样使用可视化编辑器完成。本实验将使用 Dreamweaver 修改上一步生成的 HTML 文件，让短信中心主页自动适应不同的窗口大小。有兴趣的读者也可以直接用记事本打开修改前后的 HTML 文件，比较修改的具体位置，思考其作用。

步骤一：启动 Dreamweaver 软件，选择“文件”→“打开”，选择并打开上一个实验保存的“短信中心主页.html”文件，如图 5-52 所示。

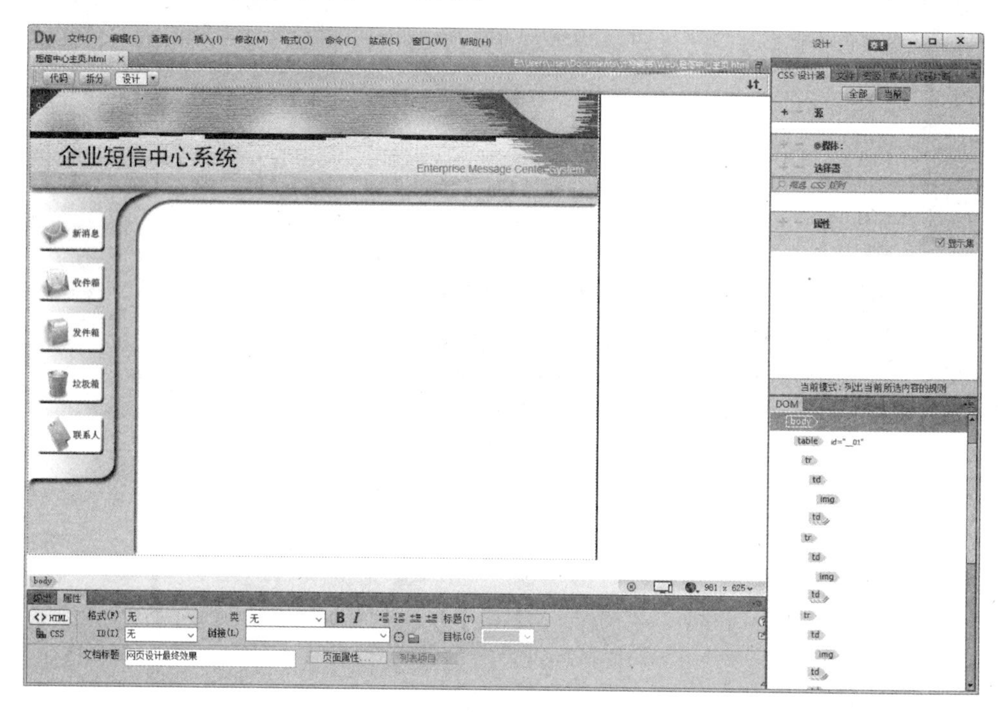

图 5-52　Dreamweaver 主界面

如果看到的界面和图示界面有所不同，请选择“窗口”→“工作区布局”→“设计”切换到设计布局，并通过界面左上角的“设计”按钮切换到设计视图。考虑到应尽量减少代码书写，本实验的内容全部使用 Dreamweaver 设计模式功能完成。

步骤二：通过在页面上进行点选可以看到，Photoshop 通过切片信息生成的网页是由一个内含所有切片图片的表格所构成的。为了使这个页面自适应分辨率，首先需要修改这个表格的大小。

通过拖选的方式(从表格外向表格内拖选即可)选中整张表格，之后在下方的“属性”面板中将表格的宽度改为 100%，即占满页面，如图 5-53 所示。

此时页面元素看起来比较混乱，接下来的操作就是将这些界面元素重新整理归位。

首先处理不可缩放的图片，需要将不可缩放的列宽设置到与图片宽度相同。

步骤三：选中画面左侧窗格中的“短信中心主页_菜单栏_左上.png”图片，在“属性”面板中可以看到这张图片的宽度是 130 像素(宽度与切片大小有关，以实际为准)。记录这个

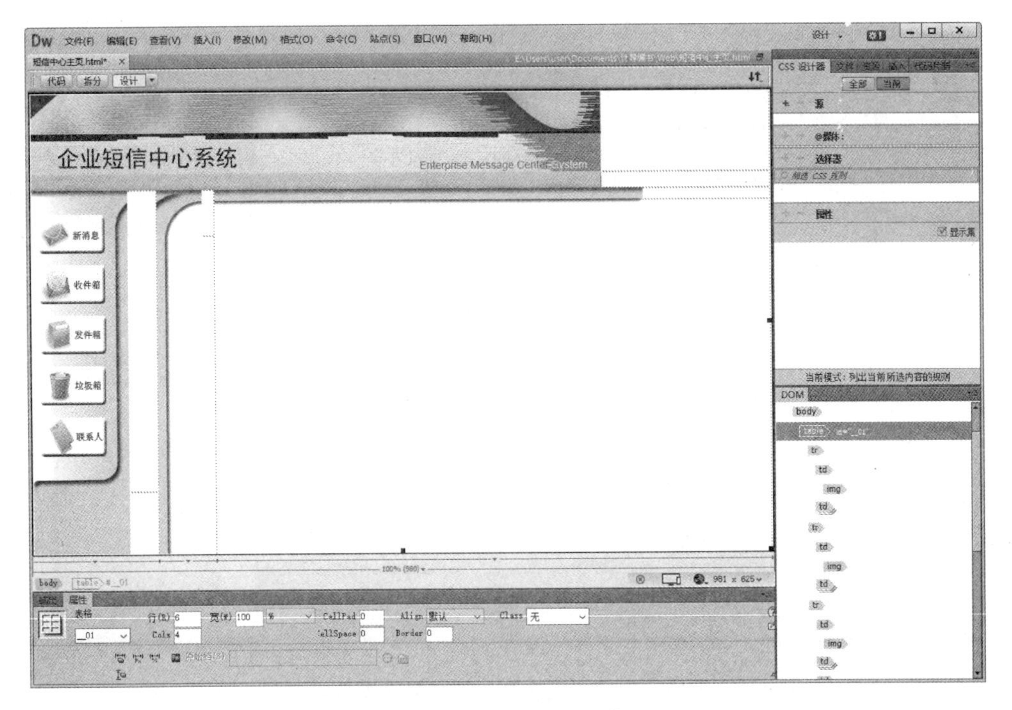

图 5-53　表格宽度改为 100%后的效果

数值，单击这张图片下方其所属列的绿色小箭头，并在弹出的菜单中选择“选择列”命令，如图 5-54 所示。

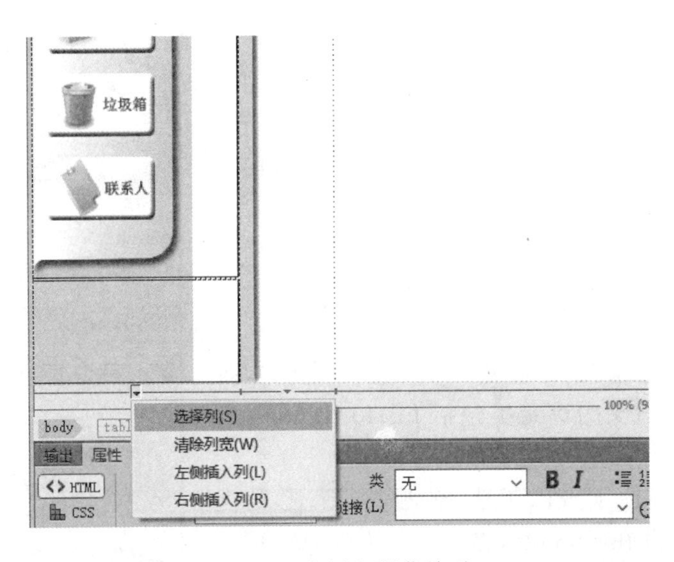

图 5-54　“选择列”菜单项

步骤四：在“属性”面板中将选中的单元格的宽度设置为与图片宽度相同，本例中为 130 像素。设置完后，这一列和左起第二列的图片就重新接上了。

步骤五：对左起第二列重复步骤三和步骤四的操作，也将其列宽和其中的图片宽度设置为相同。完成后的效果如图 5-55 所示。

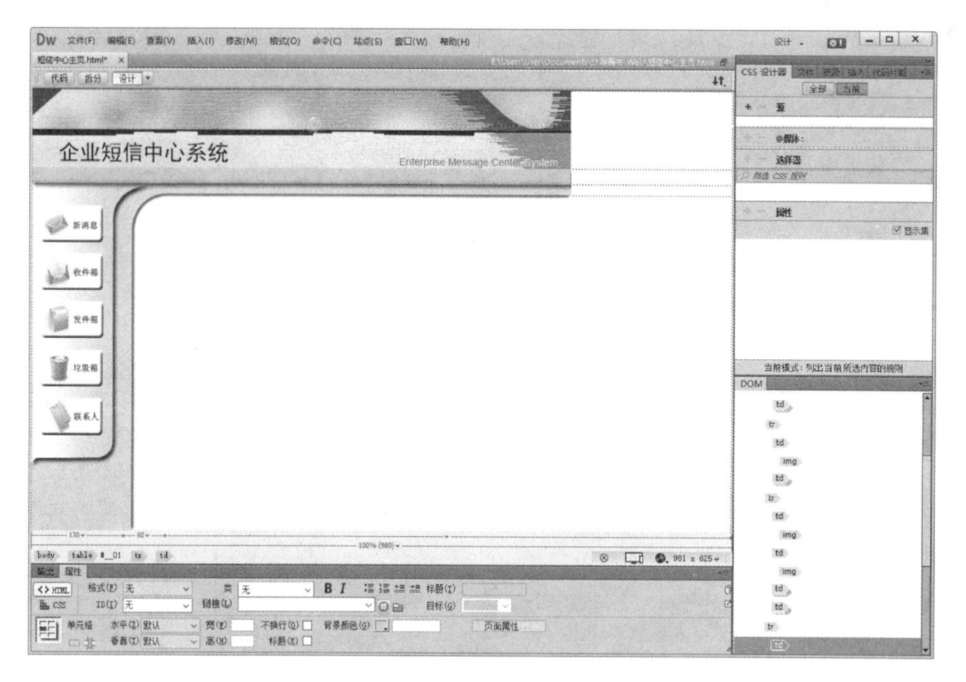

图 5-55　完成左侧两列列宽修改后

接下来需要将可拉伸宽度的图片进行拉伸以适应页面宽度。

这里将要使用 CSS。CSS 是 Cascading Style Sheets(层叠样式表)的简称,是一种标记语言,它不需要编译,可以直接由浏览器执行;同时它也可以形成独立文件,被多个页面同时使用,方便网站设计者统一设计并管理样式,以减小网站体积,加快浏览速度。

步骤六:在 Dreamweaver 右侧的"CSS 设计器"面板中,单击"源"选项左侧的加号图标,在弹出的菜单中选择"在页面中定义"命令。这样在网页中添加一段内嵌的 CSS,将仅对这个网页起作用。

步骤七:单击"选择器"选项左侧的加号图标,输入.fillHorizontally 新建一个选择器。CSS 代码本身是一系列规则的集合,对于每个符合某个选择器规则的元素,都应用这条规则指定的样式。本例中,.fillHorizontally 的含义为满足类包括 fillHorizontally 的所有元素。

步骤八:在选择器中选择刚才新建的.fillHorizontally,并在 CSS 设计器面板下方的"属性"选项栏中写入一行 CSS 样式,属性名为 width,即元素宽度,属性值为 100%,即填满父元素。配置好的 CSS 设计器面板如图 5-56 所示。

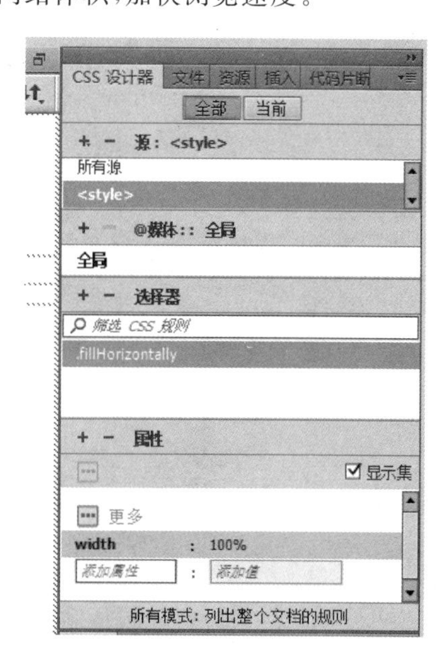

图 5-56　完成配置的"CSS 设计器"面板

步骤九:之后只需对需要拉伸的图片应用这条规则。分别选中"短信中心主页_标题栏.png""短信中心主页_内容_上.png""短信中心主页_

内容_下.png”，分别在“属性”面板中将其类设置为 fillHorizontally，完成后的效果如图 5-57 所示。

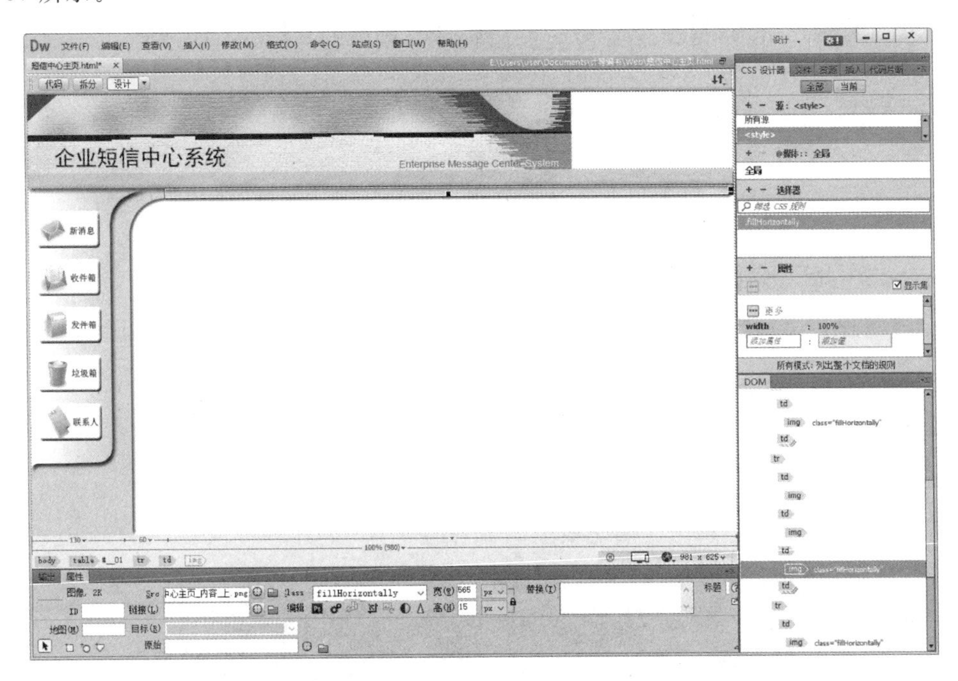

图 5-57　CSS 设计器配置效果

步骤十：选中页面顶部“企业短信中心系统”图片所在的单元格，在“属性”面板中将其对齐方式改为居中对齐，并将单元格背景颜色改为原图片左上角三角形的颜色，颜色值可以利用选择颜色弹框中的吸管工具直接取得。

步骤十一：完成后按 F12 键，在默认浏览器中查看这个页面，效果如图 5-58 所示。

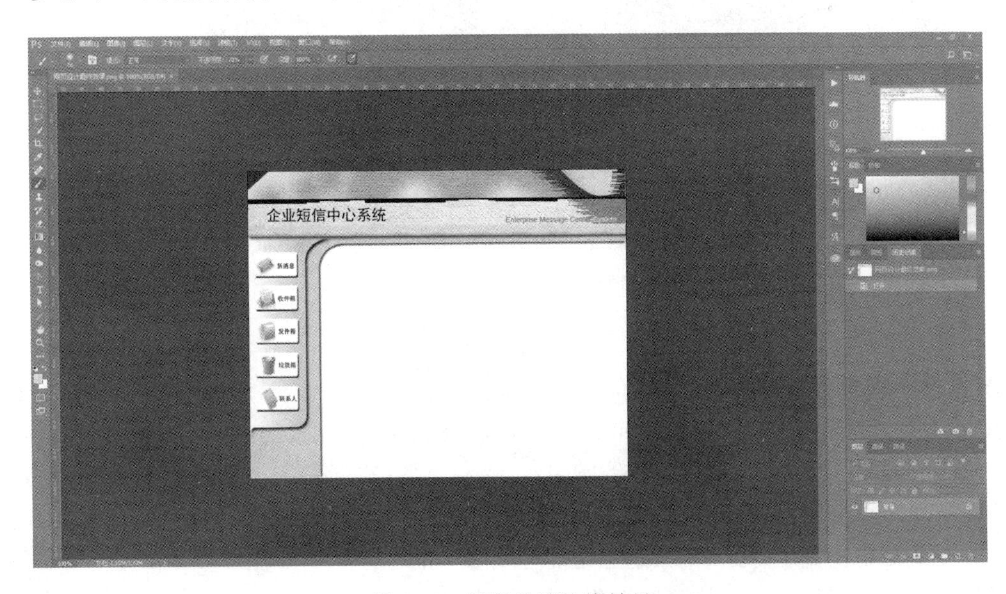

图 5-58　网页设计最终效果

完成之后,读者可以自行尝试改变浏览器窗口大小,观察网页中元素是如何改变的。

5.4 基础实验3:Premiere Pro CS6的使用

平时旅游归来之后都会整理旅行中拍到的照片和视频,这时可以使用视频编辑软件将其剪辑并保存成文件以便今后观看。

Premiere是Adobe公司推出的一款剪辑软件,用于视频段落的组合和拼接,并提供一定的特效与调色功能。其功能与下一个实验要介绍的After Effects有相似之处,但侧重面不同,在选择工具时要注意。

本实验需要用到一些图片和视频素材,读者可以到网上搜索自己喜欢的图片和视频来使用。

5.4.1 新建项目

步骤一:打开Premiere Pro软件,在"开始"界面中单击"新建项目"按钮,在弹出的对话框中为这次实验的项目选取一个合适的名称和保存位置,如图5-59所示。

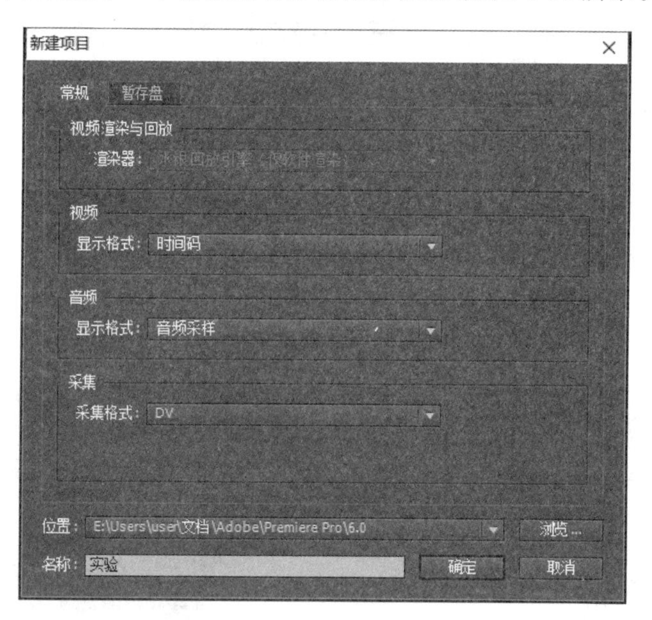

图5-59 "新建项目"对话框

步骤二:单击"确定"按钮,弹出"新建序列"对话框。序列也就是将要制作的视频进行剪辑,在这个面板中需要确定制作的视频的分辨率,如图5-60所示,这里选择AVCHD类别下的1080p30预设项,新建一个分辨率为1920×1080、每秒30帧的序列,单击"确定"按钮。

Premiere Pro的主界面如图5-61所示,可以分为4个部分,上半部分是预览区,左右两边分别是源预览区和序列预览区,左上区域还可以通过上方的选项卡切换为不同的控制台。左下区域是项目浏览器,导入的素材会显示在这里,也可以通过上方的选项卡切换到其他资源,例如效果。右下部分是时间轴,剪辑的顺序、入点出点都可以在这里进行调整。

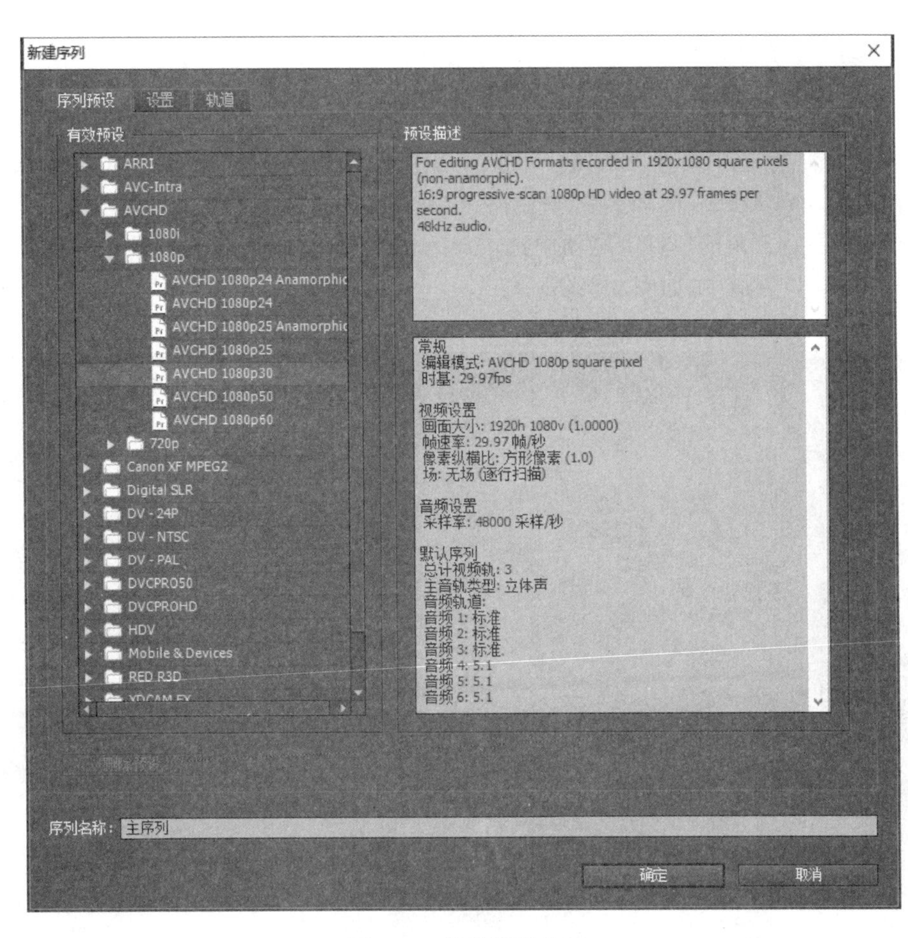

图 5-60 新建序列界面

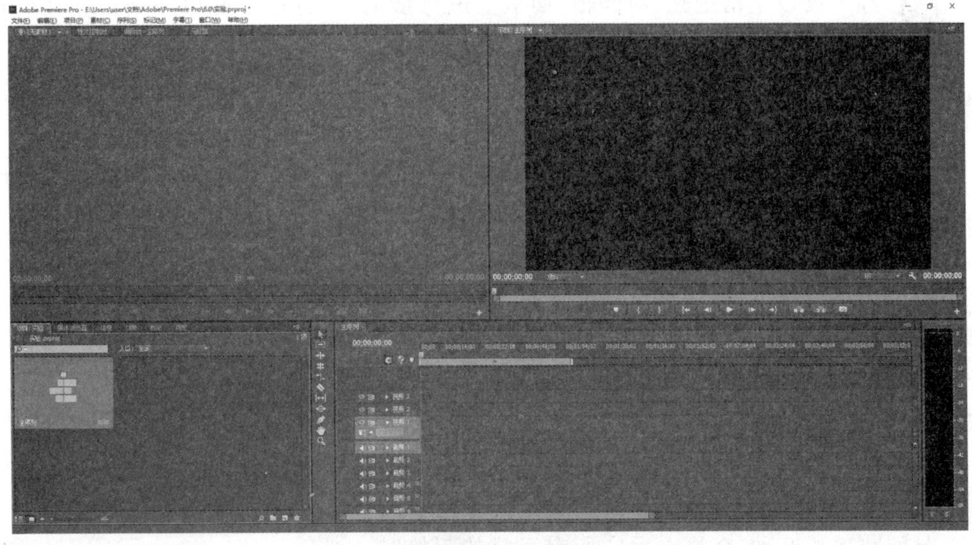

图 5-61 Premiere Pro 主界面

5.4.2 导入素材

步骤一：这一步要导入图片和视频。选择“文件”→“导入”命令，或者按 Ctrl+I 组合键，打开“导入”对话框，选中要导入的图片和视频后单击“打开”按钮。也可以将资源从资源管理器中直接拖动到 Premiere Pro 中进行导入打开。

步骤二：在右下角的项目浏览器中选中导入的素材，并按照喜欢的顺序拖动到右侧时间轴上的“视频 1”通道中，如图 5-62 所示。

图 5-62　在时间轴上加入素材

此时已经可以按空格键在“时间轴”面板上进行预览了，也可以使用序列预览区的播放暂停按钮进行预览。

5.4.3 编辑剪辑

步骤一：这一步会调整插入的 3 张照片的持续时间。在时间轴上选中插入的 3 张图片并右击，在弹出的快捷菜单中选择“速度/持续时间”命令。在弹出的对话框中输入需要的持续时间“00;00;03;00”，并选中“波纹编辑，移动后面的素材”复选框，单击“确定”按钮，如图 5-63 所示。

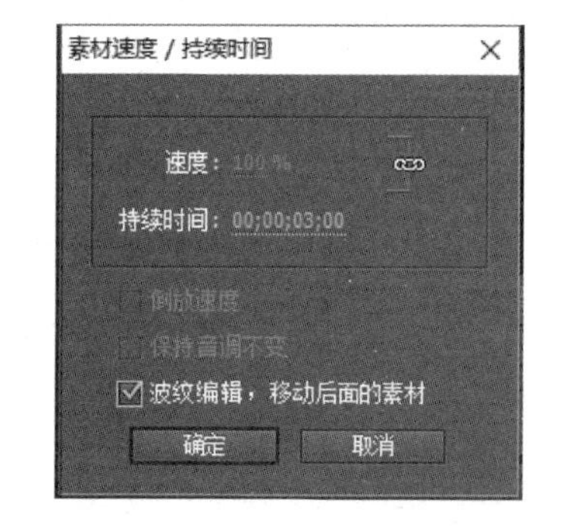

图 5-63　“素材速度/持续时间”对话框

Premiere 中使用的时间格式为“小时;分钟;秒数;帧数”，最后一位是帧数，而不是毫秒。

“波纹编辑”的意思就是自动修正这一操作对当前序列的时间影响，选中这个复选框后，由于这 3 张图片的总时间减少了 6 秒，在这之后的所有素材的起始时间都会被前移 6 秒以补充空缺。与此类似的功能还有

"波纹删除""波纹编辑工具"等。

步骤二：将左下角的"项目"面板切换到"效果"选项卡，在该选项卡中依次选择"视频切换"→"叠化"→"交叉叠化(标准)"，将其拖动到第一张和第二张照片之间。加入后，在时间轴上选中这个效果后，左上角的"效果控制台"选项卡中会调节这个效果的属性，如图 5-64 所示。

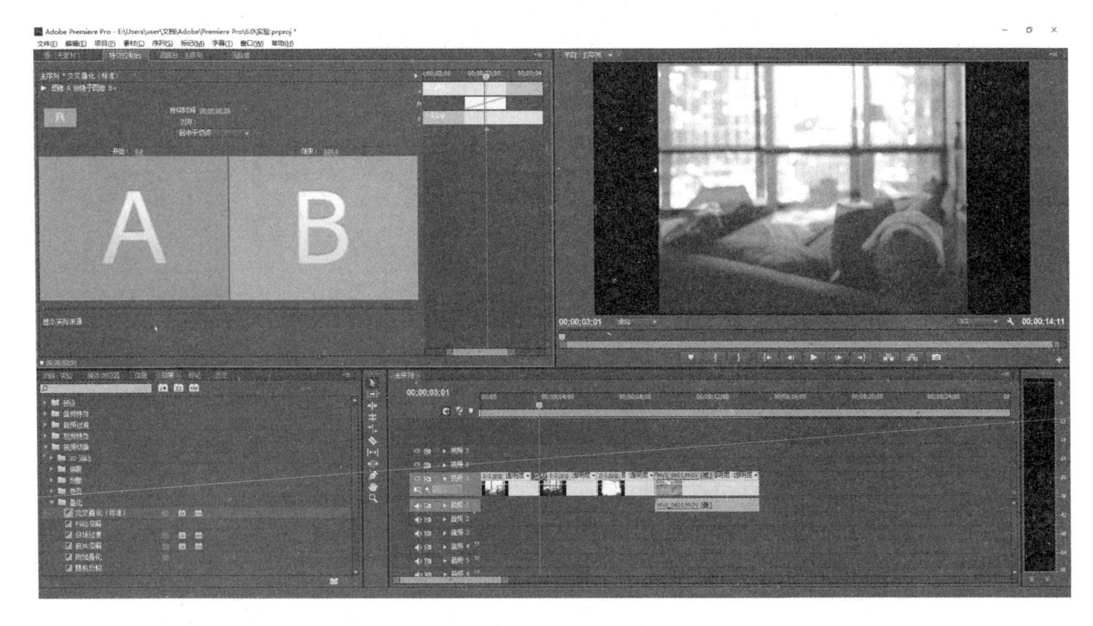

图 5-64　加入转场效果

在制作视频的时候要根据视频内容的需要选择转场。

加入效果后，按空格键进行预览。

步骤三：这一步将对视频片段进行编辑，主要使用下述几个工具：

(1) 选择工具：用于选择视频片段并进行移动操作，同时在"选择工具"状态下可以改变视频片段的入点和出点(也即开始结束点)，可以将视频头尾截去。

(2) 波纹编辑工具：用于在保持片段相对位置不变的情况下改变视频的入点出点，不需要在编辑后将后方视频前移以去掉空白区域。

(3) 剃刀工具：用于将一段视频片段在光标处一分为二。

通过简单组合这 3 个工具，可以将视频中拍摄失误的地方剪掉。请同学针对自己的视频素材自由发挥。

5.4.4　插入音频

步骤一：使用选择工具右击视频片段下方的音频部分，在快捷菜单中选择"解除视音频链接"命令，之后再次右击选择"删除"命令，只留视频部分。

步骤二：导入并插入一个音频文件作为视频的背景音乐。将导入的音频文件拖动到时间轴的音频通道中，并调整音频的出点到视频的出点，完成后的效果如图 5-65 所示。也可直接用剃刀工具切下多余的部分并删除。

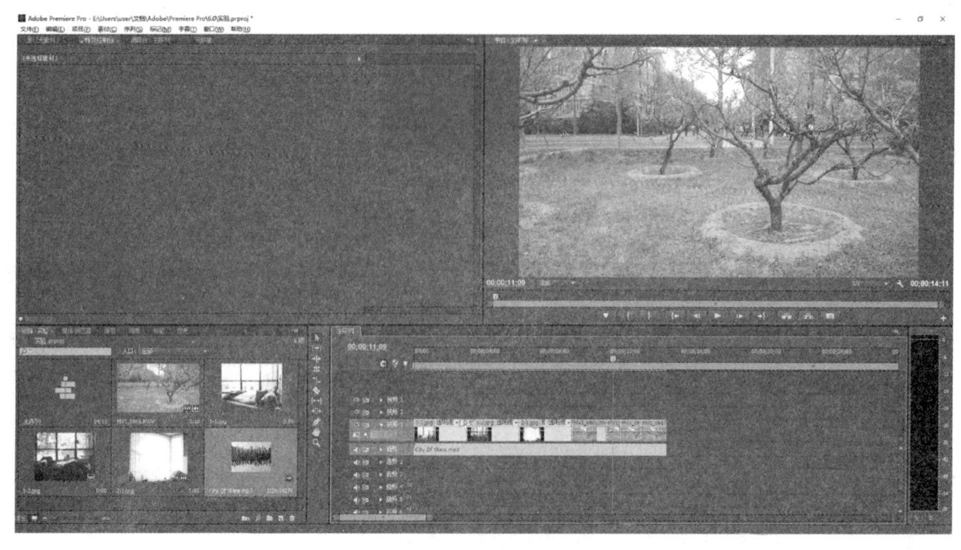

图 5-65　加入音乐

5.4.5　保存和导出

步骤一：导出视频。在导出前首先要保存一次项目(养成随时保存的好习惯)，然后按 Ctrl+M 组合键或选择“文件”→“导出”→“媒体”，在打开的对话框中选择 H.264 格式，并选取“HD 1080p 29.97”预设。

步骤二：单击“输出名称”右边的文字，在弹出的窗口中选取保存的路径，最后单击“导出”按钮，等待导出完成，如图 5-66 所示。

图 5-66　导出设置

到此，关于 Premiere Pro 的实验就结束了，读者可以找到自己剪辑的视频用播放器打开观看一下。学习的时候要注意对比 Premiere Pro 和 After Effects 两个软件的相同点和不同点。同时，平时观看影视节目的时候也可以留意一下专业人员的剪辑和转场技巧。

5.5 选做实验 1：After Effects CS6 的使用

After Effects 是 Adobe 公司推出的一款图形视频处理软件，适用于从事设计和视频特技的机构，包括电视台、动画制作公司、个人后期制作工作室以及多媒体工作室等。而在新兴的用户群，如网页设计师和图形设计师中，也开始有越来越多的人使用 After Effects。After effects 并不是一个非线性编辑软件，它主要用于影视后期制作。它属于层类型后期软件。一些特效片后期制作合成中就采用 After effects。

5.5.1 After Effects 的工作界面

启动 After Effects，进入默认的工作界面，如图 5-67 所示。工作界面由许多面板组成，这些面板包含了不同的功能，面板之间的协同工作，可以实现 After Effects 强大的处理功能。

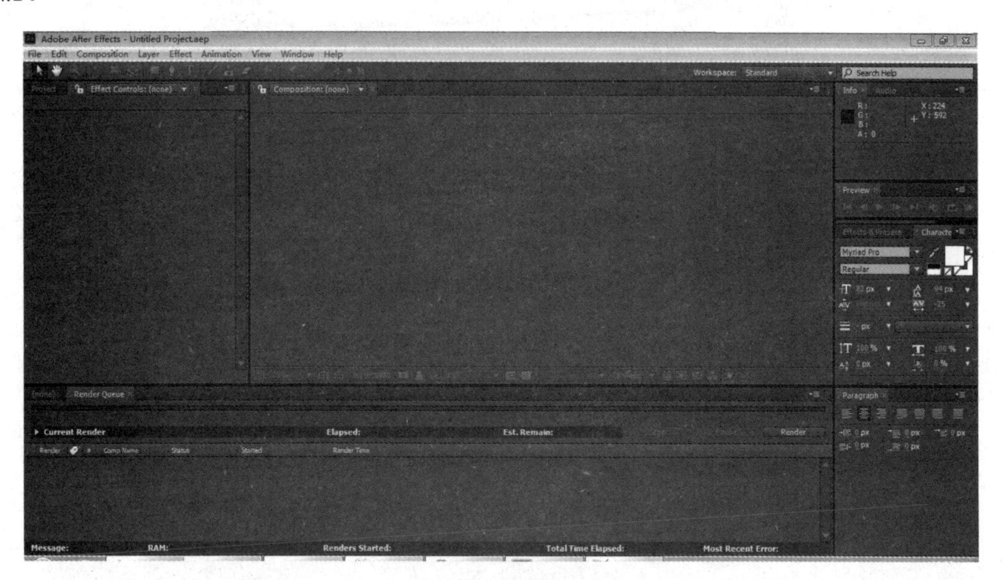

图 5-67 After Effects 的默认工作界面

这只是默认的工作界面，After Effects 允许用户根据需要调整工作界面并提供了几种可选择的布局方案，在默认界面的右上方有 Workspace 下拉列表，从中可以选择这些内置的布局，或者创建自己的布局，如图 5-68 所示。

本实验将通过创建一个简单的视频来演示 After Effects 的基本操作（以上述菜单中的 Standard 布局为例）。

由于打开软件之后会自动创建一个未命名的项目文件 Untitled Project. aep，所以不用再手动新建一个新的项目文件了。在开始制作视频之前，先要导入所需要的素材。

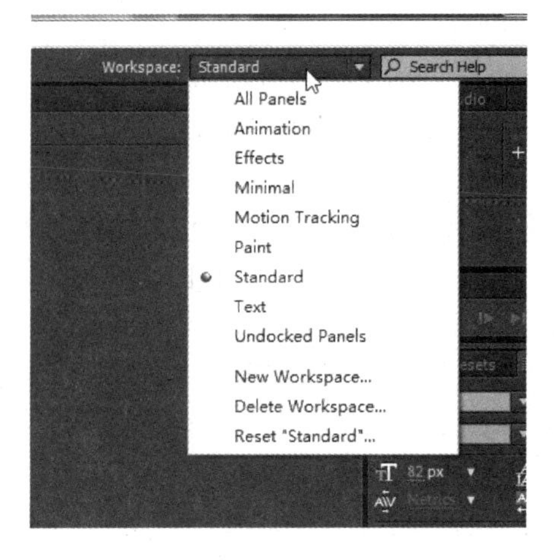

图 5-68　选择工作界面的布局

5.5.2　导入素材

步骤一：双击界面左侧的 Project 面板，弹出 Import File 对话框，如图 5-69 所示。

图 5-69　导入素材对话框

步骤二：选择所需文件，单击“打开”按钮，完成素材导入。用户也可以从资源管理器中拖曳文件到 Project 面板中直接添加素材。值得一提的是，不必将所有需要的素材在开始制作之前全部导入，在制作中根据需要随时导入更实用。

5.5.3　创建合成

添加完适当的素材之后，就可以开始制作视频的合成了。在 After Effects 中，视频的一个片段叫作合成(Composition),下面就来创建一个新的合成。

步骤一：将合成所需的一个或者多个素材选中后拖曳到 Project 面板下方的 Create a New Composition 图标上。

步骤二：After Effects 自动创建一个合成,同时 Project 面板中也会出现这个合成,如图 5-70 所示。

步骤三：右击显示的合成(SElogo),在弹出的快捷菜单中选择 Composition Settings 命令,如图 5-71 所示,打开合成的属性设置对话框。

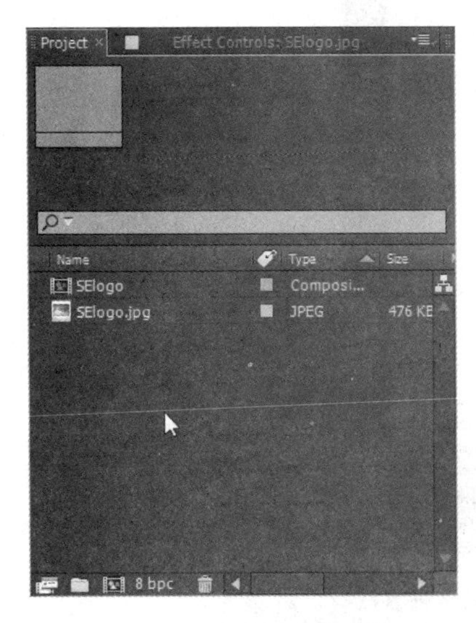

图 5-70　面板中创建好的合成

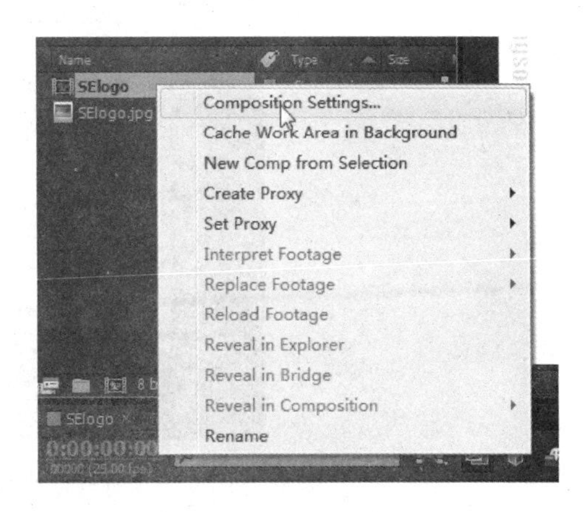

图 5-71　选择合成的属性

步骤四：弹出"Composition Settings"对话框,更改合成的属性,如分辨率、帧率等,如图 5-72 所示。

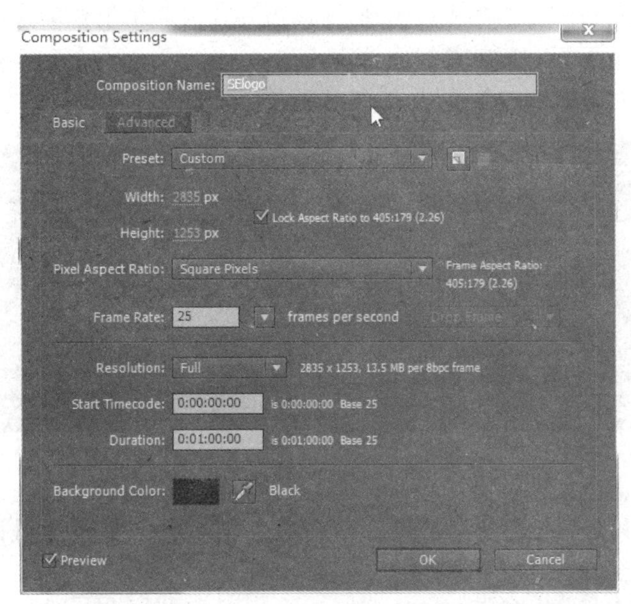

图 5-72　更改合成的属性

也可以右击主窗口下方合成面板的标签后选择 Composition Settings 命令来打开此设置对话框,如图 5-73 所示。

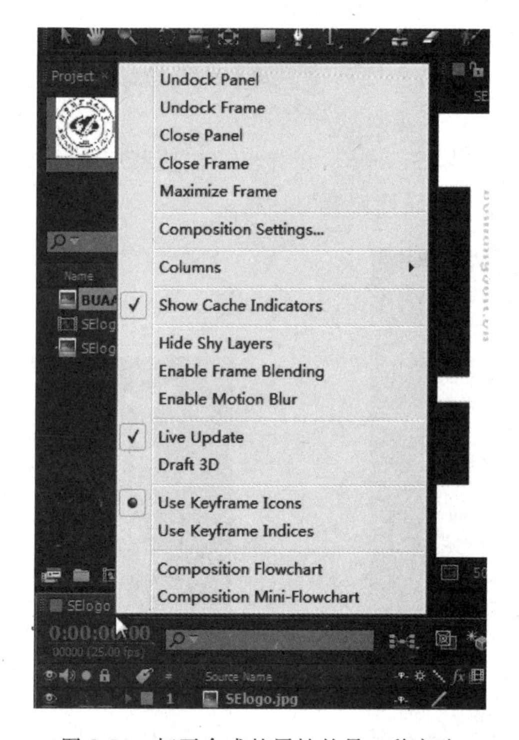

图 5-73　打开合成的属性的另一种方法

按上述方法创建合成后,软件会把所有经过拖曳的素材显示在预览窗口上。

5.5.4　调整时间轴

因为需要让素材按一定顺序先后出现,所以需要在时间轴上拖动这些素材(元素)以改变它们的顺序。合成面板右侧就是时间轴。

步骤一:拖动时间轴中的各个层,使之出现在合适的位置,如图 5-74 所示。

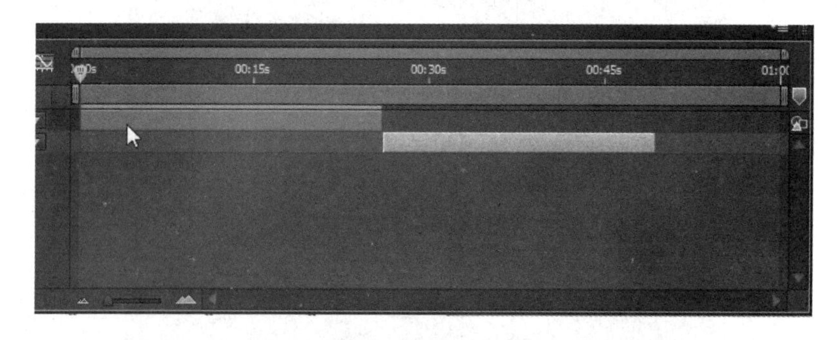

图 5-74　调整时间轴

步骤二:调整某个元素的持续时间,将鼠标放在某一层的边界处,鼠标箭头变成双向箭头图标时拖曳,使元素的持续时间达到所需时间。

5.5.5 调整大小

步骤一：在合成面板中选中所要调整的层(元素)。

步骤二：预览区中的图片周围出现多个锚点，用鼠标拖曳锚点，如图 5-75 所示。也可以单击该层 Label 列中的小三角来展开属性列表，通过调整其中的 Scale 属性来精确调整大小。在英语输入状态下按 S 键可以直接呼出该属性。

图 5-75 调整图片大小

属性列表中还有许多其他属性，如调整(锚点)位置、旋转角度、透明度等。

5.5.6 加入特效

下面要加入一些特效。特效是 After Effects 的精髓，制作绚丽震撼的视觉特效是 After Effects 的使命。After Effects 所能制作的特效非常繁多，许多电视剧、电影的绚丽特效都是使用 After Effects 制作的。这里仅演示基础 3D 特效(Basic 3D)的制作。

步骤一：在合成面板中选择并右击要加入特效的层(元素)，在弹出的快捷菜单中选择 Effect→Obsolete→Basic 3D 命令，如图 5-76 所示，即可将 Basic 3D 特效加入到该层(元素)中，此时 Project 面板会变成 Effect Controls 面板。

步骤二：在 Effect Controls 面板中调节应用于该层(元素)的各个效果的参数，如图 5-77 所示。在 Basic 3D 选项栏中调整参数，实现元素在 3D 空间内的翻转效果。

After Effects 中调节数字的方法大同小异，一般可调节的数字都用棕黄色表示，并且有下画虚线，直接将鼠标指针放在上面之后按住左键左右拖曳即可改变值；单击可直接输入想要的值。

对一个元素可以添加任意多的效果，多种效果的巧妙组合可以达到意想不到的效果。

制作完成之后可以将合成输出成视频文件，例如 mp4、avi 等。

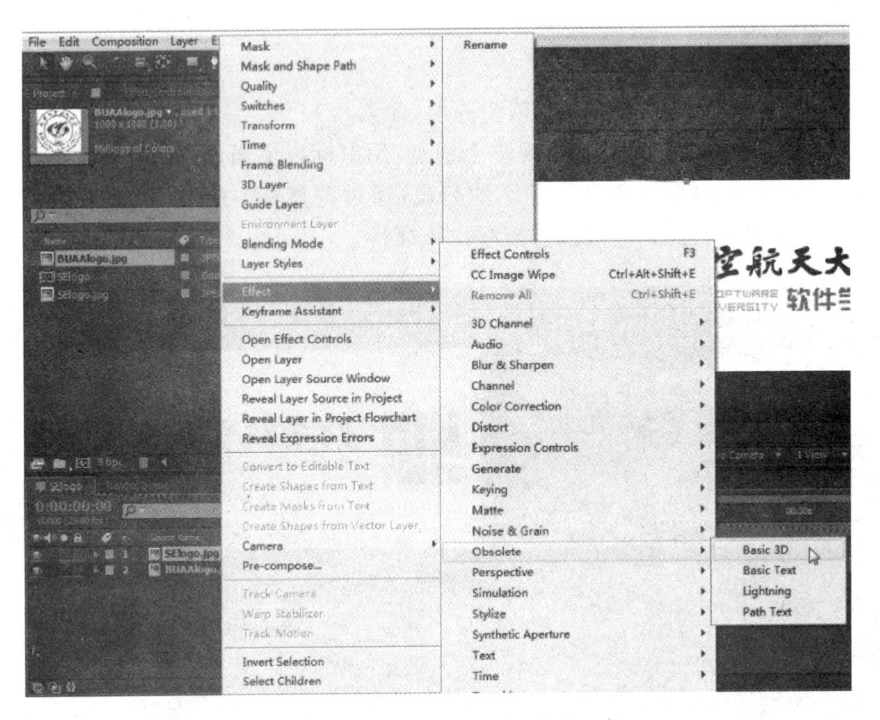

图 5-76 加入 Basic 3D 特效

图 5-77 调节元素在 3D 空间内翻转

5.5.7 输出到文件

步骤一：在合成面板中按 Ctrl+M 组合键，显示渲染队列(Render Queue)面板，如图 5-78 所示。

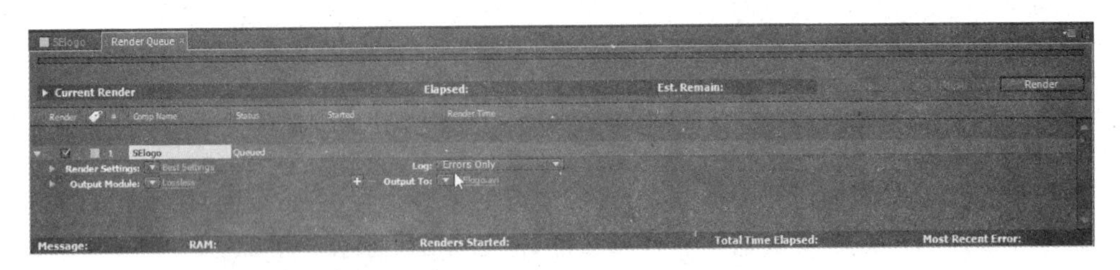

图 5-78 渲染队列面板

步骤二：在 Output Module Settings 面板中调节输出的格式等，如图 5-79 所示。

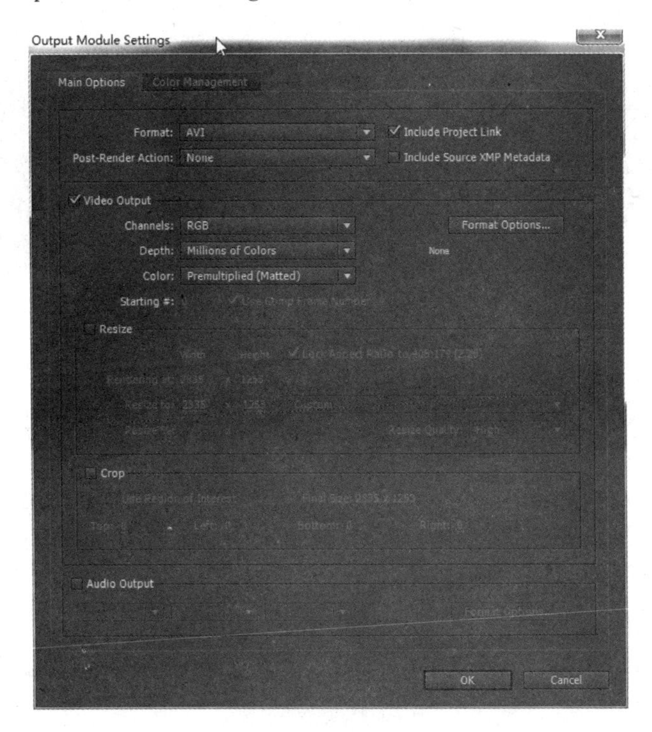

图 5-79　设置输出格式

步骤三：在 Output To 属性中选择文件输出的位置，如图 5-80 所示。

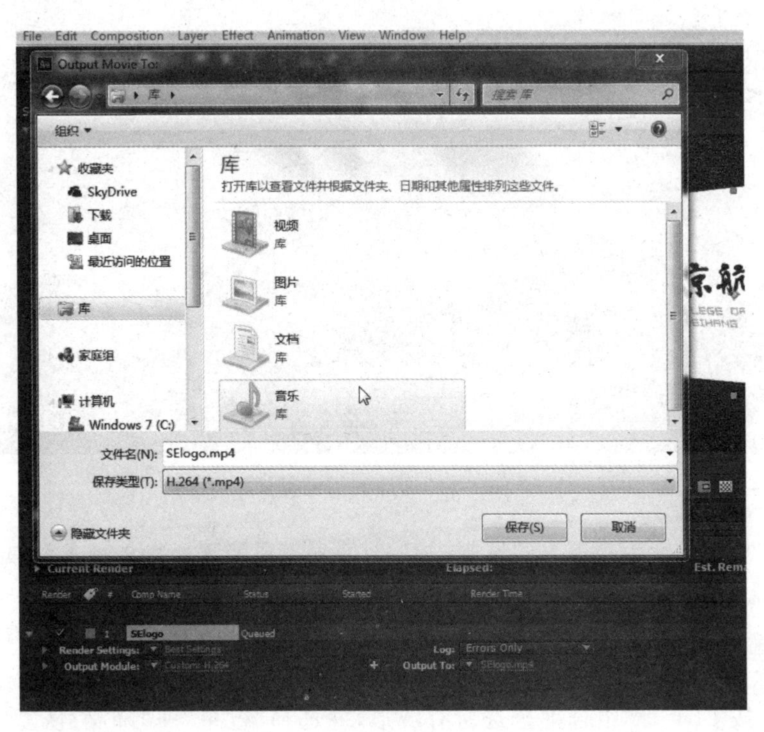

图 5-80　选择文件的输出位置

步骤四：单击 Render 按钮，将合成输出到视频文件中，如图 5-81 所示。输出完成的文件可用视频播放器播放。

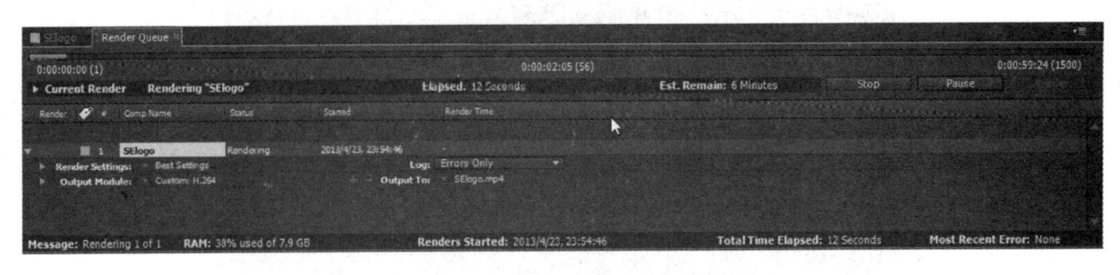

图 5-81　将合成输出到视频文件

5.6　选做实验 2：Audition CS6 的使用

Adobe Audition(前名为 Cool Edit Pro)为 Syntrillum 出品的多音轨编辑工具，支持 128 条音轨、多种音频格式、多种音频特效，可以很方便地对音频文件进行修改、合并。后被 Adobe 收购，更名为 Adobe Audition。

本实验将运用 Audition 的单轨编辑功能录制一段声音并进行处理，以备使用。

步骤一：启动 Audition，选择"文件"→"新建"→"音频文件"，输入合适的名字以后单击"确定"按钮进入软件主界面，如图 5-82 所示。

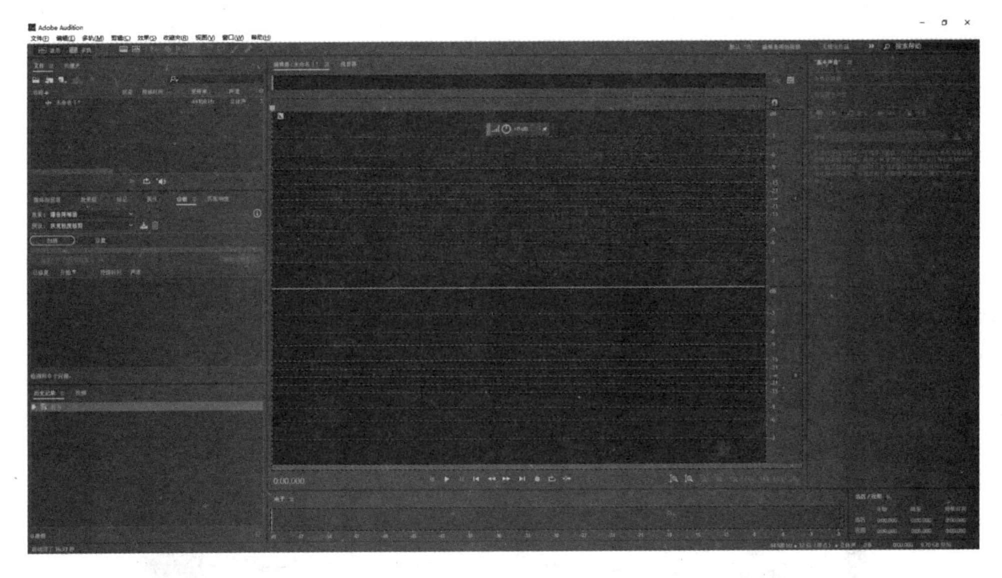

图 5-82　Audition 主界面

步骤二：单击波形面板下方的录制按钮，对着麦克风朗读一些文字或者唱几句歌，作为实验素材，录制完成后的波形示例如图 5-83 所示。

单击下方的播放按钮试听可以发现，录制的时候还混入了一些鼠标点击声和背景噪声，需要将其去除。

步骤三：按 Ctrl+A 组合键全选所有波形，并选择"效果"→"降噪/恢复"→"降噪(处理)"，弹出对话框如图 5-84 所示。

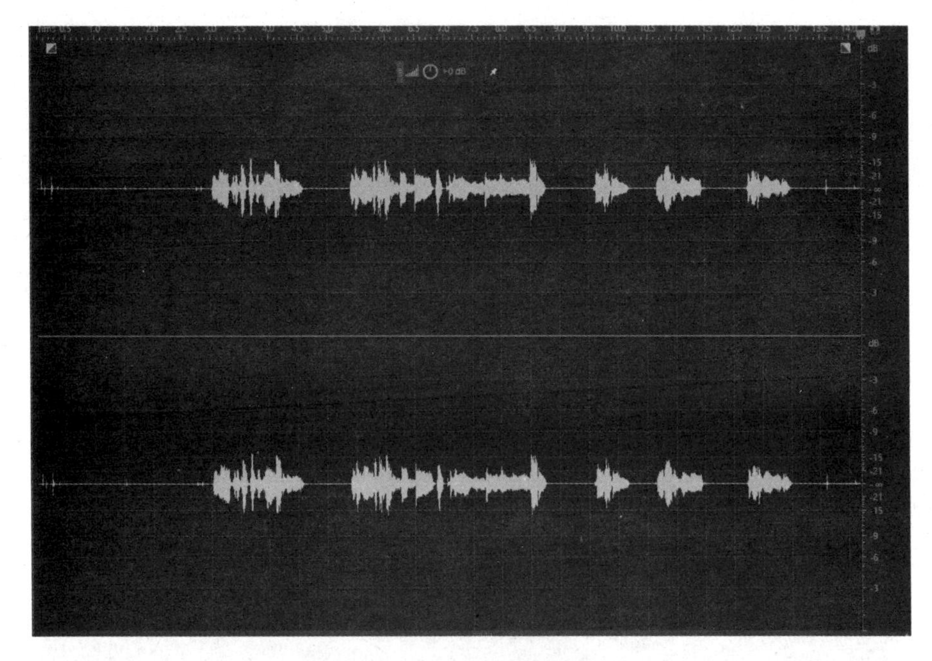

图 5-83　录制完成的音频波形

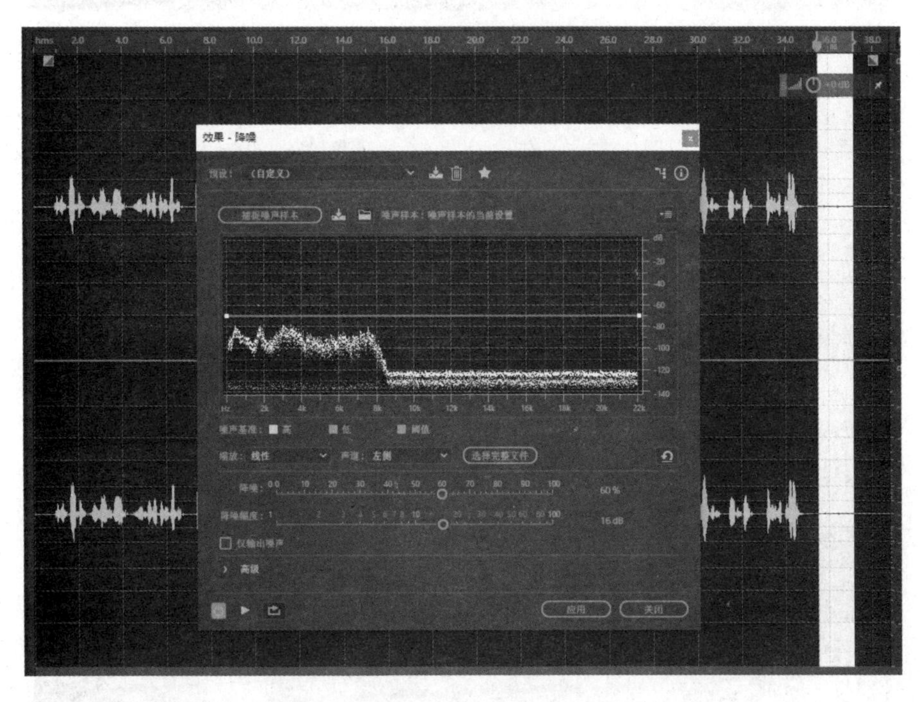

图 5-84　降噪

步骤四：在波形框中框选并右击录制的音频中只含有背景噪声的一小段，在弹出的快捷菜单中选择“捕捉噪声样本”命令。

步骤五：调节对话框中的降噪百分比和降噪幅度，并结合对话框左下角的播放按钮试听当前处理结果，满意后单击“应用”按钮。

步骤六：在波形框中选择不需要的部分，按 Delete 键删除，只保留语音部分，修剪后的音频如图 5-85 所示。

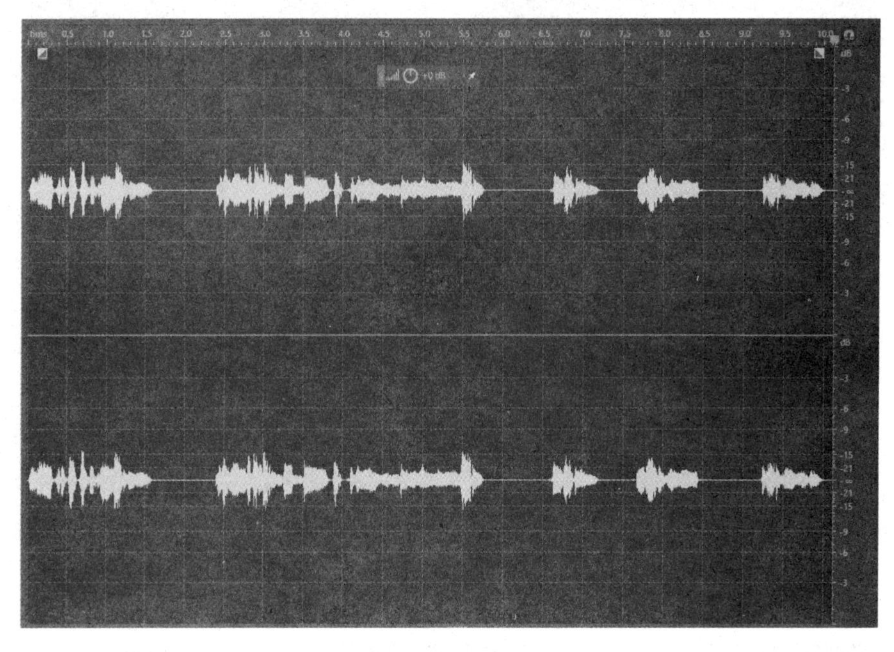

图 5-85　去除不必要的部分

步骤七：再次按 Ctrl＋A 组合键全选，选择“效果”→“振幅与压限”→“标准化(处理)”，使用默认的配置，单击“应用”按钮。标准化会将整个音频文件的响度匹配到设定值，处理后的波形如图 5-86 所示。

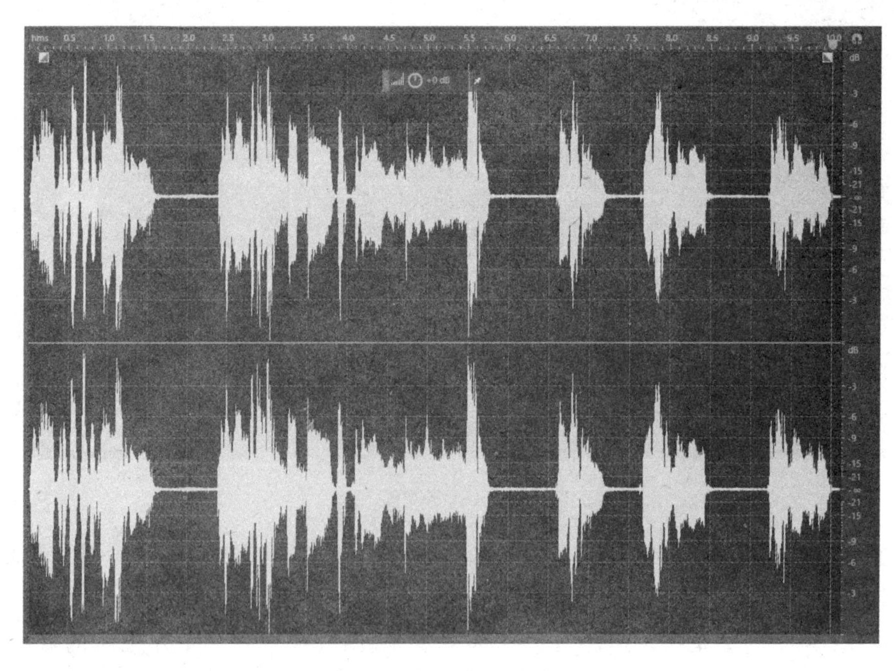

图 5-86　标准化后的波形

到此，这个音频的编辑就结束了，有兴趣的读者也可以尝试设置其他选项。

步骤八：选择“文件”→“保存”，在弹出的对话框中选择合适的保存位置和名称。对于录音文件来说，最好保留一份未经压缩的 WAV 格式文件，有需要时再另存为 MP3 等有损压缩格式。确认无误后单击“确定”按钮，如图 5-87 所示。

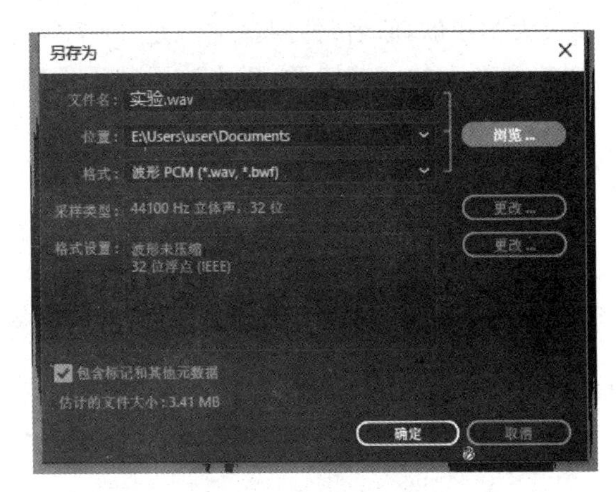

图 5-87 “另存为”对话框

至此，本实验就结束了，读者可以用常用的音频播放器播放这段音频，如果有条件，可以和未处理的版本进行对比(前提是保存了)，体会音频后期处理的作用。

5.7 选做实验 3：Overture 4.0 的使用

Overture 是由 Cakewalk 公司出品的一款音乐打谱软件，主界面如图 5-88 所示。它上手容易，功能十分强大，常用的功能主要包括：在五线谱中输入、编辑音符和各种记号(包括六线谱和打击乐)，按照较高规范度和整洁度调整谱面，用图解窗口制作各种高级音效，将 MIDI 格式的文件导入软件进行五线谱的编辑，用 VST 音色插件以交响乐级别播放乐谱，将制作出来的五线谱导出为 MIDI 音频文件或 PDF 格式的文档等。它具有一些其他打谱软件不具备的功能，如双手拍号不同、分叉符干式和弦、特殊谱号(如倍低音、低八度高音)等。

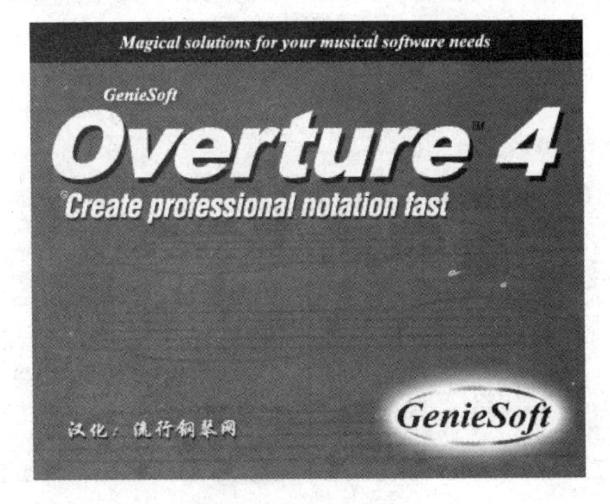

图 5-88 Overture 4.0

Overture软件的一大亮点是具有一般打谱软件所没有的强大MIDI效果制作器图解窗口，十分方便直观，用户可在此细致调节力度、速度、踏板、弯音、揉弦等以便实现更逼真的音效。网络上有大量Ove格式的琴谱或由Overture导出的图片格式琴谱。

本选做实验将介绍Overture的基本用法，供想要学习电子打谱的读者参考。本实验中的示例曲谱为北京航空航天大学校歌，原名《仰望星空》，是2007年9月时任国务院总理温家宝发表于《人民日报》文艺副刊上的一首诗歌，后由沈阳音乐学院的刘晖谱曲，2010年5月被北京航空航天大学正式定为校歌。

5.7.1 新建曲谱

步骤一：打开Overture，打开“新建琴谱”对话，框如图5-89所示。

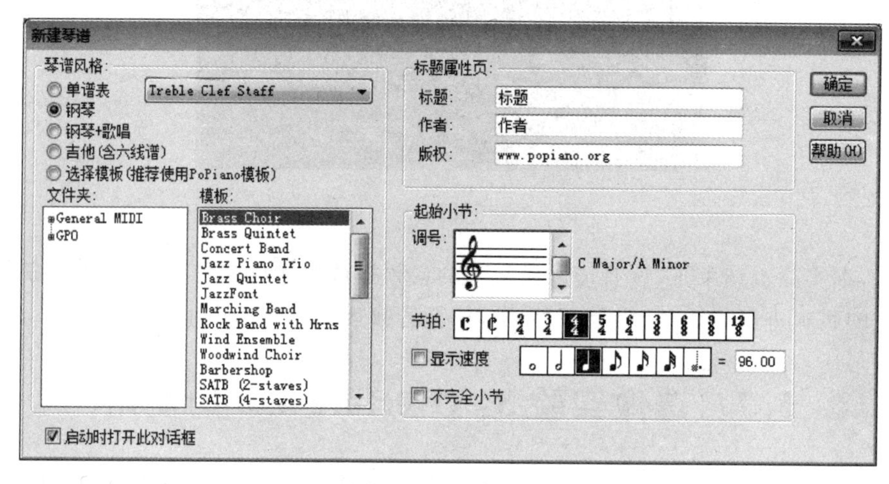

图5-89　新建琴谱

步骤二：选择“琴谱风格”为“单谱表”，设置“标题属性页”选项组中的“标题”为“仰望星空”；“起始小节”选项组中“调号”设置为Bb Major/G，“节拍”设置为4/4，选中“显示速度”复选框并设置其值为96.00，如图5-90所示，单击“确定”按钮。

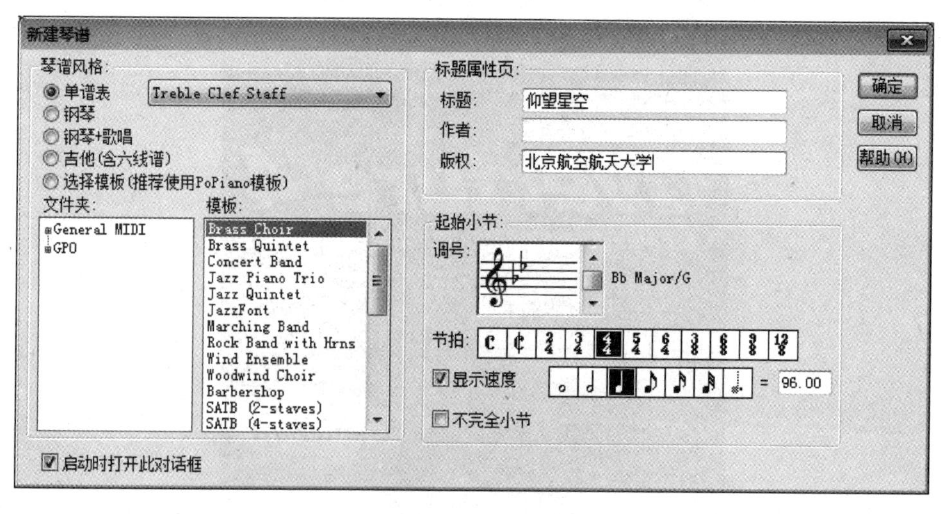

图5-90　设置参数

步骤三：进入曲谱编辑模式，界面如图 5-91 所示。

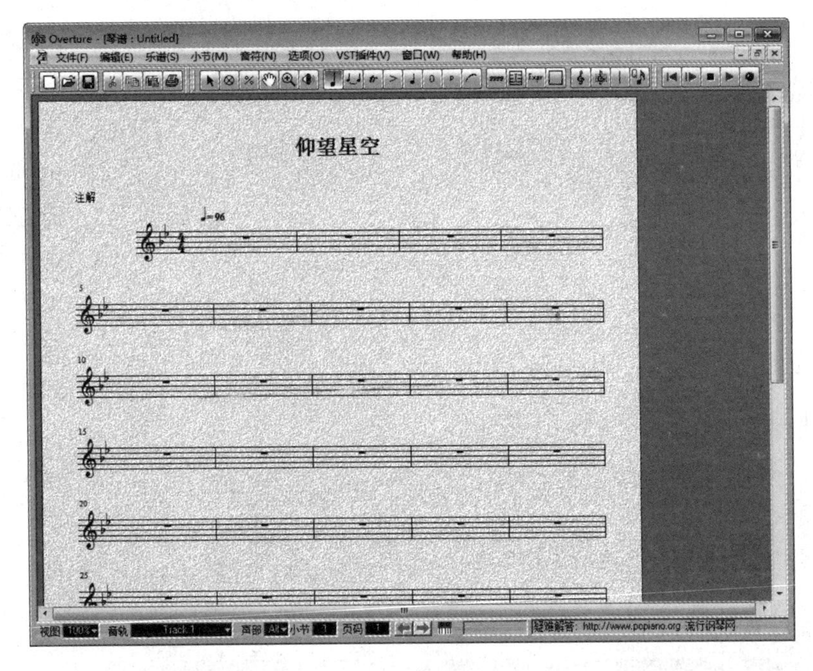

图 5-91　软件界面

5.7.2　编辑曲谱

步骤一：将鼠标指针移动至工具栏中的“音符”图标上，按住左键，出现音符菜单，如图 5-92 所示。

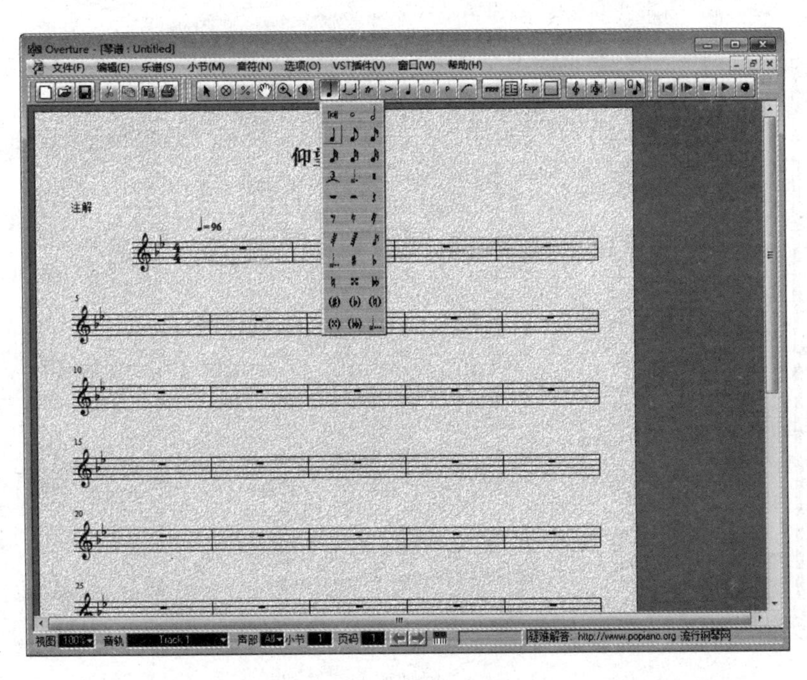

图 5-92　音符工具

步骤二：按照样例谱选择需要的音符，在五线谱上输入，如图5-93所示。

图5-93　编辑曲谱

步骤三：添加同音高连线。单击工具栏中的“连线”图标，弹出连线选项列表，选择同音高连线，如图5-94所示。

图5-94　添加同音高连线

步骤四：按照样例谱连接同音高音符后效果如图 5-95 所示。

图 5-95　添加同音高连线后效果

步骤五：删除曲谱末尾的空白小节。右击空白小节，在弹出的快捷菜单中选择“删除小节”命令，效果如图 5-96 所示。

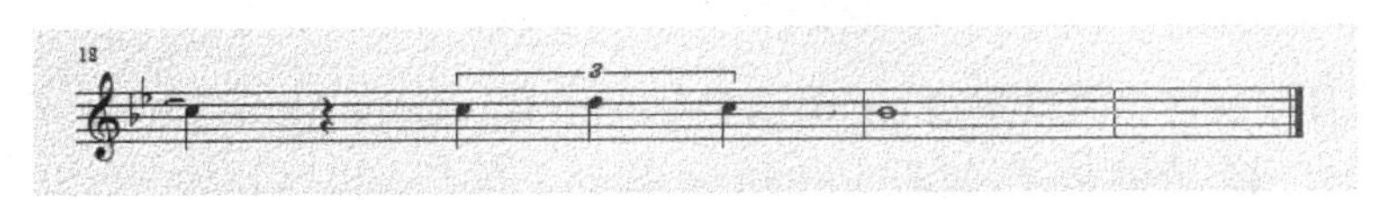

图 5-96　删除末尾小节

5.7.3　插入歌词

步骤一：选择“窗口”→“歌词窗口”，弹出“歌词窗口”对话框。每个音符对应的歌词以空格区分，输入歌词，并调整歌词、音符的对应关系，如图 5-97 所示。

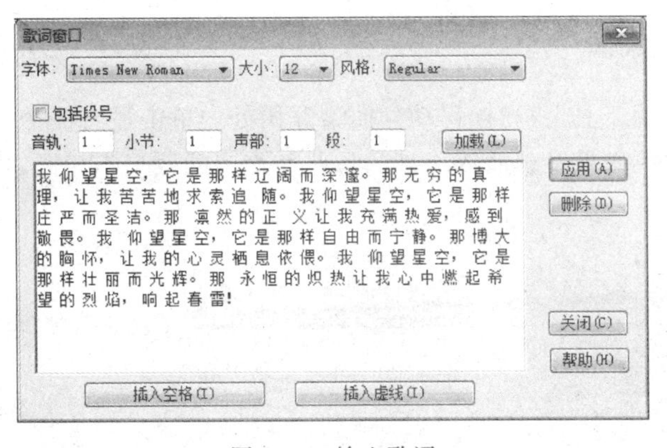

图 5-97　输入歌词

步骤二：输入完成后关闭“歌词窗口”对话框，曲谱效果如图 5-98 所示。

图 5-98 输入歌词后的效果

步骤三：有些歌词与曲谱重叠，下面调整歌词位置。选择“选项”→“显示”→“歌词位置”，出现前端有三角形的虚线，如图 5-99 所示，拖动三角形，将歌词调整到适当的位置。

图 5-99 调整歌词位置

5.7.4 播放与保存

步骤一：选择箭头工具，将光标移动到曲谱开始处。单击最右侧的播放按钮，如图 5-100 所示，即可播放曲谱。如果发现播放出来的乐曲和期望的效果不相同，找到相应的位置进行修改即可。

图 5-100 播放录制工具

步骤二：单击“保存”按钮，对制作好的曲谱进行保存，如图 5-101 所示。

图 5-101　保存曲谱文件

步骤三：如果需要导出 MIDI 文件，选择“文件”→“导出”，保存类型设置为 Standard MIDI File，如图 5-102 所示。

图 5-102　保存 MIDI 文件

除了本节介绍的功能外，Overture 还有很多强大的功能，感兴趣的读者可以自己查阅相关资料学习。

本章介绍了多媒体编辑软件的使用。希望本章的几个实验可以拓宽读者的视野，把读者带进一个更加广阔而丰富多彩的计算机世界。

第6章 局域网的组建与网络安全

随着互联网技术的发展,当前对于计算机的理解已经从数学计算工具和办公设备扩展到互联网的主要接入设备和个人娱乐消费品,没有接入网络的计算机已经不能发挥计算机的绝大部分功用。因此,学会自己制作网线和组建局域网可以说是一项很有用的基本技能。不过,接入网络的计算机不可避免地会遇到网络安全的问题,据相关统计,现在至少有50%的计算机都感染了病毒,大量的个人隐私和工作资料可能会被别有用心的人窃取。计算机的安全已经受到了前所未有的严重威胁。

本章的实验内容主要介绍如何组建局域网、配置无线路由器,然后教读者几种保障计算机安全的有效办法,在最后一个实验中还会介绍一些网络工具和命令的使用方法。

6.1 基础知识储备与扩展

6.1.1 网络与网络的本质

简单地说,所谓计算机网络,是指互联起来的独立的计算机的集合。在这里,“互联”意味着计算机能够互相交换信息,达到资源共享的目的,而“独立自主”则是指每台计算机都能够独立运行。

要学习计算机网络,最重要的是要了解组成网络的必要条件。

(1) 两台或两台以上的计算机才能构成网络。在网络中通常会有一方请求服务,而另一方提供服务。两台或两台以上的计算机要互相通信和交换信息,就必须要具备一条信息传输通道和相应的信息传输设备,这就像打电话一定要有电话线和电话机一样。这种通道由硬件来实现,这就是信息传输介质,在计算机网络中常见的介质有双绞线、同轴电缆、光纤和无线信道等。

(2) 计算机之间要互相交换信息,就必须要理解对方传递过来的信息。也就是说,两台计算机之间需要遵守某种约定(也就是协议)才能互相通信。这就像说话时必须要用双方都能理解的语言一样。计算机是否能够使用某种协议,主要取决于其操作系统与网络软件是否支持该协议。

因此,可以这样来描述计算机网络:将分布在不同地理位置上的具有独立功能的多台计算机,用通信设备和通信线路连接起来,再配以相应的支撑软件实现计算机之间的相互通信、资源共享,这样的系统称为计算机网络。

综上所述,从物理视角来看,网络就是由通信线路、终端主机、交换节点组成的物理通信线路。换一个视角,从逻辑视角来看,关键技术是各种网络协议,计算机网络的体系结构和软件的体系结构基本原理是一样的，都是把一个复杂系统分解为若干个容易处理的子系统，然后“分而治之”，这种结构化设计方法是软件工程设计中常见的手段。分层是系统分解的最好方法之一，网络协议 TCP/IP 也采用了层次体系结构，所涉及的层次包括数据链路层、传输层、网络层和应用层。设计计算机网络的基本思想其实就是设计软件体系结构的思想，而计算机网络本身也可以看作一个非常巨大的软件系统。读者在以后的学习中，可以尝试站在设计网络协议总架构的高度去学习和理解计算机网络，希望以后读者能够具备自己设计如计算机网络一样的大型计算机系统的能力。

6.1.2 计算机病毒的发展

人们习惯上把危害计算机安全的可执行程序称为计算机病毒，计算机病毒主要有文件病毒、引导区病毒和宏病毒。文件病毒主要通过文件和数据的复制进行传播，引导区病毒通过入侵磁盘的引导记录来攻击和传播，宏病毒则是利用 Microsoft Office 97 的 VBScript 宏漏洞进行传播。

1997 年，传统的病毒技术发展到了顶峰，其代表是台北的陈盈豪编写的 CIH 病毒。CIH 病毒是使用汇编语言编写的 2 万行代码，采用精练的 PE 文件联入技术，通过虚拟驱动程序 VxD 破坏主板。感染的文件还能继续使用，直到当年 4 月 26 日发作，清除硬盘数据并且破坏主板。

与 20 世纪八九十年代的病毒一样，CIH 病毒只是个人发泄情绪或者炫耀技术的产物，除了破坏以外，并不能给作者带来很大的利益。病毒编写者发泄完自己的情绪，往往就不再继续开发了，毕竟病毒不能当饭吃。当时的杀毒软件是出现一种病毒就去杀掉一种，市面上能看到的病毒也就 1000 多种，杀毒软件保留 10 万左右的病毒特征库就能很容易地保障计算机的安全。

剧情往往高潮以后就是尾声，CIH 代表了传统病毒的个人技术顶峰，同时也宣告了文件型病毒流行的结束。当 20 世纪 90 年代末的互联网泡沫开始的时候，那些孤芳自赏的黑客们终于有了自己能吃饭的行当，市场上对计算机软硬件的需求越来越多，计算机相关的就业形势非常好，只要有比较强的编程能力都能找到很高工资的工作。于是，一方面高手们开始忙于高薪的工作，也就没有了什么情绪要发泄；另一方面，由于陈盈豪的 CIH 把当时能用的技巧都发挥到了极致，还把代码进行了公开，以技术炫耀为目的的病毒编写者也失去了自己的动力，因此病毒就少了很多。杀毒软件只要按部就班地把一些无聊的人无聊的时候编写的低质量的无聊病毒清除就可以了。当时，只要计算机上装有一个拥有半年前的病毒库的杀毒软件，就能把病毒拒之门外。

进入 21 世纪，互联网技术进入了千家万户，人们渐渐开始在计算机上存储有经济价值的信息，从 5～11 位的腾讯 QQ 号，到网络游戏里面的虚拟财产，慢慢地到网上购物和网上银行业务的大规模使用，真正的财产开始在计算机上保存。于是，犯罪分子发现不用撬门爬窗就能窃取钱财了。于是出现了假 QQ 窗口，绑定到网吧 QQ 上，把用户输入的密码发送到自己的邮箱中，估计不少上网较早的人都吃过苦头，对此还记忆犹新。

到了 2004 年前后，3721 公司编写的网络助手利用 CIH 中发现的冲破驱动保护技术开发了利用浏览器插件主动给客户推送网页的程序模式，打开了“潘多拉的盒子”，“点击率是万恶之源”一句戏言变成了计算机安全的噩梦。

2005年,因为20世纪末的第一次互联网风潮而投入这个行业进行研究和学习的人大量毕业,一时间就业市场出现了阶段性的饱和。这个时候,极少数心术不正的人开始把自己的技术用在了破坏计算机安全并盗取他人财产方面。

2007年1月初,"熊猫烧香"蠕虫病毒肆虐网络,该病毒的某些变种可以通过局域网进行传播,进而感染局域网内的所有计算机系统,最终导致企业局域网瘫痪,无法正常使用。它能感染系统中的exe、com、pif、src、html、asp等文件,它还能终止大量的反病毒软件进程,并且会删除扩展名为gho的文件,该文件是一系统备份工具GHOST的备份文件,使用户的系统备份文件丢失。被感染的用户系统中所有.exe可执行文件全部被改成熊猫举着三根香的模样,所以被称为"熊猫烧香"病毒。除了通过网站带毒感染用户之外,此病毒还会在局域网中传播,中毒的计算机系统在极短时间之内就可以感染几千台计算机,严重时可以导致网络瘫痪。

2009年,黑客开始利用漏洞通过恶意软件、网络钓鱼和大量垃圾邮件传播Koobface蠕虫病毒,对Facebook、MySpace、Friendster、Bebo、Fubar等社交网站发动攻击。用户一旦感染病毒,就会向其他朋友发出信息,以吸引其点击链接。用户一旦单击,就会被要求下载Adobe的FlashPlayer更新版,如果安装,计算机就会中毒,之后每当用户打算前往Google、Yahoo等搜寻引擎器网站时,都会被强行导向一些有病毒的网站。Koobface还可透过Facebook的即时信息系统侵入个人计算机,窃取用户密码、信用卡号码等个人资料。

2011年12月,国内知名技术社区CSDN被爆泄密门,而且堪称中国互联网史上最大泄密事件的影响还在不断扩大,继当年12月21日上午有黑客在网上公开CSDN网站的用户数据库导致600余万个注册邮箱账号和与之对应的明文密码泄露后,22日网上曝出人人网、天涯、开心网、多玩、世纪佳缘、珍爱网、美空网、百合网、178、7K7K等知名网站的用户称密码遭网上公开泄露,网上公开暴露的网络账户密码超过1亿个。

2012年6月,包括当当、1号店等主流电商均遭遇泄密事件,用户账户被盗、余额被窃。

2017年5月12日,WannaCry勒索病毒事件全球爆发,以类似于蠕虫病毒的方式传播,攻击主机并加密主机上存储的文件,然后要求以比特币的形式支付赎金。WannaCry爆发后,至少150个国家、30万名用户中招,造成损失达80亿美元,已经影响到金融、能源、医疗等众多行业,造成严重的危机管理问题。中国部分Windows操作系统用户遭受感染,校园网用户首当其冲,受害严重,大量实验室数据和毕业设计被锁定加密;部分大型企业的应用系统和数据库文件被加密后无法正常工作,影响巨大。

面对现在网络安全如此堪忧的情况,通过本章实验的学习,希望每个人都能保护好自己面前的计算机。

6.2 基础实验1:局域网的组建

局域网(Local Area Network,LAN)是指在某一区域内由多台计算机互联成的计算机组。局域网可以实现文件管理、应用软件共享、打印机共享、扫描仪共享、工作组内的日程安排、电子邮件和传真通信服务等功能。由于IP地址有限,为了能够尽可能利用一个IP地址使多台计算机上网,一般的做法是先把几台计算机组织成局域网,然后通过一台路由器连接到Internet实现共享上网。组建一个多台计算机相互连接的局域网主要可以分以下3个步骤。

(1) 制作网线。

(2) 把网线集线器、交换机、路由器等网络设备连接起来。

(3) 配置计算机网络。

6.2.1 网线的制作

把计算机通过通信线路相互连接起来，遵循一定的协议，进行信息交换，目的是实现资源共享。其中，通信线路(即传输介质)常用的有双绞线、同轴电缆、光纤等。从性价比和可维护性出发，大多数局域网使用非屏蔽双绞线(Unshielded Twisted Pair，UTP)，如图 6-1 所示，也就是常说的以网线作为布线的传输介质来组建局域网。

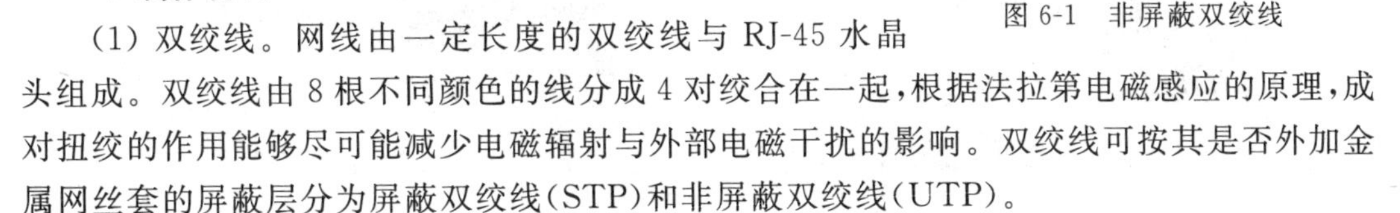

图 6-1 非屏蔽双绞线

1. 制作材料

(1) 双绞线。网线由一定长度的双绞线与 RJ-45 水晶头组成。双绞线由 8 根不同颜色的线分成 4 对绞合在一起，根据法拉第电磁感应的原理，成对扭绞的作用能够尽可能减少电磁辐射与外部电磁干扰的影响。双绞线可按其是否外加金属网丝套的屏蔽层分为屏蔽双绞线(STP)和非屏蔽双绞线(UTP)。

在 EIA/TIA-568A 标准中，将双绞线按电气特性分为三类线、四类线和五类线。网络中最常用的是三类线和五类线，目前已有六类以上线。本实验使用的是五类双绞线，最高传输速率可达 100Mb/s，符合 IEEE 802.3 100Base-T 标准。做好的网线要将 RJ-45 水晶头接入网卡或集线器等网络设备的 RJ-45 插座内，相应地，RJ-45 插座也分为三类或五类电气特性。RJ-45 水晶头由金属片和塑料构成，需要特别注意的是引脚序号，当金属片朝上的时候从左至右引脚序号是1～8，这个序号在做网线时不能搞错。网线的最大传输距离为 100m，制作单根网线的时候一般不要超过 100m，这样就可以保证数据传输速率不会降低了。

(2) RJ-45 水晶头。之所以称为“水晶头”，估计是因为它的外表晶莹透亮，如图 6-2 所示。双绞线的两端必须都安装 RJ-45 水晶头才能插在网卡、集线器(Hub)或交换机(Switch)的 RJ-45 接口上。水晶头虽小，但在网络上的重要性一点都不能小看，网络故障中有相当一部分是因为水晶头质量不好造成的。

2. 制作工具

在双绞网线制作中，就只需一把网线压线钳，它具有剪线、剥线和压线 3 种用途。选择压线钳时一定要注意型号，因为网线压线钳针对不同的线材会有不同的规格，一定要选用双绞线专用的 RJ-45 水晶头压线钳来制作双绞以太网线，如图 6-3 所示。

图 6-2 RJ-45 水晶头

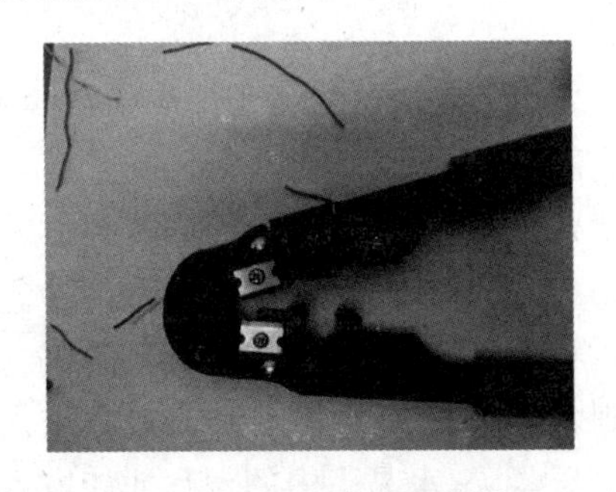

图 6-3 RJ-45 专用压线钳

3. 制作过程

步骤一：利用压线钳的断线刀剪下所需长度的双绞线。用只有一面是刀刃的部分用力切断网线就可以了，如图6-4所示。

步骤二：利用压线钳的剥线刀将双绞线的外皮除去2～3cm。具体操作是把网线伸入两边都有刀刃的刀口上，轻轻一转，注意不要把里面的8条细线弄断或者割伤，只需要把外皮剥去，如图6-5所示。

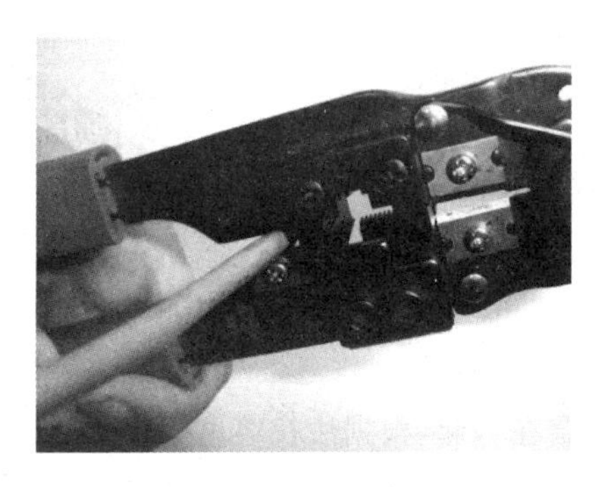

图6-4　用压线钳下部切断网线

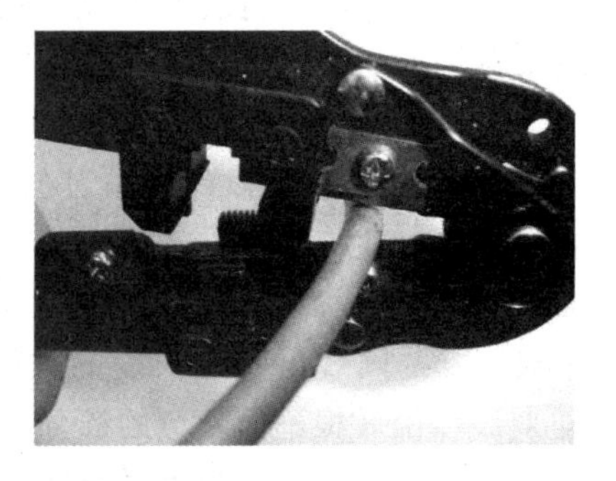

图6-5　用压线钳去除双绞线外皮

步骤三：将线按照网络协议标准摆好。具体操作是首先把里面的双绞线都摆开，用手捋平，如图6-6所示。

步骤四：把那些细线按橙白、橙、蓝白、蓝、绿白、绿、棕白、棕的顺序排好，如图6-7所示。

图6-6　去皮后的双绞线

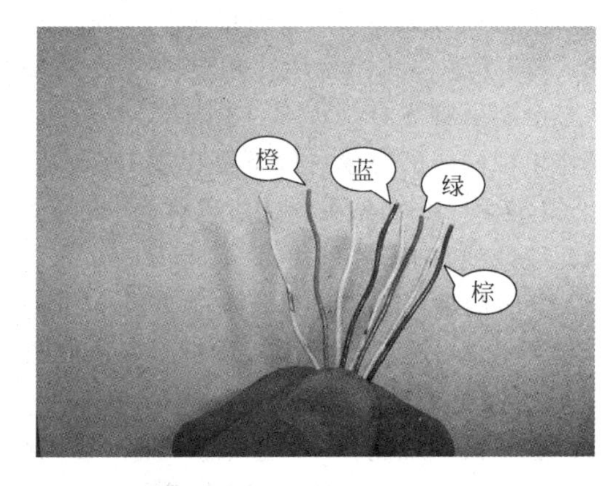

图6-7　按橙、蓝、绿、棕的顺序排好，白彩线都在相应颜色的线前面

步骤五：把绿白线和蓝白线交换位置，现在的顺序变成了橙白、橙、绿白、蓝、蓝白、绿、棕白、棕，如图6-8所示。

步骤六：把8条线前端压平，再用压线钳的切断刀平齐地切断网线，使8条细线露出外皮大约1.5cm，如图6-9所示。还要注意网线前面要一样齐。

步骤七：拿一个水晶头，把有铜片一面朝上，将8条线插入。压线的时候注意每根线都要顶到水晶头前部，网线外皮最好也进入水晶头中0.5～1cm，目的是防止线头脱落，增加接触面。压紧了，水晶头中的铜片才能嵌入线中与铜线接触，如图6-10所示。

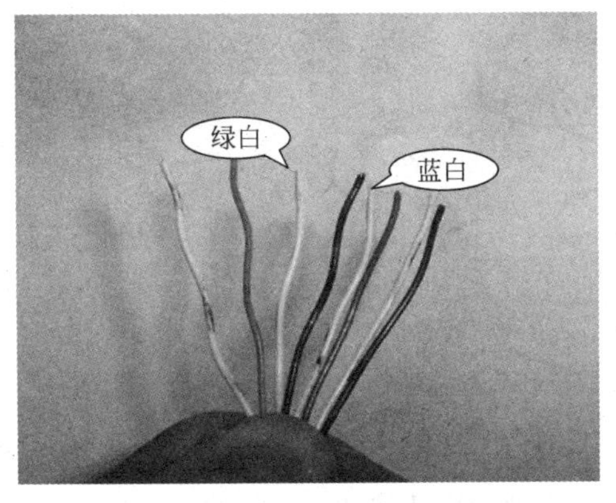

图 6-8　绿白线和蓝白线交换

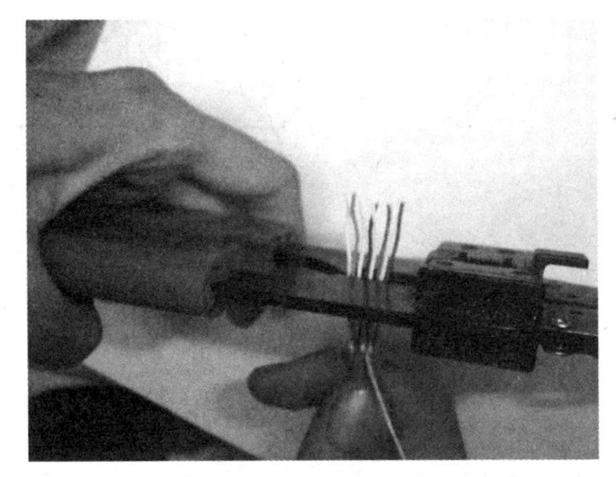

图 6-9　切断网线,网线前端一定要切平

步骤八：把水晶头放到压线钳压水晶头的槽中,如图 6-11 所示。然后使劲压紧,听到“咔”一声,基本上就压制好网线的一端了。

步骤九：类似地,从步骤二开始重复操作,压制另一端的水晶头。

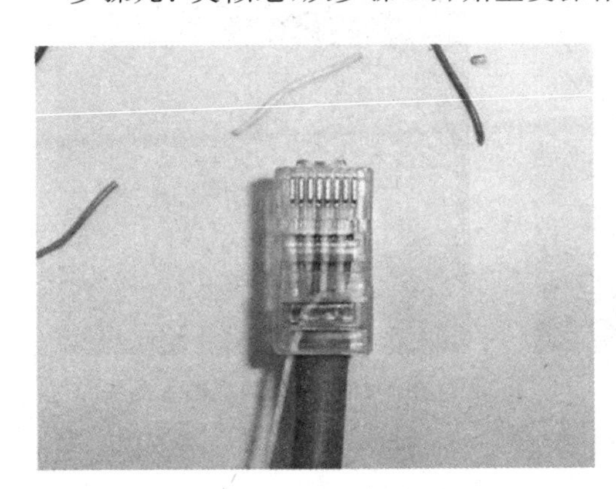

图 6-10　顶到水晶头前部,还要再检查一下颜色顺序

图 6-11　网线的水晶头放到压线钳压水晶头的槽中

注意,如果网线是用来在计算机之间直接连接,而不是接入交换机或者集线器的,另一端的细线排列要发生变化,顺序变为绿白、绿、橙白、蓝、蓝白、橙、棕白、棕。具体的制作过程是：按前面的步骤四将线按顺序排好,交换绿白线和蓝白线(得到图 6-12 所示的网线排列),然后再将 1 号线和 3 号线交换,2 号线和 6 号线交换,也就是将橙白线与绿白线交换,橙色线和绿色线交换位置,如图 6-13 和图 6-14 所示。

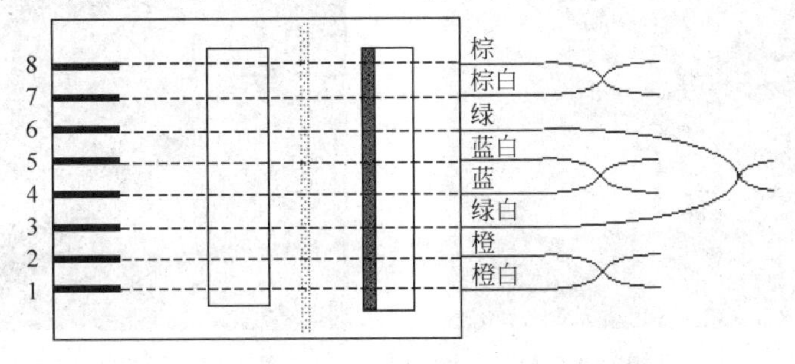

图 6-12　细线的编号

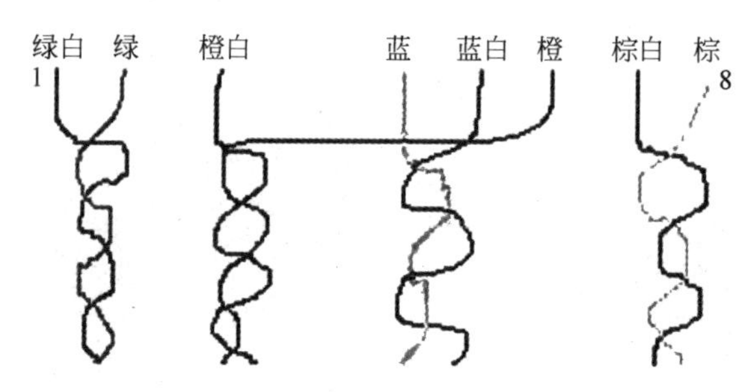

图 6-13　交换后的细线排列示意图

不过现在最新的交换机都能自动识别以上两种接法，这样不管两端一样还是不一样，都能使网络连通。制作好的网线如图 6-15 所示，注意两端的网线接法并不一样。

注意，有一个简单的口诀可以帮助读者记住细线排列的顺序：橙蓝绿棕，绿白蓝白换，一三二六换。

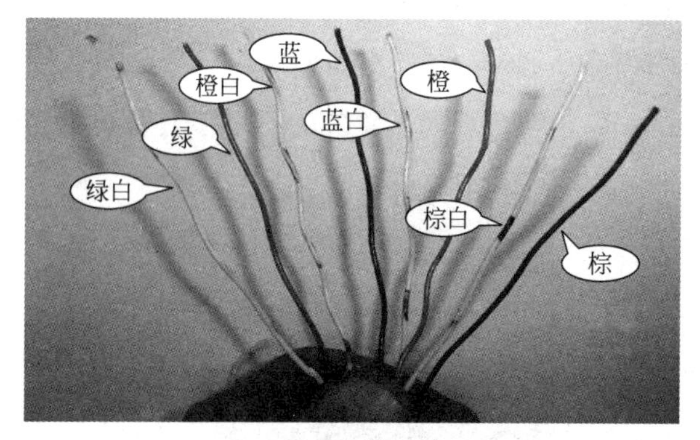

图 6-14　实际细线顺序

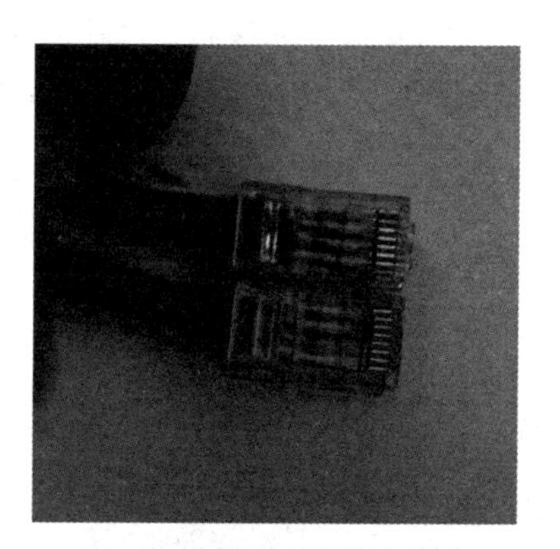

图 6-15　网线两端的水晶头

6.2.2　与网络设备连接

作为局域网的主要连接设备，以太网交换机是应用普及最快的网络设备之一。随着交换技术的不断发展，以太网交换机的价格已经非常便宜了。

本实验中将实现几台机器的互连互通。

步骤一：将制作好的网线一端插入自己的计算机，如图 6-16 所示。

步骤二：网线另一端接入交换机，如图 6-17 所示。

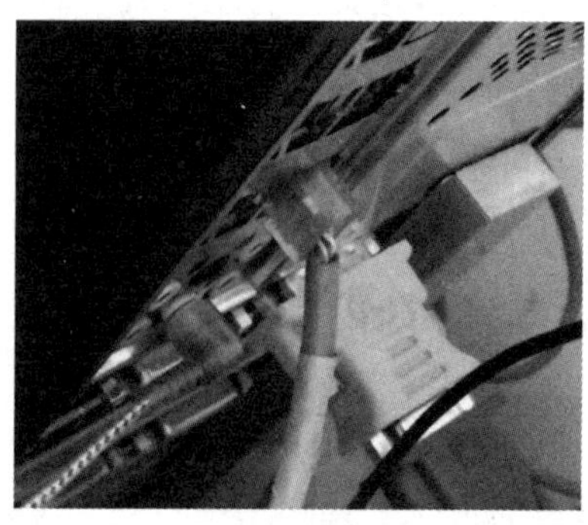

图 6-16　网线接入计算机

图 6-17　网线接入交换机

6.2.3 计算机的网络配置

物理上将计算机与网络连接起来以后，还要在计算机上进行网络配置，才能使局域网发挥作用。

步骤一：启动计算机，在计算机的"控制面板"窗口中单击"网络和共享中心"图标，如图 6-18 所示。

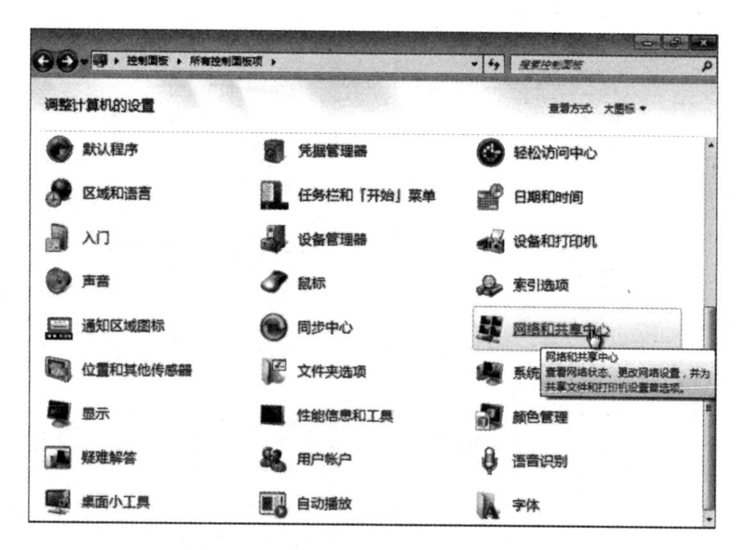

图 6-18 单击"网络和共享中心"图标

步骤二：进入"网络和共享中心"窗口，单击"更改适配器设置"按钮进入"网络连接"窗口，如图 6-19 所示。右击"本地连接"图标，在弹出的快捷菜单中选择"状态"命令，弹出"本地连接 状态"对话框，如图 6-20 所示。

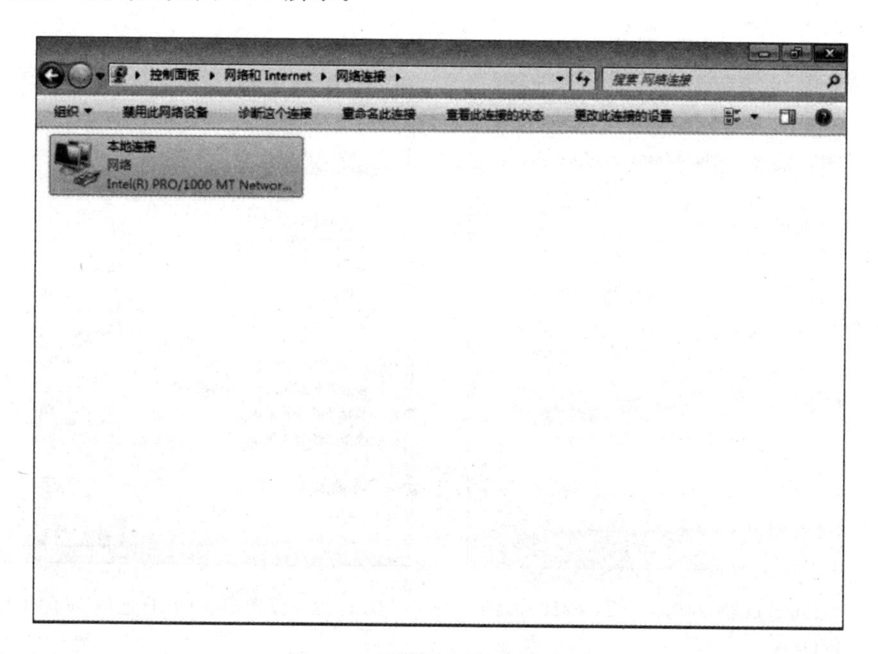

图 6-19 "网络连接"配置窗口

步骤三：在“本地连接 状态”对话框中，单击“属性”按钮，弹出“本地连接 属性”对话框，如图6-21所示。双击“Internet 协议版本4(TCP/IPv4)”选项，弹出“Internet 协议版本4(TCP/IPv4)属性”对话框，如图6-22所示。

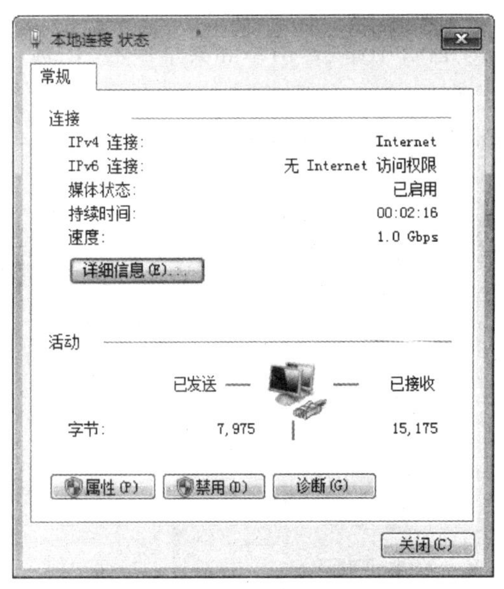

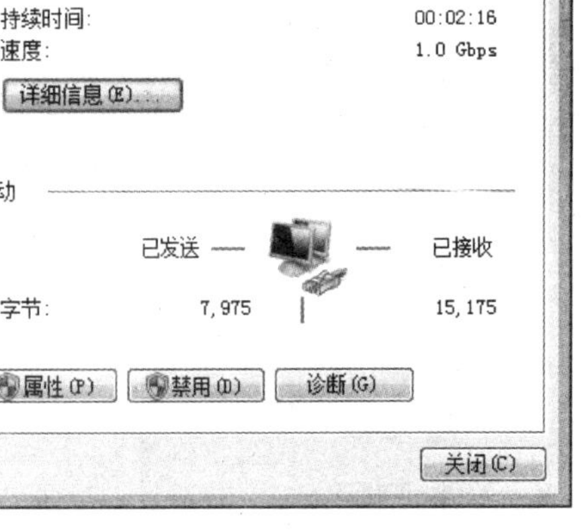

图6-20 “本地连接 状态”对话框

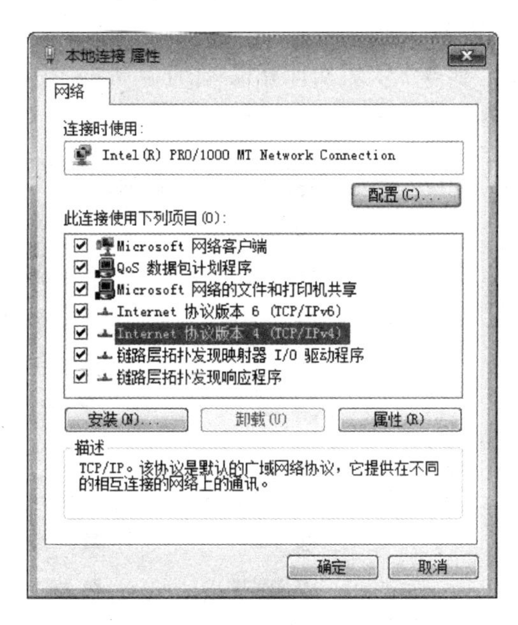

图6-21 “本地连接 属性”对话框

步骤四：如果在本地选择的网络出口的网关计算机里面打开了DHCP动态IP地址分配，那么就可以直接选择默认的“自动获得IP地址”。如果网关计算机没有设置DHCP，或者根本就不存在网关计算机，那么应该选中“使用下面的IP地址”单选按钮，然后给计算机设置一个IP地址，如图6-23所示。填写完毕以后，单击“确定”按钮，然后在“本地连接 属性”对话框中也单击“确定”按钮。

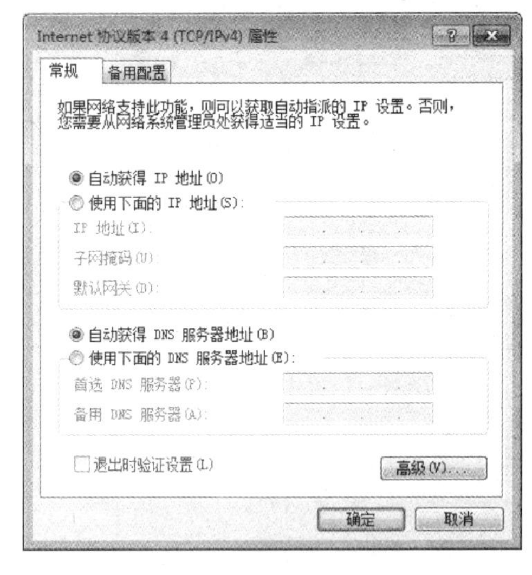

图6-22 “Internet 协议版本4(TCP/IP)属性”对话框

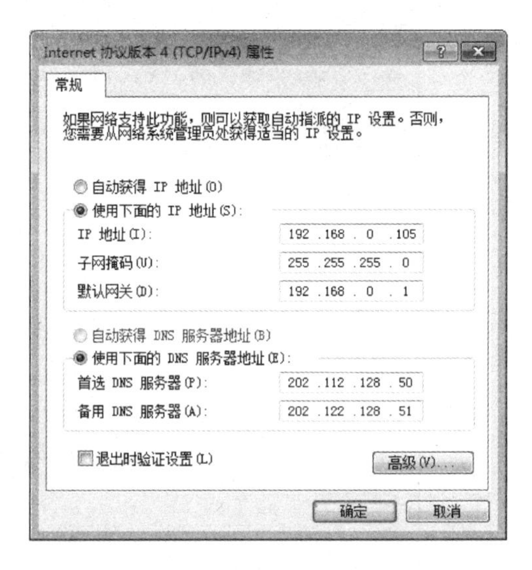

图6-23 设置有关的IP地址和子网掩码

所谓IP地址，就是给每个连接在Internet上的主机分配的一个地址，目前有IPv4和IPv6两种协议。IPv6是Internet Protocol Version 6的缩写，其中Internet Protocol译为“网际协议”。IPv6是IETF(Internet Engineering Task Force，互联网工程任务组)设计的用于替代现行IP版本的下一代IP。目前IP的版本号是4(简称IPv4)，它的下一个版本就是IPv6。

目前使用的第二代互联网IPv4技术的核心技术属于美国，它的最大问题是网络地址资源有限，从理论上讲，最多可以编址1600万个网络、40亿台主机。但采用A、B、C三类编址方式后，可用的网络地址和主机地址的数目会大打折扣，以至目前的IP地址已于2011年2月3日分配完毕。其中北美占有3/4，约30亿个，而人口最多的亚洲只有不到4亿个，中国截至2010年6月IPv4地址数量也只达到2.5亿，落后于4.2亿网民的需求。地址不足，严重地制约了中国及其他国家互联网的应用和发展。

一方面是地址资源数量的限制，另一方面是随着电子技术及网络技术的发展，计算机网络将进入人们的日常生活，可能身边的每一样东西都需要接入全球因特网。在这样的环境下，IPv6应运而生。单从数量级上来说，IPv6所拥有的地址容量是IPv4的约8×10^{28}倍，达到2^{128}个，不但解决了网络地址资源数量的问题，同时也为除计算机外的设备接入互联网清除了数量限制。

但是，如果说IPv4实现的只是人机对话，而IPv6则扩展到了任意事物之间的对话，它不仅可以为人类服务，还将服务于众多硬件设备，如家用电器、传感器、远程照相机、汽车等，它将是无时不在、无处不在地深入社会每个角落的真正的宽带网，而且它所带来的经济效益将非常巨大。这里将以IPv4为例进行介绍。

按照TCP/IP(Transport Control Protocol/Internet Protocol，传输控制协议/网际协议)规定，IPv4的地址用二进制来表示，每个IPv4地址长32位，换算成字节就是4字节。例如，一个采用二进制表示的IPv4地址是00001010000000000000000000000001，这么长的地址人们记起来太费劲。为了方便使用，IPv4地址经常被写成十进制的形式，中间使用符号“.”分开不同的字节，上面的IPv4地址可以表示为10.0.0.1。IP地址的这种表示法称为“点分十进制表示法”，这显然比1和0容易记忆得多。

IP地址可以分为公有地址和私有地址两种。公有地址由Inter NIC(Internet Network Information Center，因特网信息中心)负责，通过它可以直接访问Internet。私有地址属于非注册地址，是局域网内使用的地址。

留用的内部私有地址如下。

A类：10.0.0.0～10.255.255.255。

B类：172.16.0.0～172.31.255.255。

C类：192.168.0.0～192.168.255.255。

局域网内常使用C类的地址，也就是192.168.0.X系列。注意，不能存在重复的IP地址，网关通常可以设置成192.168.0.1。还有一个重要的概念是子网掩码。子网掩码是一个32位地址，用于屏蔽IP地址的一部分以区别网络标识和主机标识，并说明该IP地址是在局域网上，还是在远程网上。现在设置局域网一般都是设置成255.255.255.0。子网掩码的概念可以参阅计算机相关的理论教科书。

最后要设置的是DNS。DNS是Domain Name System(域名系统)的缩写，该系统用于命名计算机和网络服务域名。在 Internet 上,域名与 IP 地址之间是一一对应的,域名虽然便于人们记忆,但机器之间只能互相识别 IP 地址,域名和 IP 地址之间的转换工作称为域名解析。域名解析需要由专门的域名解析服务器来完成,DNS 就是进行域名解析的服务器。DNS 命名用于 Internet 等 TCP/IP 网络中,通过用户友好的名称查找计算机和服务器。当用户在应用程序中输入 DNS 名称时,DNS 服务器可以将此名称解析为与之相对应的 IP 地址,上网时输入的网址通过域名解析找到相对应的 IP 地址,然后才能上网。其实,域名的最终指向是 IP 地址。例如,在上网的时候,通常输入的是类似 www.sina.com.cn 这样的网址,其实这就是一个域名,而网络上的计算机彼此之间只能用 IP 地址相互识别。去某一 Web 服务器中请求 Web 页面,可以在浏览器中输入网址,也可以输入相应的 IP 地址。例如,要上新浪网,可以在 IE 的地址栏中输入 www.sina.com.cn,也可输入 218.30.66.101 这个 IP 地址,但是这样的 IP 地址很难记住,域名更容易记。这里要设置的域名服务器跟各学校本地的网络服务提供商有关,具体应该怎么填写可以听主讲教师的安排。

步骤五:在"控制面板"窗口中单击"家庭组"图标,如图 6-24 所示。

图 6-24 控制面板

步骤六:在弹出的"家庭组"窗口中单击"创建家庭组"按钮,如图 6-25 所示。

步骤七:在弹出的"创建家庭组"窗口中选择要共享的内容,单击"下一步"按钮,如图 6-26 所示。

步骤八:系统自动生成家庭组的密码,如图 6-27 所示。

步骤九:在另一台连入同一局域网内并想要加入此家庭组的计算机上,打开"家庭组"控制面板项,单击"立即加入"按钮,如图 6-28 所示。

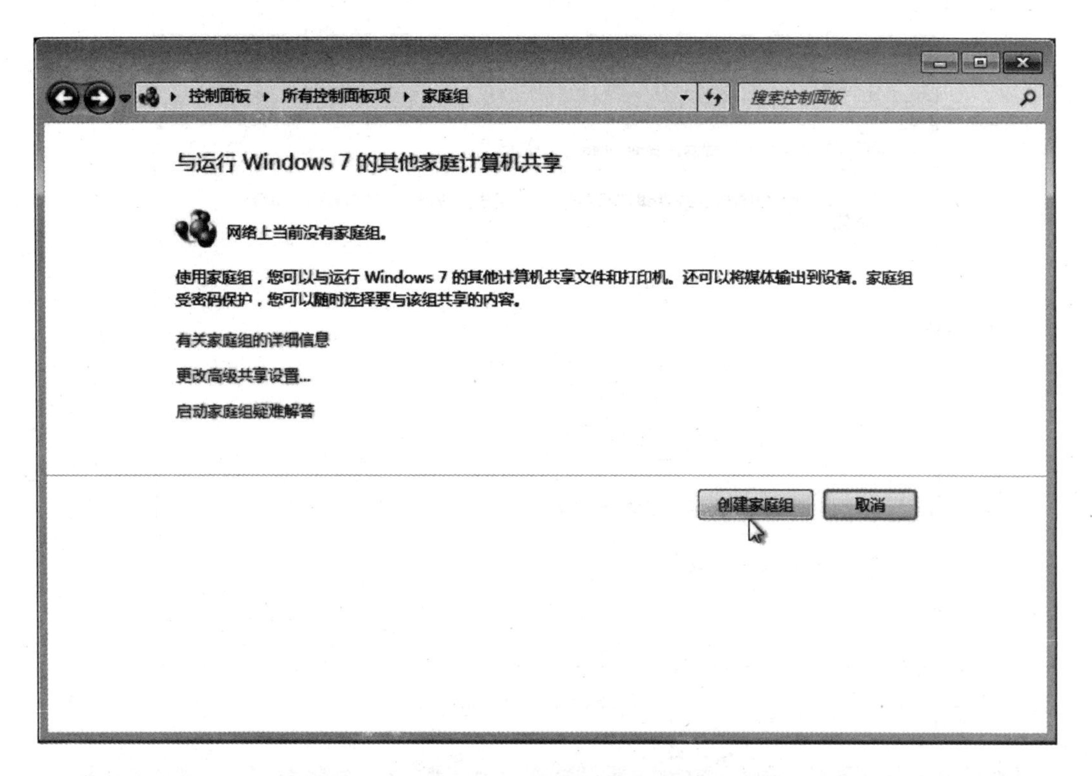

图 6-25 “家庭组”窗口

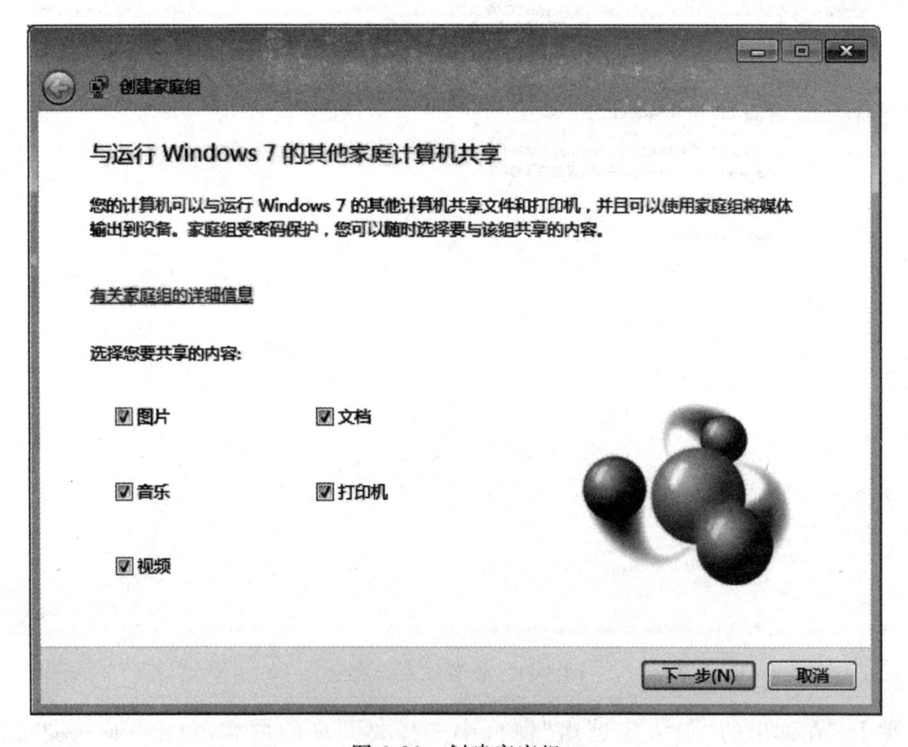

图 6-26 创建家庭组

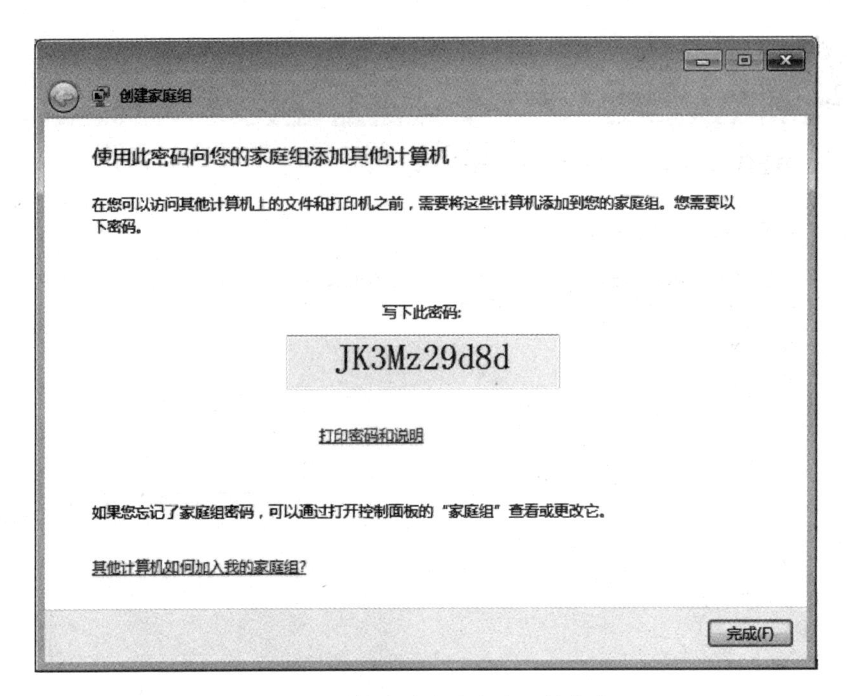

图 6-27　系统自动生成家庭组的密码

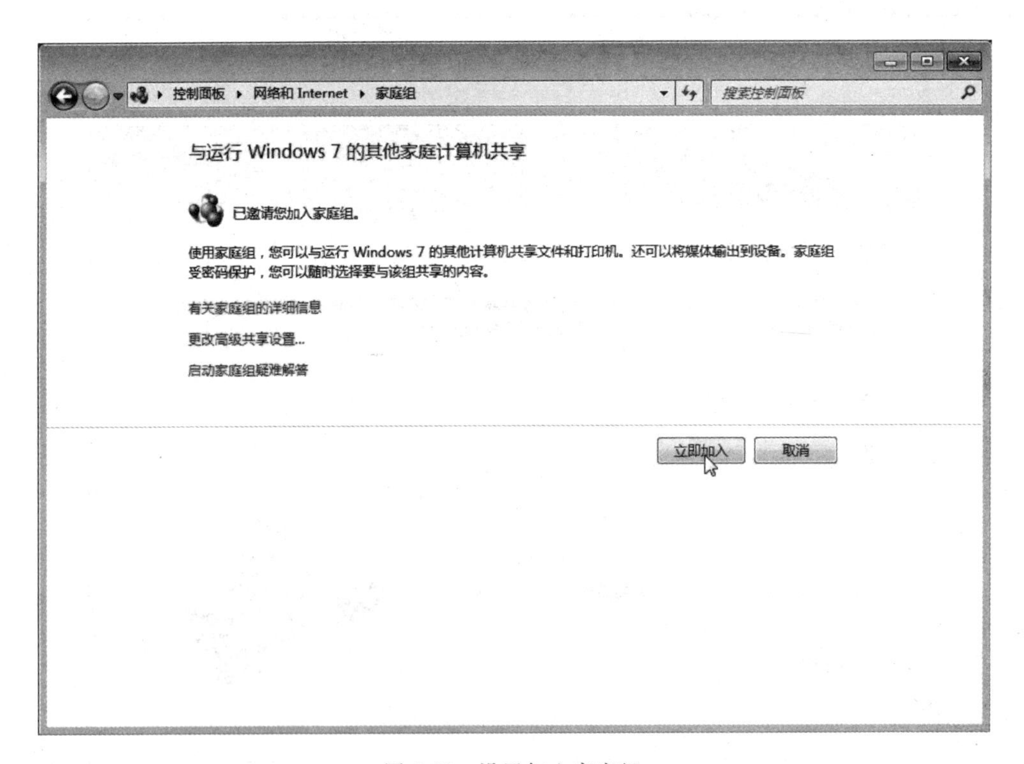

图 6-28　设置加入家庭组

步骤十：在弹出的“加入家庭组”窗口中选择要共享的内容，单击“下一步”按钮，如图 6-29 所示。

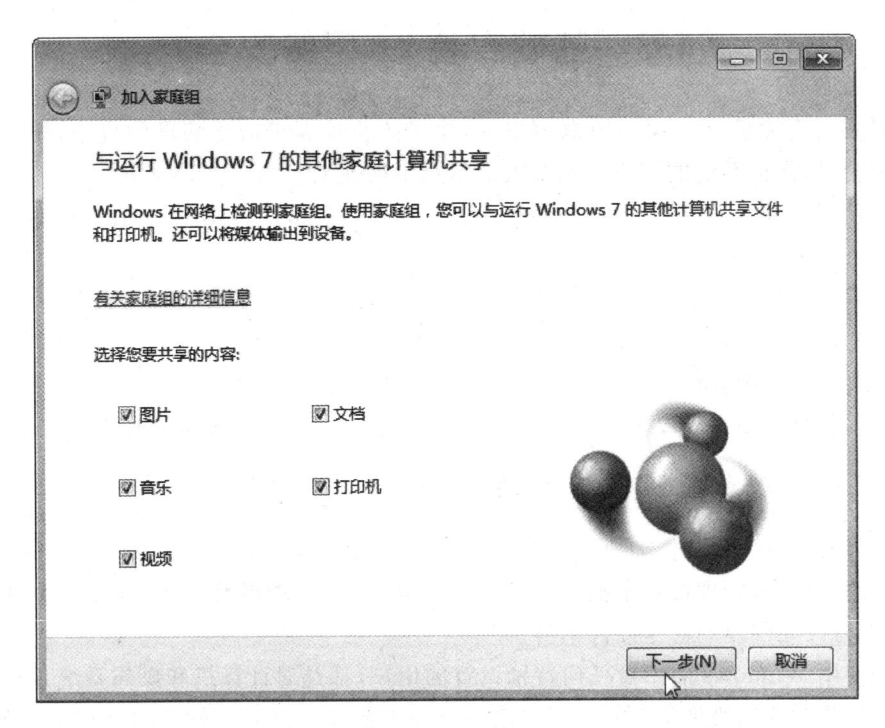

图 6-29　加入家庭组

步骤十一：在对话框内输入创建家庭组时生成的密码，如图 6-30 所示。单击“下一步”按钮，完成家庭组设置。

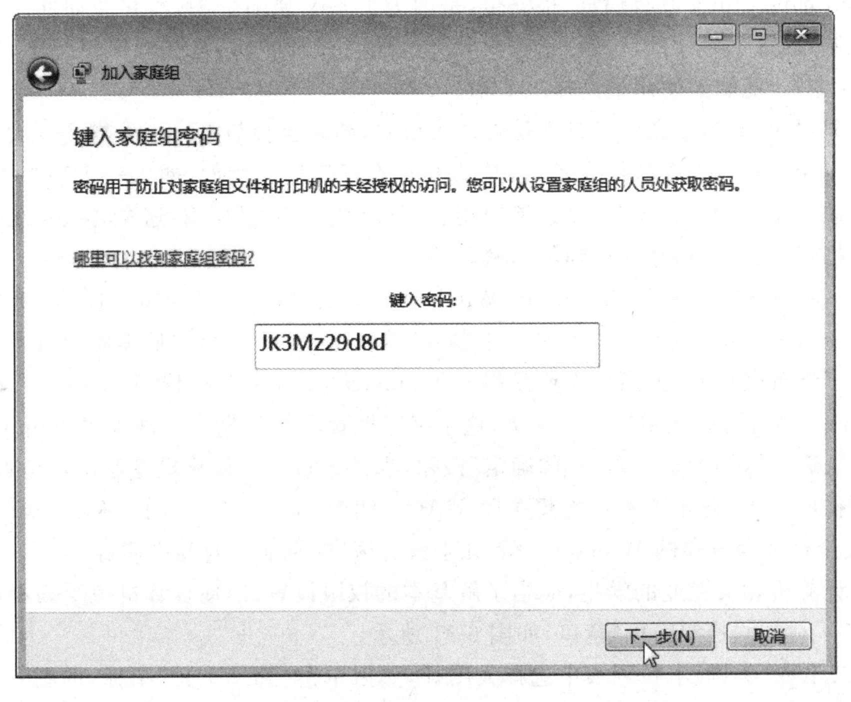

图 6-30　输入密码

6.3 基础实验2：网络安全

把局域网连接好，并且接入互联网以后，为了防止计算机遭受病毒的攻击，要进行操作系统的配置，以保证系统的安全性和个人的信息不被他人窃取。

现在使用的Windows系列操作系统之所以非常容易遭受病毒和木马的袭击，在客观上主要有以下3个原因。

(1) 不合理的权限设置。

(2) 未经用户批准的自动运行和系统“自作聪明”的隐藏。

(3) 操作系统的漏洞。

本实验就是介绍由于以上3个原因造成的问题，从而保证计算机的基本安全。

6.3.1 不合理权限设置的解决

登录Windows系统时，如果不做任何修改，默认的权限都是管理员。在Windows XP版本以前的系统中，管理员权限拥有计算机中最高的权限，能够修改Windows关键内核设置，还能够修改硬件驱动甚至硬件本身。

通常使用Windows而不做任何特别设置的用户，都是对计算机和操作系统并没有深刻理解的。但是对使用管理员权限的用户的一个基本要求就是必须知道自己到底在做什么，这样才能保障计算机系统的正常运行。然而，绝大多数管理员用户并不知道自己权限的威力，他们在用管理员权限登录上网、办公的时候，无意间就会把这个权限拱手让给他人，非常容易被黑客攻击。

很多人都说Linux没有病毒、很安全，是因为Linux缺陷少，其实并非如此。最关键的是安全机制，因为Linux默认的登录账户并不是最高权限的，只有在特殊情况下，用户通过输入su命令，才能偶然使用最高权限root。

其实只要Windows默认用户不是管理员权限，结果也会与Linux一样——大多数病毒都会无计可施。但是如果这样设置，系统会非常不好使用。例如，插入一个新型号U盘或者安装新硬件驱动程序的时候，就必须使用管理员权限才能起作用，这个时候系统就会弹出一个对话框，让用户手动输入管理员的密码。

Windows Vista/7/8/10安全性比Windows XP强几百倍，其本质的原因就是采用了UAC(User Account Control，用户账户控制)技术。这个所谓的UAC本质上就是把默认的用户改成了非最高权限，当用户需要获得Administrator权限的时候，Windows Vista/7/8/10会弹出一个对话框，让用户自己确定，这个确定框背后其实隐藏了输入Administrator密码的过程。就是这样的多单击一下“确定”按钮，也被大量的非计算机专业用户指责，很多人甚至抱怨被吓到了，还千方百计地想关闭UAC。然而，关闭了UAC的Windows Vista/7/8/10在安全性上与普通的Windows XP几乎没有区别，都非常容易中病毒。

作为计算机相关专业的学生，应当了解基本的权限设置，以使计算机免受病毒侵害。

步骤一：打开“控制面板”窗口，如图6-31所示。

步骤二：在“类别”下拉列表中选择大图标，然后单击“管理工具”图标，如图6-32所示，打开“管理工具”窗口，如图6-33所示。

图 6-31 “控制面板”窗口

图 6-32 单击“管理工具”图标

步骤三：在“管理工具”窗口中双击“计算机管理”图标，在弹出的“计算机管理”窗口中右击 Administrator 选项，在弹出的快捷菜单中选择“设置密码”命令，如图 6-34 所示。

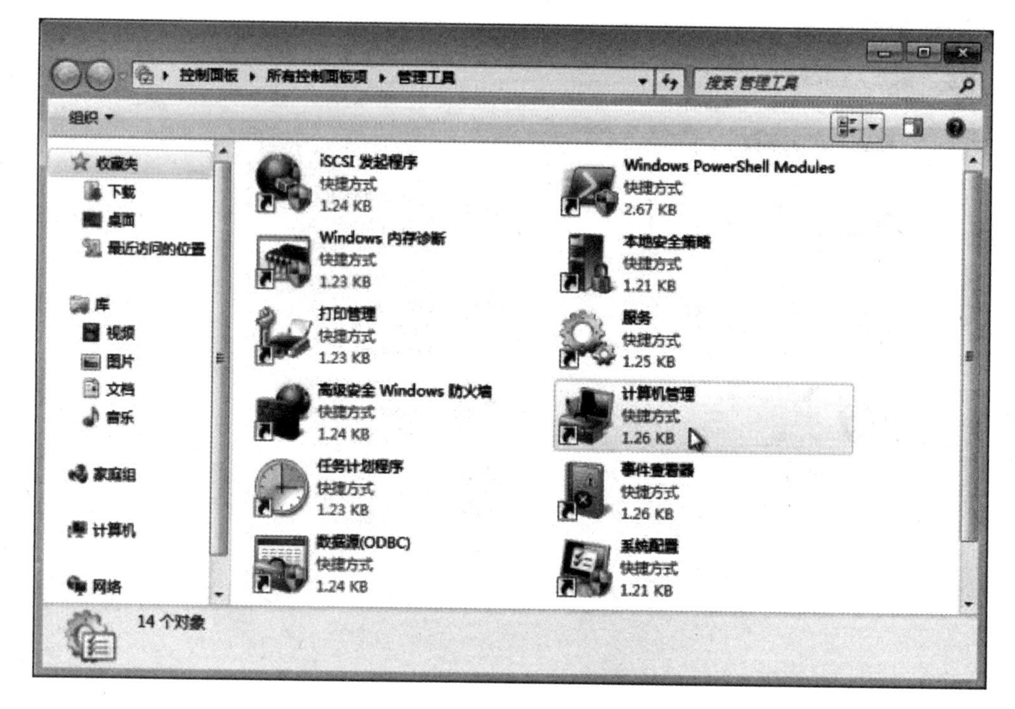

图 6-33 “管理工具”窗口

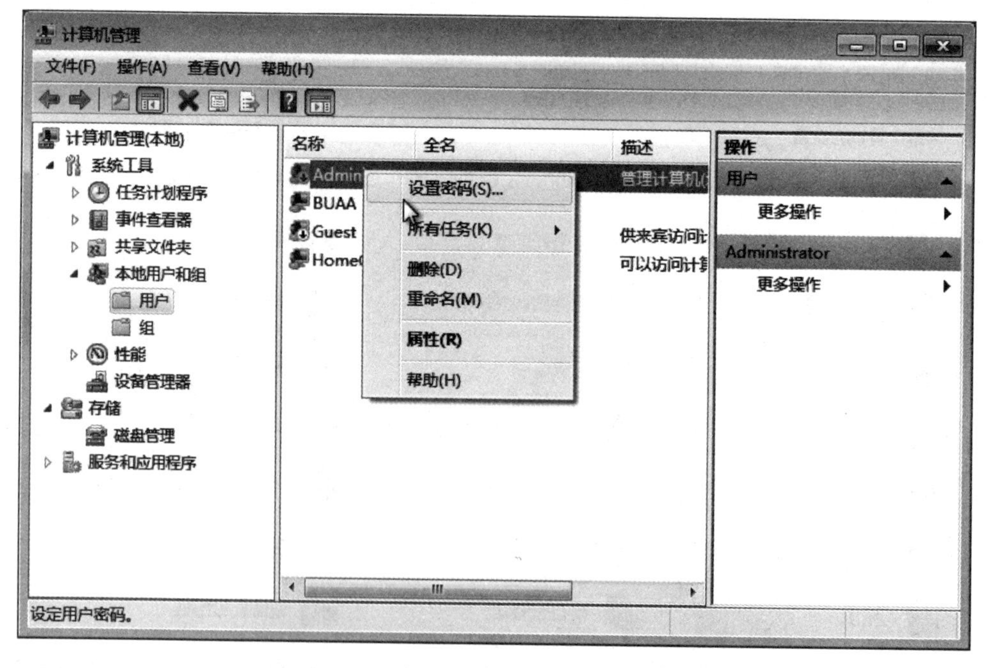

图 6-34 选择“设置密码”命令

步骤四：为 Administrator 设置一个稍微长一点的密码，至少 5 个字符。因为很多病毒自己带的密码破解字典比较小，一般都在 800 个常见密码左右，只要不把密码设置太短，一般没有病毒会通过穷举破解出密码。通过这样的设置就可以防御很多通过局域网文件共享传播的病毒了,如图 6-35 和图 6-36 所示。

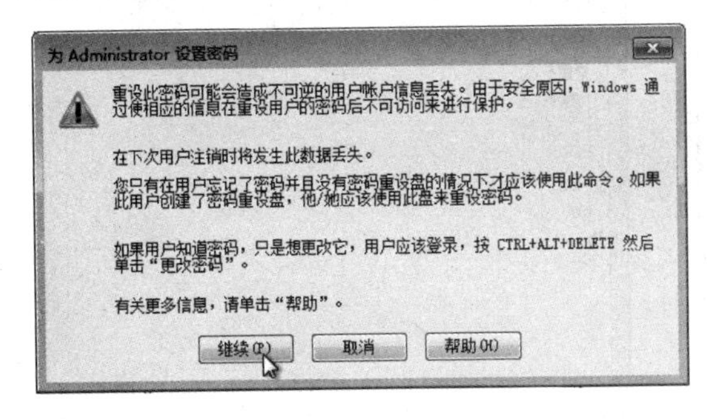

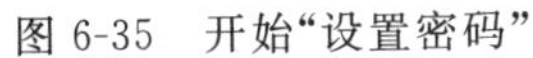

图 6-35　开始“设置密码”

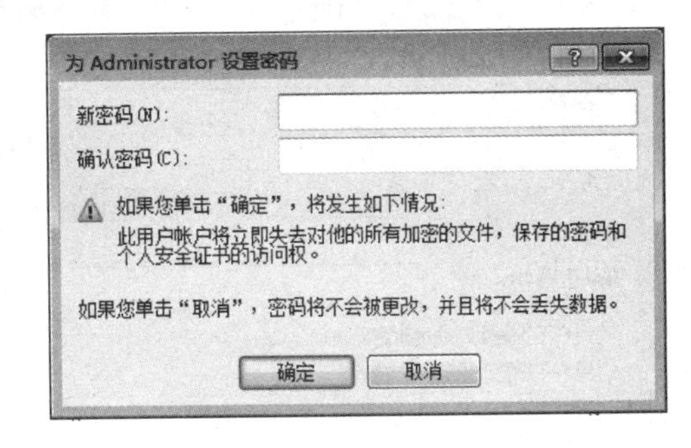

图 6-36　输入密码

步骤五：在中间窗格空白处右击，然后在弹出的快捷菜单中选择“新用户”命令，如图 6-37 所示。新建一个用户，选中“密码永不过期”复选框，密码可以设置为空。设置好后单击“创建”按钮，再单击“关闭”按钮就可以了，如图 6-38 所示。

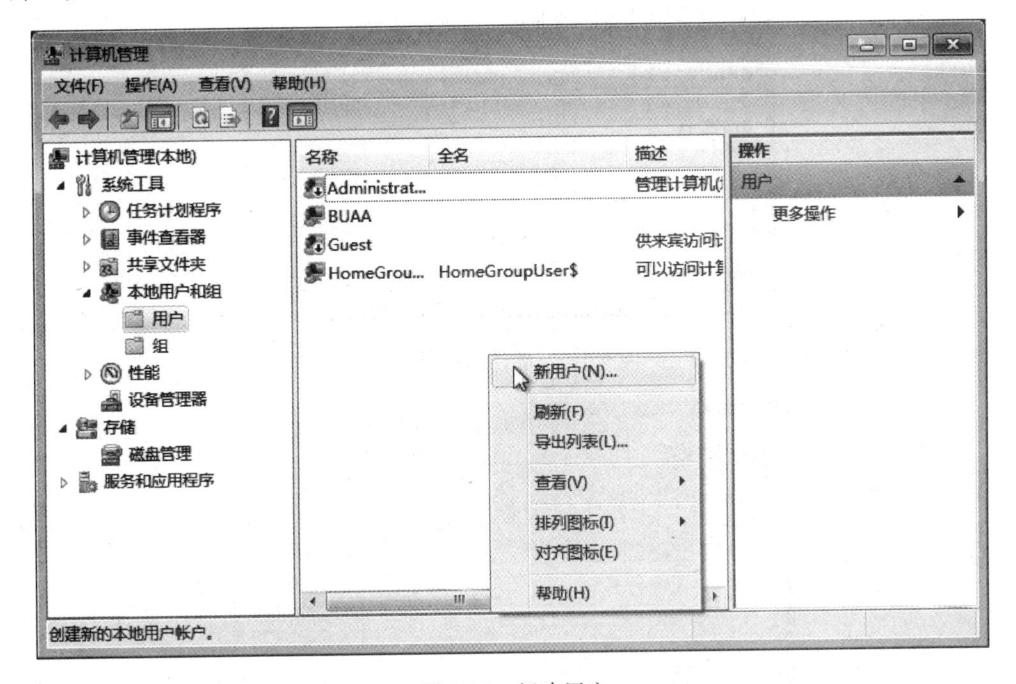

图 6-37　新建用户

步骤六：这时在本地用户和组里会发现有了一个新用户 myuser，右击查看一下这个用户的属性，可以发现 myuser 是 Users 组的权限，如图 6-39 所示。

对于上网和办公，Users 权限基本就足够了，可是某些大型的游戏或者比较老的应用程序要求用户必须是 Power Users 权限的账号才能运行。具体设置为在属性的“隶属于”选项卡中单击“添加”按钮，弹出“选择组”对话框，单击“高级”按钮，如图 6-40 所示；再单击“立即查找”按钮，如图 6-41 所示，找到 Power Users 用户组并选中，如图 6-42 所示，单击“确定”按钮，然后再在“选择组”对话框中单击“确定”按钮，如图 6-43 所示。

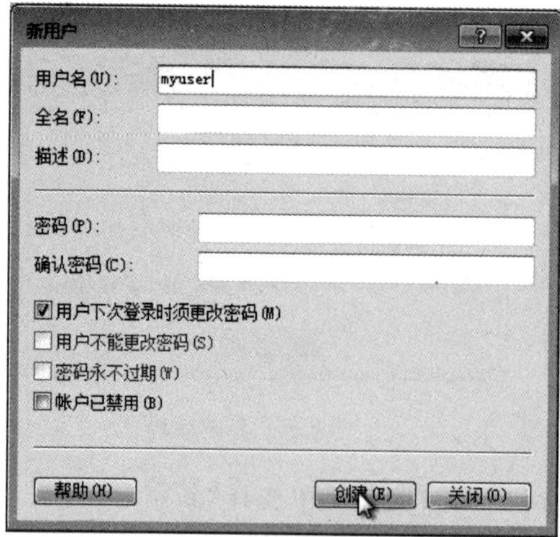

图 6-38 输入用户和密码

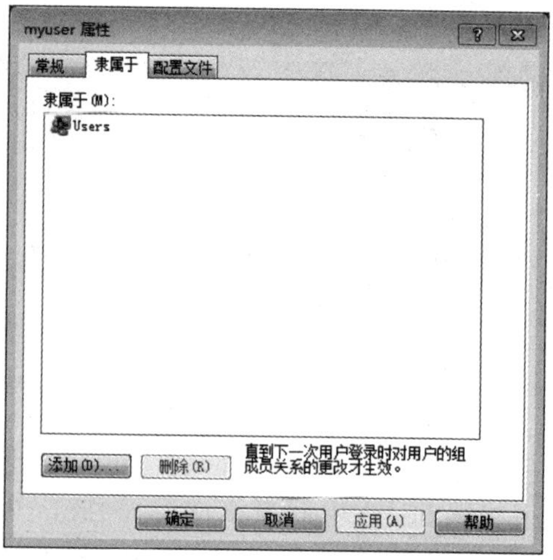

图 6-39 myuser 的权限

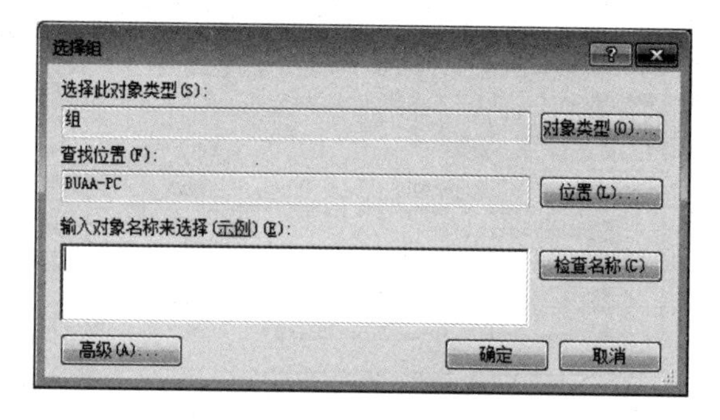

图 6-40 “选择组”对话框

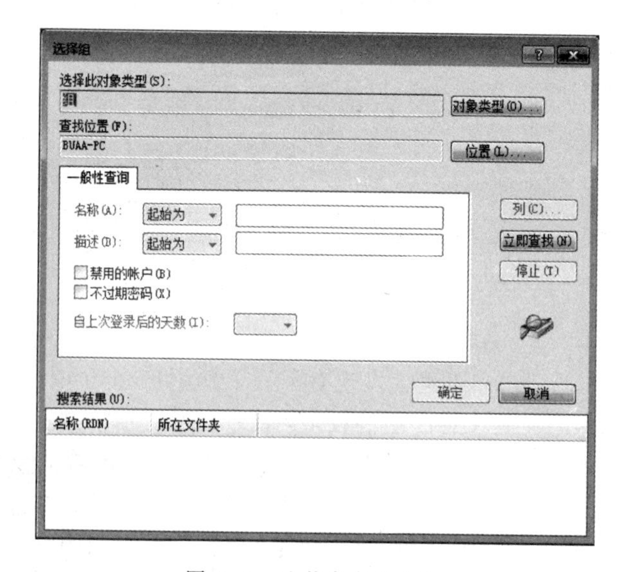

图 6-41 查找角色和用户

这时可以看到“隶属于”选项卡中多了 Power Users,用户有了 Power Users 权限,再把 Users 的权限选中,单击“删除”按钮,把用户的 Users 权限删除,如图 6-44 所示。

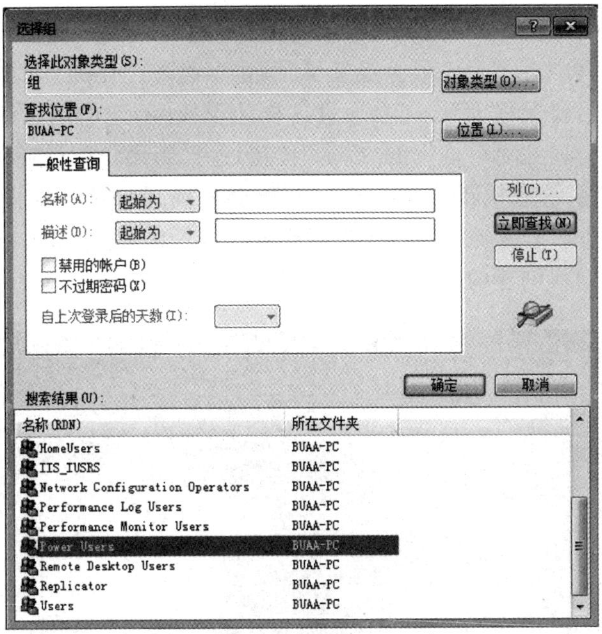

图 6-42　找到并选中 Power Users

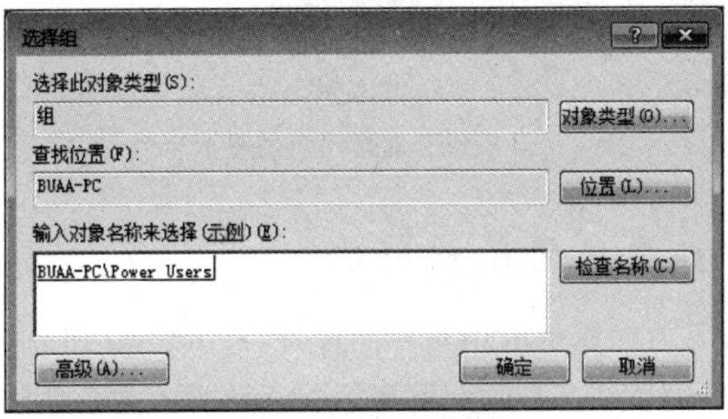

图 6-43　确认角色

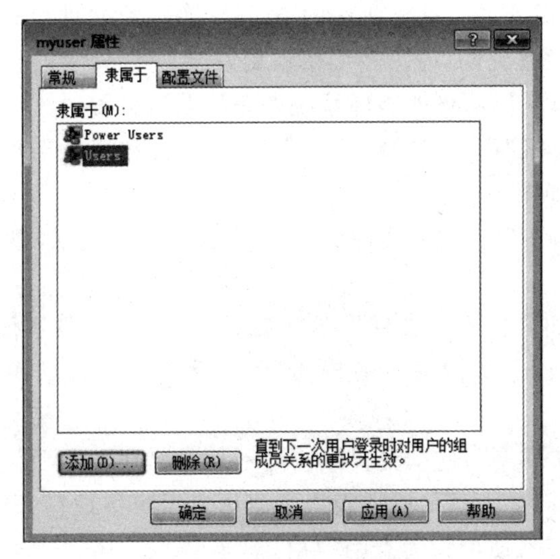

图 6-44　删除 Users 权限

因为某些时候 Windows 的权限是“禁止”优先的，如果一个用户同时属于两个权限组，对于某项功能，如果其中有一个权限组定义了“禁止”，另一个组是“允许”或者“未指定”，则“禁止”起作用。所以，要删除 Users 组，通过这样的设置，新建的用户就是 Power Users 权限了。删除以后，单击属性对话框中的“确定”按钮，这样新用户就设置完毕了。

步骤七：当注销系统或重新启动计算机以后，会发现开始画面多了一个“myuser”用户，如图 6-45 所示。如果不是需要安装驱动程序或者升级系统，只是做文字处理、玩游戏、写程序、上网、看电影等，用新创建的用户就可以了，不需要用管理员用户登录。

图 6-45　选择用户的界面

6.3.2　自动运行和系统隐藏的解决

为了使系统能够对不懂计算机的用户界面友好，Windows 加入了移动存储设备的自动运行功能，还故意把某些信息和文件隐藏起来。可是这些自动运行和信息隐藏却给病毒的传播带来了可乘之机。通过修改系统的设置，可以使大多数病毒都无所遁形，达到保护计算机安全的目的。需要注意的是，系统默认的 NTFS 格式的文件可以真正地保障系统的安全，而且使系统的执行效率更高，磁盘利用率也更好。

1. 修改“文件夹选项”里面可能破坏系统安全的默认设置

步骤一：进入“计算机”窗口，选择“组织”→“文件夹和搜索选项”，如图 6-46 所示。然后进入“查看”选项卡，如图 6-47 所示。

步骤二：注意查看图 6-47 中“文件夹选项”的“查看”设置，默认的危险设置有以下几个。

(1)“隐藏受保护的操作系统文件”，这个默认是隐藏的，可是很多病毒也把自己伪装成操作系统文件，因此也会被隐藏。有时候无意间病毒就通过操作系统的掩护进行了传播。

(2)“隐藏文件和文件夹”，这个设置默认是不显示隐藏文件，而病毒基本上都把自己设置成隐藏文件，尤其是通过 U 盘传播的病毒。当用户无防备地打开染毒的 U 盘的时候，由于默认设置不显示，很容易使用户无意中中招。

(3)“隐藏已知文件类型的扩展名”，病毒往往靠这个设置把自己的.exe 可执行文件的

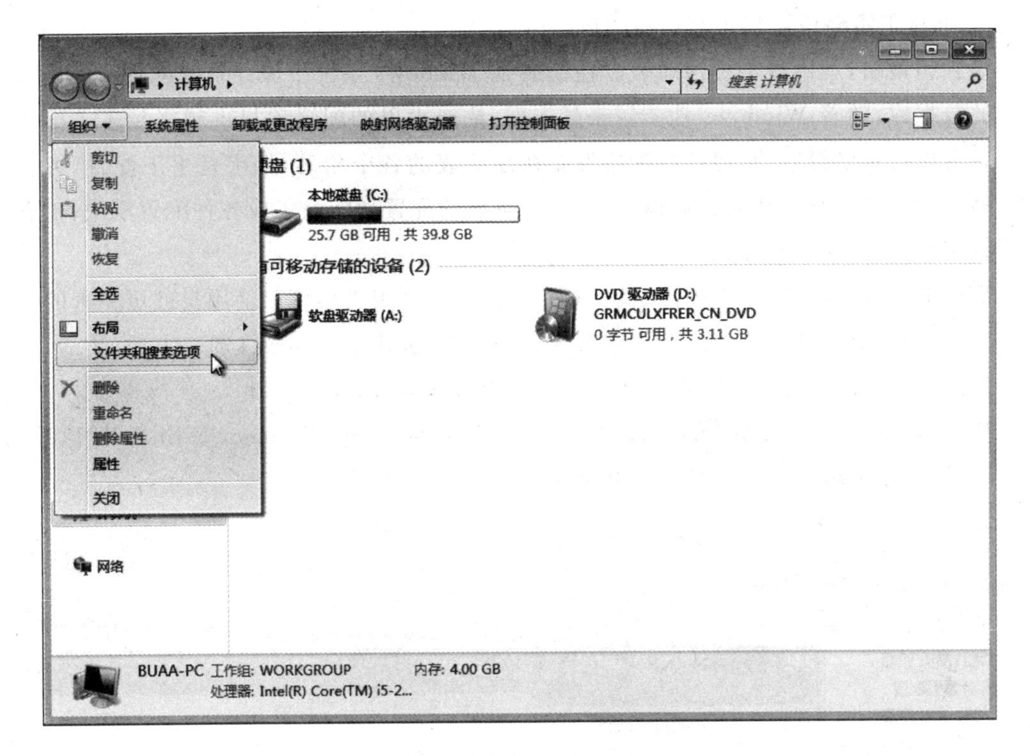

图 6-46　文件夹和搜索选项

扩展名隐藏起来，还把自己的图标换成像 Word 或者文本文档这样的形式，吸引用户去单击。

因此，把设置改成显示系统文件夹内容、不隐藏受保护的系统文件、显示所有文件夹、不隐藏已知文件类型的扩展名，如图 6-48 所示，这样“文件夹选项”的设置就完成了。

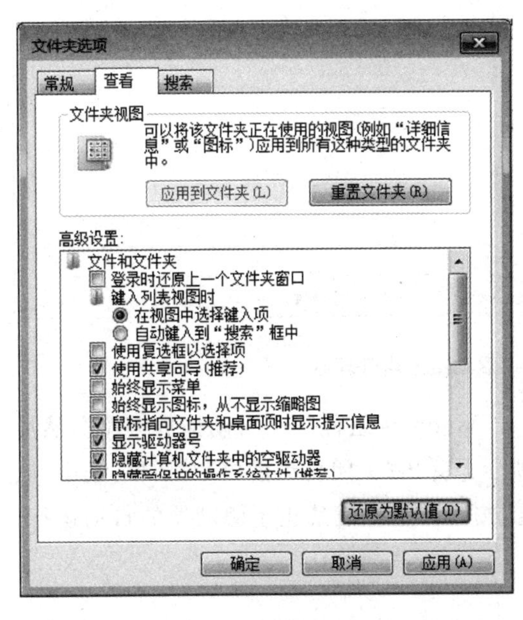

图 6-47　“查看”选项卡

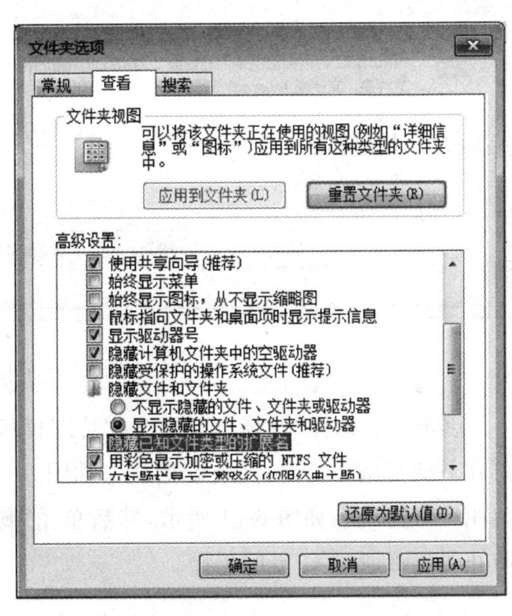

图 6-48　修改后的“文件夹选项”设置

2. 通过组策略设置禁止驱动器的自动运行

说到组策略,就不得不提注册表。注册表是 Windows 系统中保存系统配置和应用软件配置的数据库,随着 Windows 功能越来越丰富,注册表里的配置项目也越来越多。很多配置都是可以自定义设置的,但这些配置发布在注册表的各个角落,如果是手工配置,可想而知是多么困难和繁杂。然而,组策略则将系统重要的配置功能汇集成各种配置模块,供管理人员直接使用,方便管理计算机。

简单地说,组策略就是修改注册表中的配置。当然,组策略可以使用自己更完善的管理组织方法,可以对各种对象中的设置进行管理和配置,远比手工修改注册表方便、灵活,功能也更加强大。下面使用组策略来实现禁止驱动器自动运行。

步骤一:按 Win+R 组合键,弹出“运行”对话框,输入 gpedit. msc,按 Enter 键以后,打开“本地组策略编辑器”窗口,如图 6-49 所示。

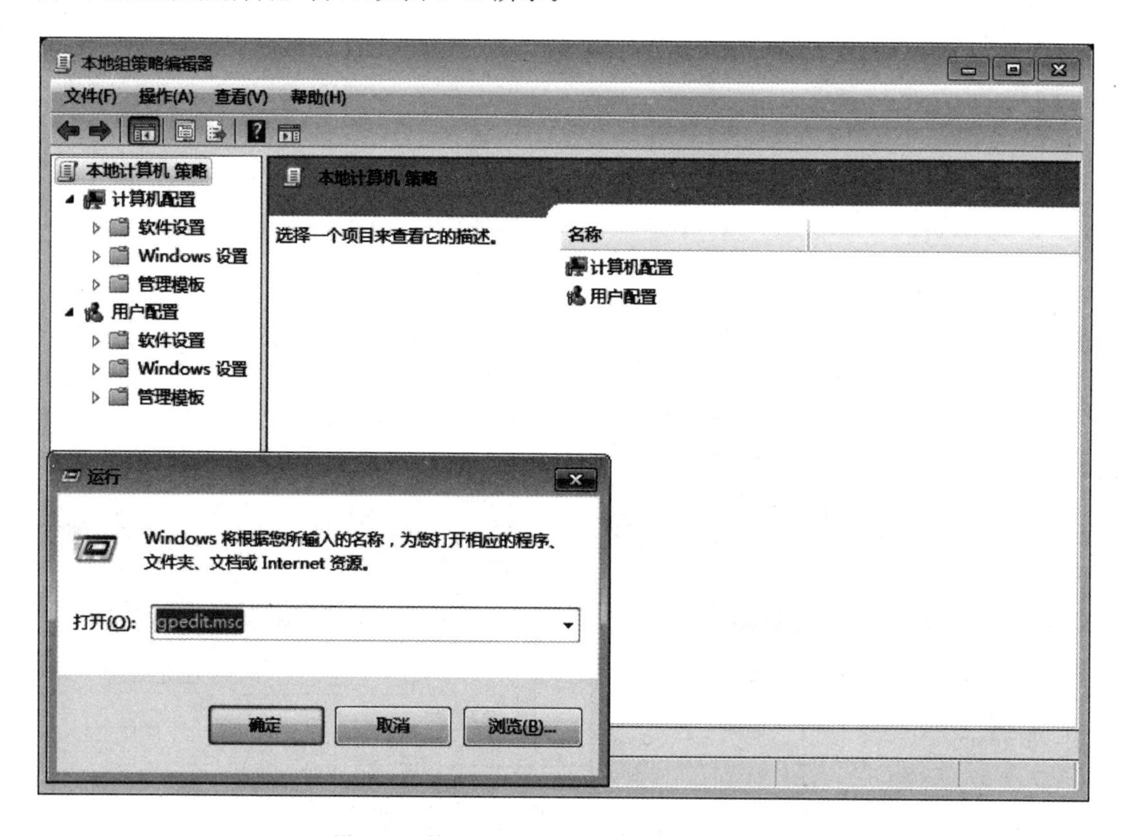

图 6-49 输入“gpedit. msc”启动组策略管理器

步骤二:选择“计算机配置”→“管理模板”→“Windows 组件”→“自动播放策略”,然后再在右侧窗格单击“关闭自动播放”,如图 6-50 所示。弹出“关闭自动播放”对话框,选中“已启用”单选按钮,如图 6-51 所示,然后单击“确定”按钮。这样就禁止了驱动器的自动运行,防止了病毒通过 U 盘的传播。

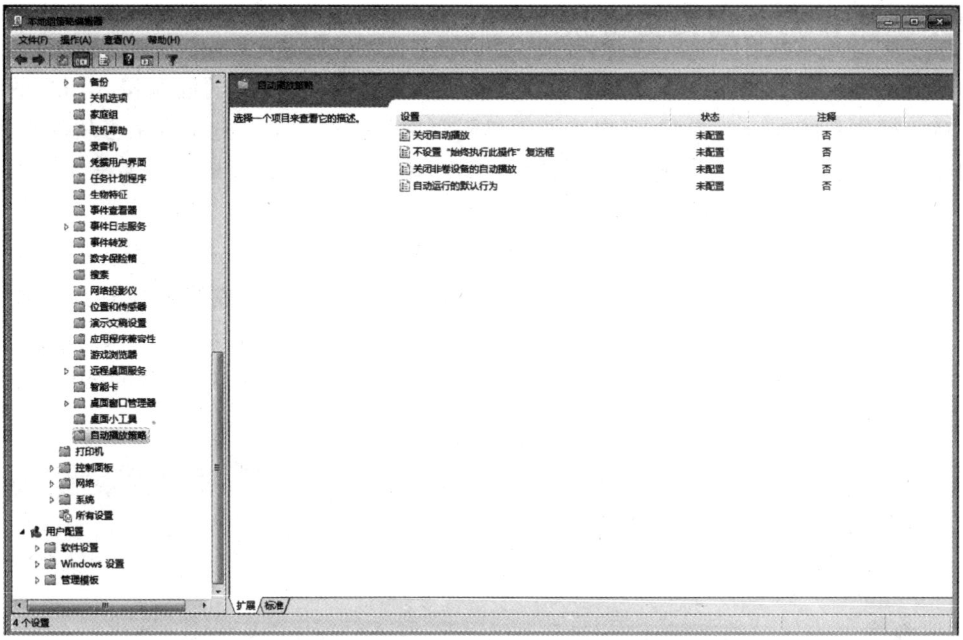

图 6-50　找到“关闭自动播放”

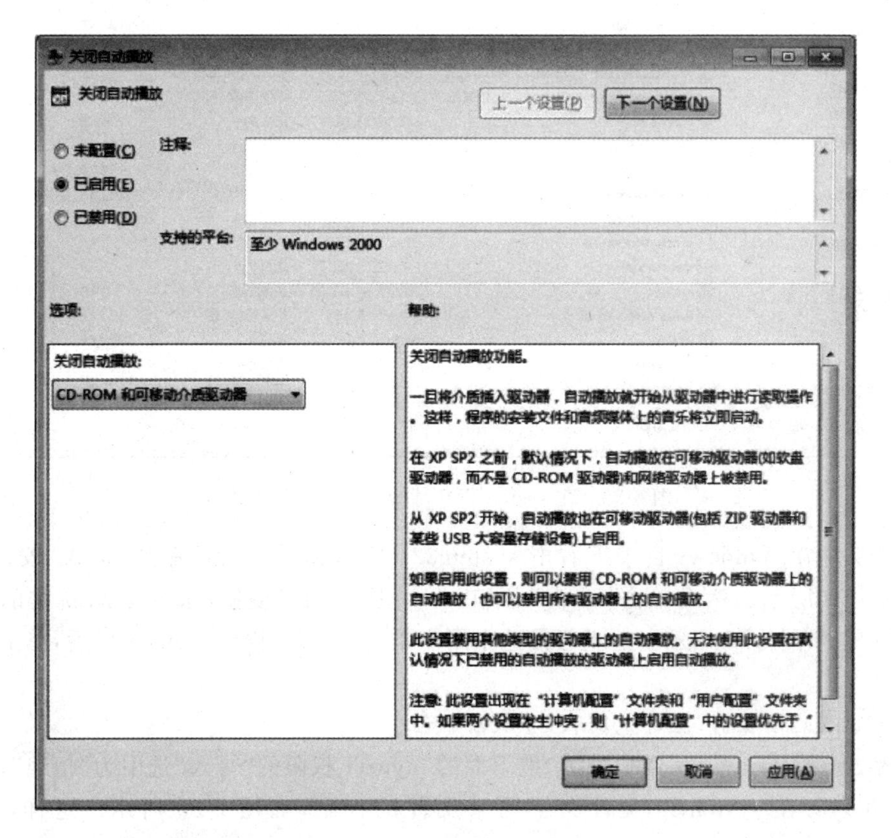

图 6-51　启用“关闭自动播放”功能

6.3.3 操作系统漏洞的解决

即使设置了很多的安全防卫措施，病毒还是可能通过操作系统的漏洞侵入用户的计算机。对于操作系统本身的漏洞，可以采取用权限限制的方法和第三方防毒杀毒软件来处理。例如前文实例中设置的 Power Users 权限的用户，用户可以通过给系统的关键文件夹加入写入锁的方法来防御病毒的传播。

现在的病毒比较喜欢 Windows 目录下的 system32 目录和 Fonts 目录。system32 是系统默认目录，很多病毒都喜欢把自己的本体放到里面，还设置成隐藏属性。一般用户进入 system32 目录，按时间倒序排列一下，在最近时间隐藏的可执行的.exe 或者.dll 文件，就非常可能是病毒。如图 6-52 所示，按时间倒序以后，最上面的隐藏的 dll 文件就是病毒。

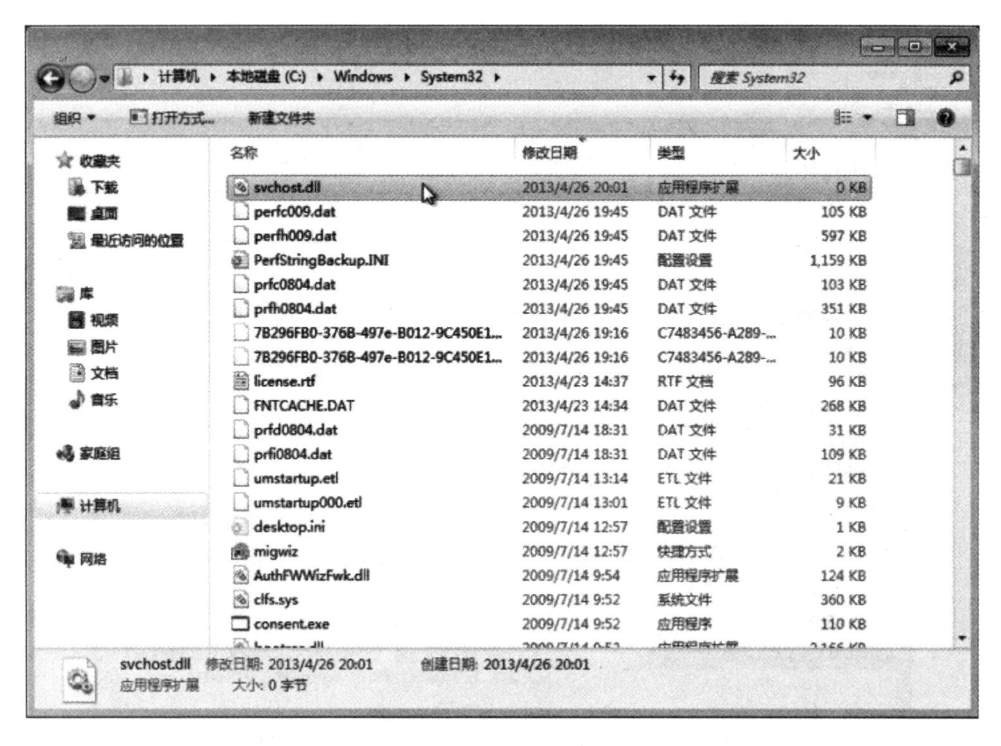

图 6-52 在 system32 下手动操作发现的病毒

步骤一：在 Windows 目录下右击 system32 目录，选择“属性”命令，进入“安全”选项卡，如图 6-53 所示。然后单击“编辑”按钮，再单击“添加”按钮，选择刚刚新建的 Power Users 用户，如图 6-54 所示。这里假设这个用户是 myuser。找到 myuser 以后，单击“确定”按钮。

注意：做此步骤前，应首先获取 System 权限。

步骤二：加入 myuser 用户以后，把下面的 myuser 权限的“写入”选中为“拒绝”，不允许 myuser 用户有在 system32 文件夹下写入文件的权限，如图 6-55 所示。这样，如果用 myuser 用户上网或者打开 U 盘，病毒没有权利进入系统文件夹，也不能传播了。

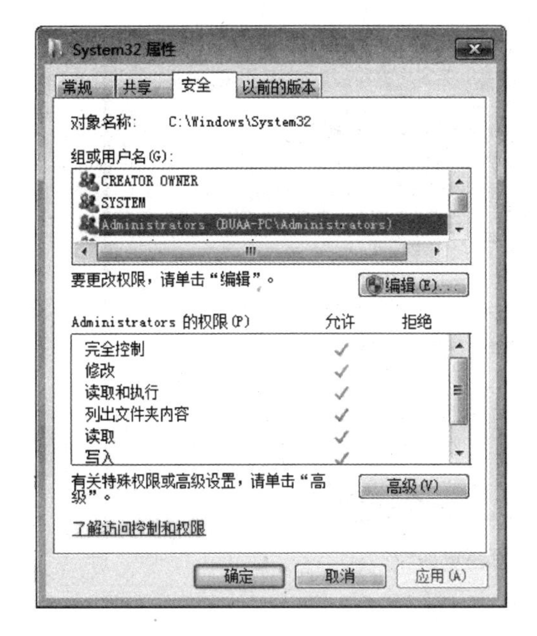

图 6-53　system32 文件夹的安全

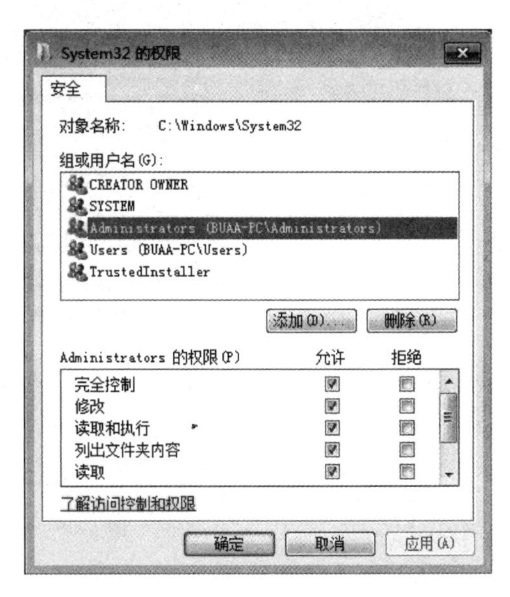

图 6-54　修改 system32 文件夹的安全

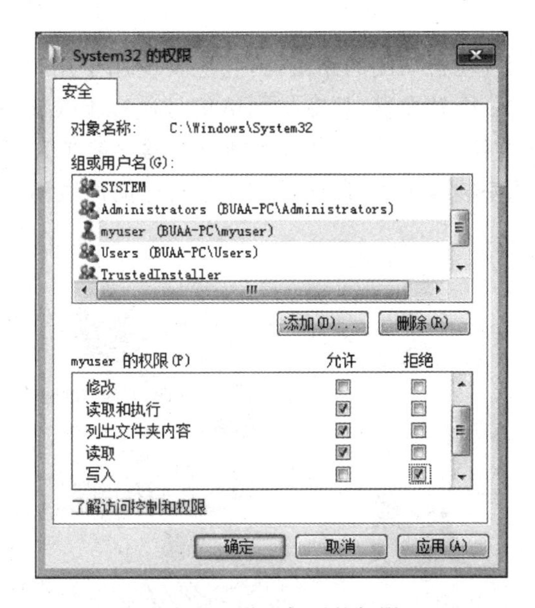

图 6-55　设置好了的权限

步骤三：同样，对 Windows 目录下的 Fonts 目录和 Program Files 目录下的 Common Files 目录都设置禁止写入的权限。

步骤四：在设置好权限以后，安装一些简单的木马防御和查杀工具来加强系统和网络浏览器的稳定性，例如 360 安全卫士和瑞星卡之类的反木马、反插件的工具。

步骤五：打开 Windows 的自动更新功能，如图 6-56 所示，以动态下载最新的操作系统补丁来减少系统的漏洞，防御病毒的袭击。

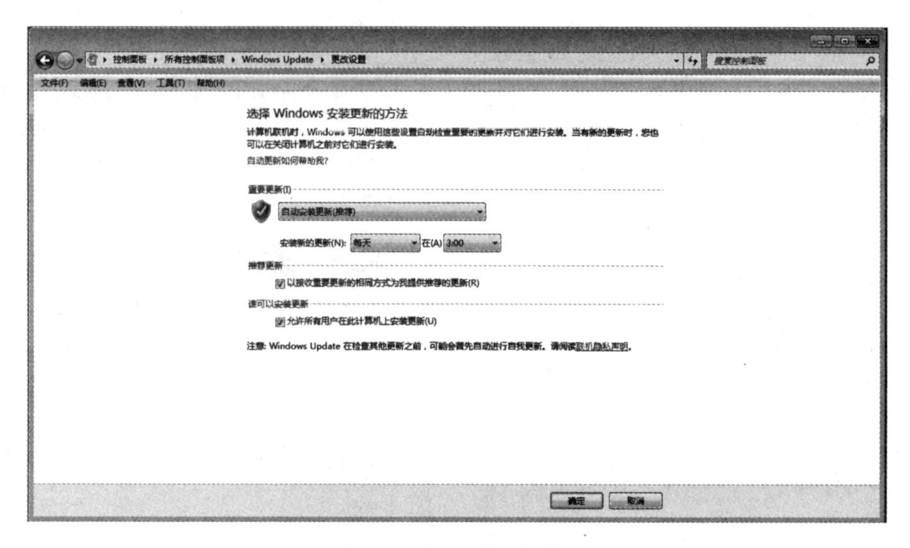

图 6-56　打开"自动更新"

6.4　选做实验 1：无线路由器的安装与配置

无线路由器是带有无线覆盖功能的路由器，它主要应用于用户上网和网络信号无线覆盖。无线路由器可以看作一个转发器，将宽带网络信号通过天线转发给附近的无线网络设备(支持 Wi-Fi 的笔记本电脑、手机等)。如今无线路由器已遍布人们日常生活，本实验将带领读者学习无线路由器的安装与配置，以便搭建属于自己的局域网。图 6-57 展示了无线路由器的基本工作方式。

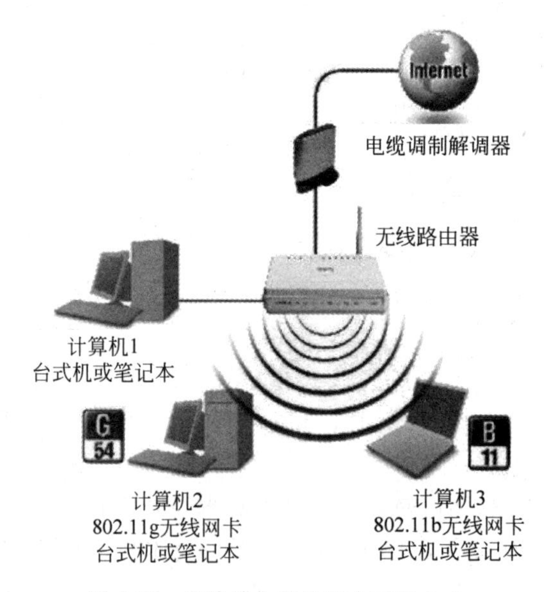

图 6-57　无线路由器的基本工作方式

6.4.1 无线路由器的安装

步骤一：将路由器从包装盒中拿出，置于合适的位置，如图 6-58 所示。

步骤二：观察无线路由器的后面板，了解各插口的功能，如图 6-59 所示。

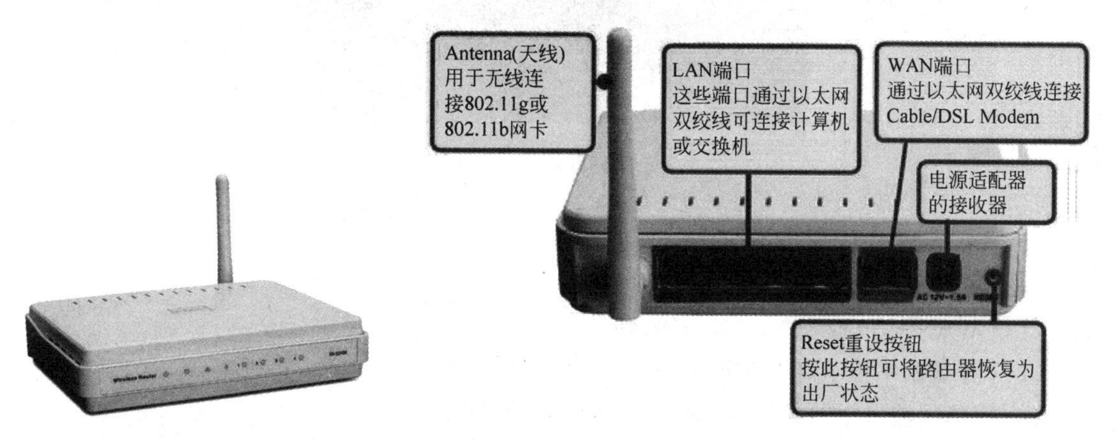

图 6-58 全新的无线路由器

图 6-59 无线路由器后面板插口的功能

步骤三：将无线路由器交流电源适配器接头插入其后面板的电源插孔处，另一端接入电源插座。通电之后会看到前面板的 Power 指示灯(电源指示灯)亮，如图 6-60 所示。待无线路由器启动完毕后再进行下一步的操作。

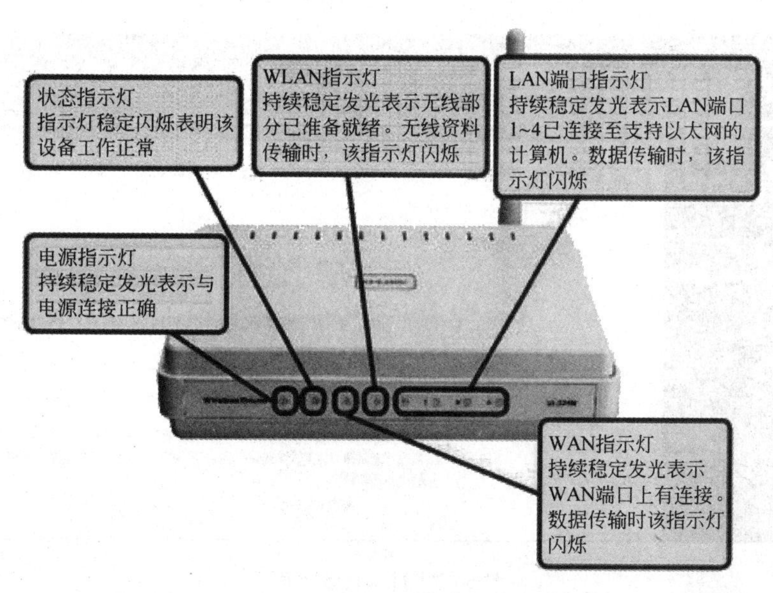

图 6-60 无线路由器的指示灯功能

步骤四：将连接至 DSL/Cable Modem 的网线接到无线路由器的 WAN 端(即 Internet 口)。

步骤五：将与计算机或其他设备连接的网线接在 LAN 端口(有 1～4 个口)的任意一个，如图 6-61 所示。

步骤六：完成连接设定后，观察各指示灯状态。无线路由器的面板灯正常状态应该如

图 6-61　将网线连接在 LAN 端口

下所述。

(1) 电源指示灯：恒亮。

(2) 系统状态指示灯：约每秒闪烁一次。

(3) WAN 端口指示灯：不定时闪烁。

(4) 无线网络指示灯：不定时闪烁。

(5) LAN 端口指示灯：不定时闪烁(接有计算机的)。

6.4.2　无线路由器的基本配置

完成无线路由器的安装后，还要对无线路由器进行详细配置。

步骤一：将无线路由器通过有线方式连接好后，在 IE 地址栏中输入 192.168.1.1，用户名和密码默认为 admin，确定之后进入设置界面，如图 6-62 所示。

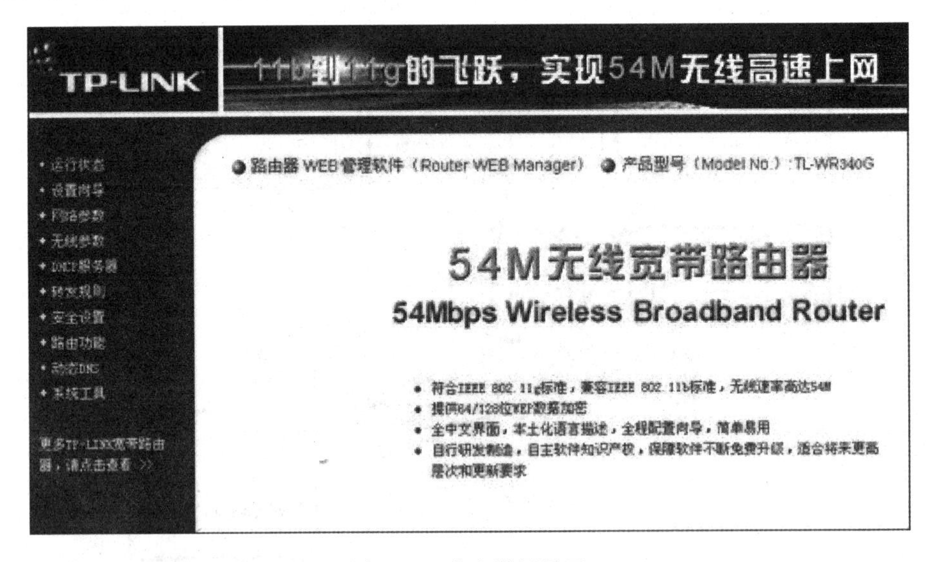

图 6-62　进入设置界面

步骤二：打开界面以后通常都会弹出一个设置向导对话框，单击“下一步”按钮进行简单的安装设置。

步骤三：设置上网方式，这里选择第一项“ADSL 虚拟拨号(PPPoE)”，如图 6-63 所示，单击“下一步”按钮。

如果是局域网内或者通过其他特殊网络连接，如视讯宽带、通过其他计算机上网之类，

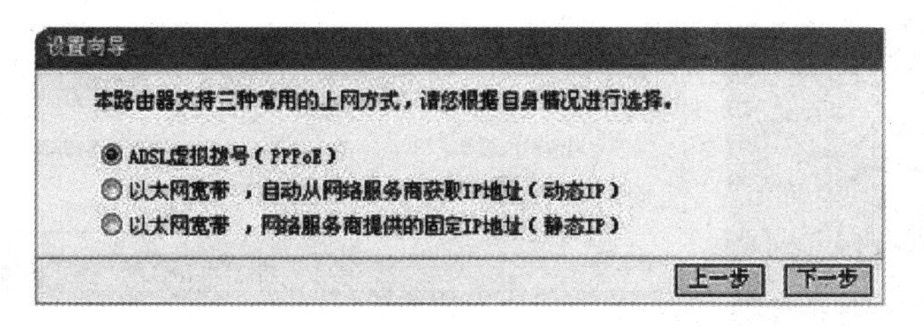

图 6-63　设置上网方式

可以选择“动态 IP”和“静态 IP”的“以太网宽带”来进行下一步设置。

步骤四：打开 ADSL 拨号上网的“设置向导”对话框，输入网络运营商所提供的上网账号和密码，如图 6-64 所示，单击“下一步”按钮。

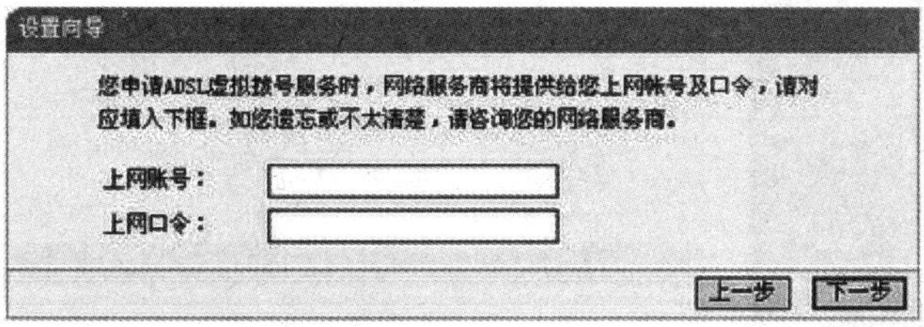

图 6-64　输入上网账号和密码

步骤五：进入无线网络基本参数设置界面，有无线状态、SSID、频段、模式这四项参数，如图 6-65 所示，具体参数含义及设置如下。

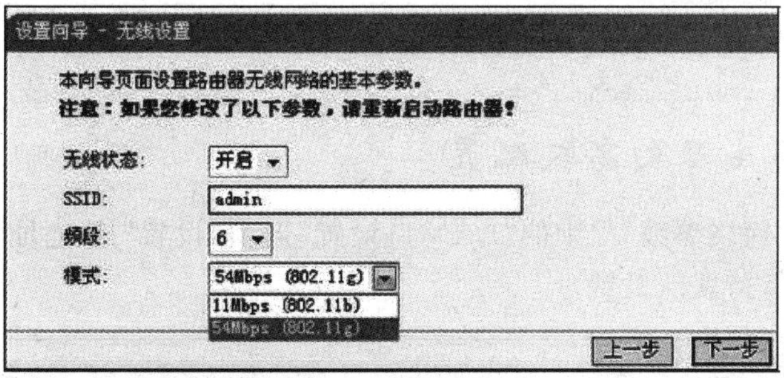

图 6-65　设置路由器无线网络的基本参数

(1) SSID(Service Set Identifier，服务集标识)：为用户的无线网络所取的名字，可自行设置，这里设置为 admin。

(2) 频段：在“频段”下拉列表中有 13 个数字可以选择，此设置为路由的无线信号频段。若附近存在多台无线路由器，设置使用其他频段可避免无线连接上的冲突，这里设置为 6。

(3) 模式：在“模式”下拉菜单中有两个基本无线连接工作模式，11Mbps(802.11b)最大工作速率为 11Mbps；54Mbps(802.11g)最大工作速率为 54Mbps，向下可兼容 11Mbps。

注意：不同的无线路由器产品可能存在工作速率更快的 108Mbps 工作模式。

步骤六：单击“运行状态”选项，可查看相应的信息，如图 6-66 所示。

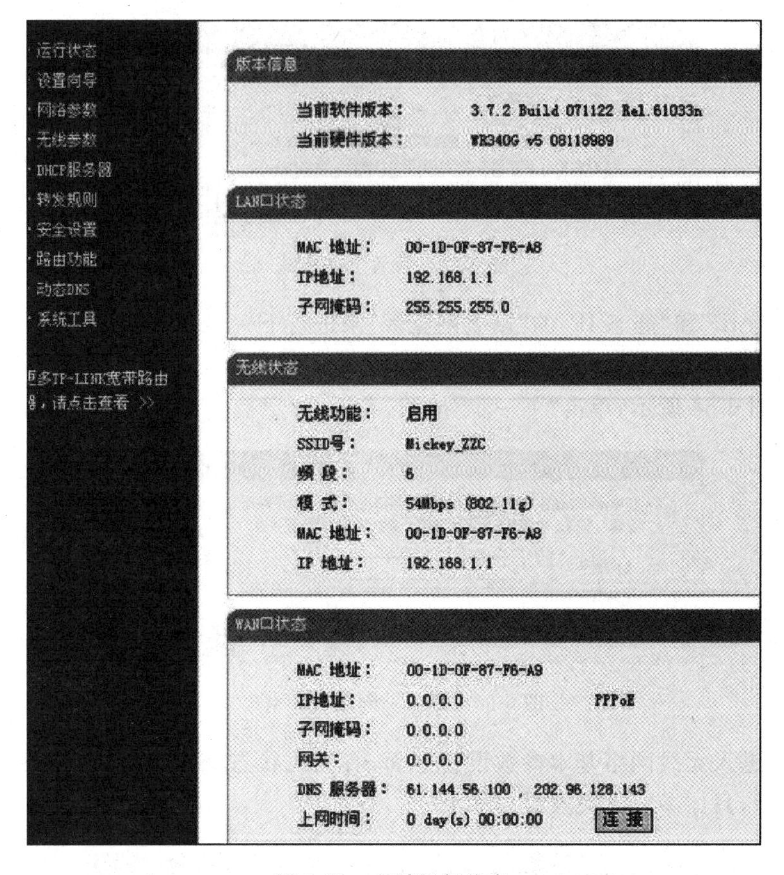

图 6-66　查看运行状态

6.4.3　无线路由器的高级配置

步骤一：单击“网络参数”组中的“LAN口设置”选项，设置“IP地址”和“子网掩码”，如图6-67所示，这里保持默认设置。

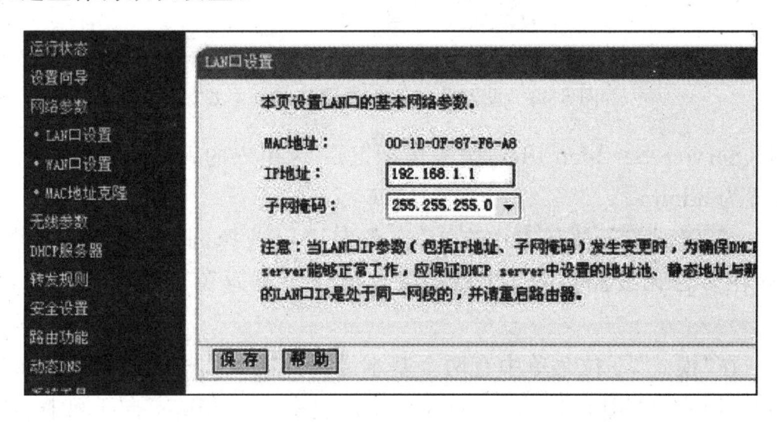

图 6-67　LAN口设置

注意：当LAN口的IP参数(包括IP地址、子网掩码)发生变更时，为确保DHCP Server能够正常工作，应保证DHCP Server中设置的地址池、静态地址与新的LAN口的

IP 是处于同一网段的，并请重新启动路由器。

步骤二：单击“WAN 口设置”选项，进入“WAN 口设置”界面，如图 6-68 所示，调整“WAN 口连接类型”“拨号模式”和“连接模式”，完成对 WAN 口的设置。

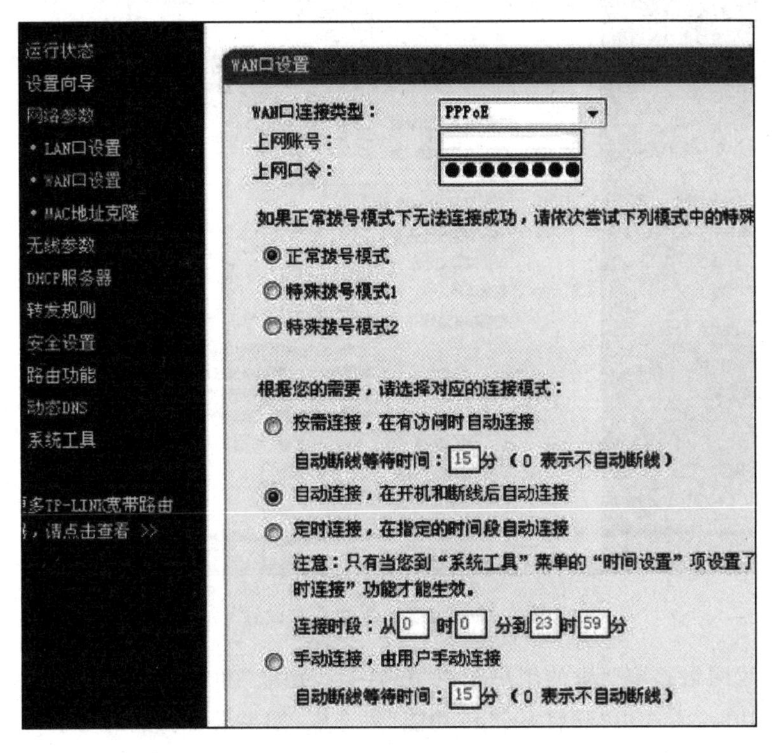

图 6-68 WAN 口设置

步骤三：单击“MAC 地址克隆”选项，进入“MAC 地址克隆”界面，保持默认设置，如图 6-69 所示。

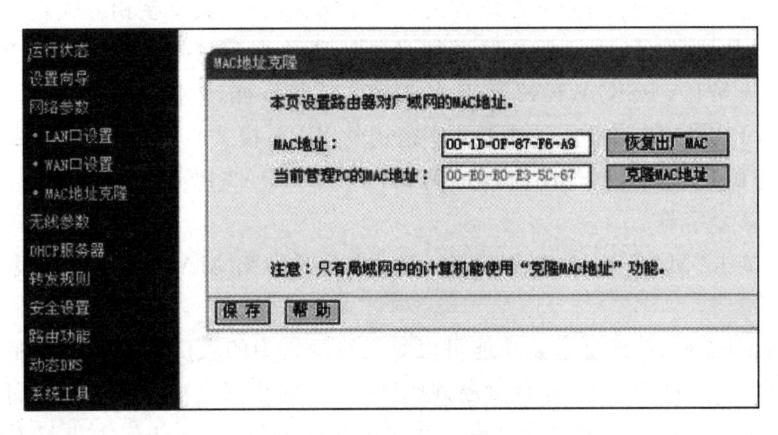

图 6-69 MAC 地址克隆设置

有些网络运营商会通过一些手段来控制路由器连接多机上网，这个时候用户可以通过克隆 MAC 地址来破解。

步骤四：单击“无线参数”项，进入无线网络连接安全参数的设置界面，如图 6-70 所示。

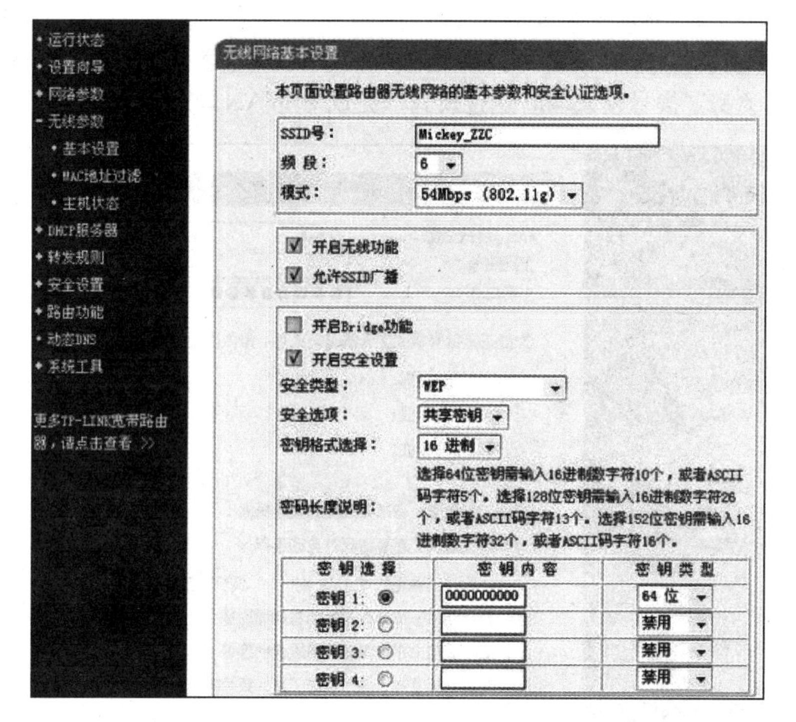

图 6-70　无线参数的基本设置

建议有无线网络连接要求的用户选中“开启无线功能”和“允许 SSID 广播”复选框。若需要开启网桥功能，需选中“开启 Bridge 功能”复选框，如果没有特别的要求可不开启。

选中“开启安全设置”复选框，选择“安全类型”，主要有 3 种：WEP、WPA/WPA2、WPA-PSK/WPA2-PSK。

(1) WEP：“安全选项”有 3 个：自动选择(根据主机请求自动选择使用开放系统或共享密钥方式)、开放系统(使用开放系统方式)、共享密钥(使用共享密钥方式)。

(2) WPA/WPA2：Radius 服务器进行身份认证并得到密钥的 WPA 或 WPA2 模式。WPA/WPA2 或 WPA-PSK/WPA2-PSK 的加密方式都一样，包括自动选择、TKIP 和 AES。

(3) WPA-PSK/WPA2-PSK(基于共享密钥的 WPA 模式)：设置与 WPA/WPA2 大致相同，需要注意的是，这里的 PSK 密码是 WPA-PSK/WPA2-PSK 的初始密码，最短为 8 个字符，最长为 63 个字符。

步骤五：单击“MAC 地址过滤”选项，进入“无线网络 MAC 地址过滤设置”界面，如图 6-71 所示。

利用本界面的 MAC 地址过滤功能可以对无线网络中的主机进行访问控制。若开启无线网络的 MAC 地址过滤功能，并且过滤规则选择了“禁止列表中生效规则之外的 MAC 地址访问本无线网络”，而过滤列表中又没有任何生效的条目，那么任何主机都不可以访问本无线网络。

步骤六：单击“DHCP 服务设置”组中的“DHCP 服务”选项，进入“DHCP 服务”界面，如图 6-72 所示。

TCP/IP 协议设置包括 IP 地址、子网掩码、网关及 DNS 服务器等。手动为局域网中的

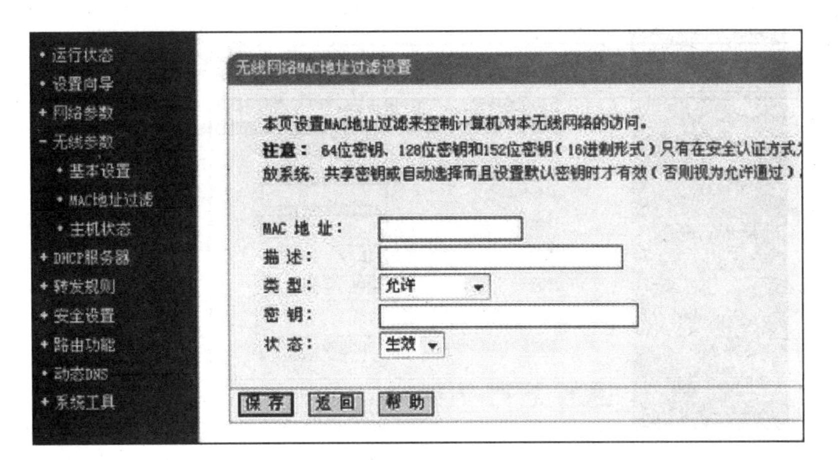

图 6-71　无线网络 MAC 地址过滤设置

图 6-72　DHCP 服务设置

所有计算机正确配置 TCP/IP 协议是一件烦琐的事情。如果启用了 DHCP 服务器功能，DHCP 服务器便可自动配置局域网中各计算机的 TCP/IP 协议。

通常用户保持默认设置即可。这里建议在 DNS 服务器上填写网络运营商所提供的 DNS 服务器地址，有助于稳定快捷的网络连接。

步骤七：单击“转发规则”组中的“虚拟服务器”选项，进入“虚拟服务器”界面，如图 6-73 所示。

如果用户对网络服务有比较高的要求（如 BT 下载之类），可以在转发规则这里进行一一设置。虚拟服务器定义了一个服务端口，所有对此端口的服务请求将被重新定位给通过 IP 地址指定的局域网中的服务器。

(1) 服务端口号：WAN 端服务端口，即路由器提供给广域网的服务端口，可输入一个端口号，也可输入一个端口段，如 6001～6008。

(2) IP 地址：局域网中作为服务器的计算机的 IP 地址。

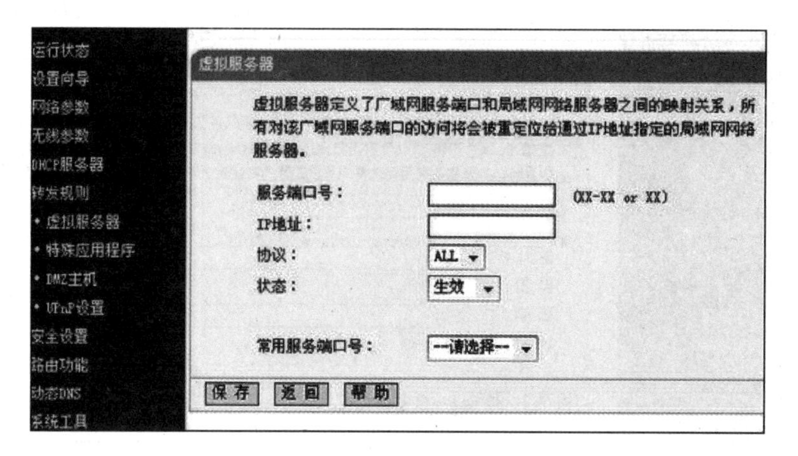

图 6-73　虚拟服务器设置

(3) 协议：服务器所使用的协议。

(4) 状态：只有设置为“生效”，本条目所设置的规则才能生效。

(5) 常用服务端口号：下拉列表中列举了一些常用的服务端口，可从中选择所需要的服务，将其填入上面的虚拟服务器列表中。

步骤八：单击“特殊应用程序”项，进入“特殊应用程序”界面，如图 6-74 所示。

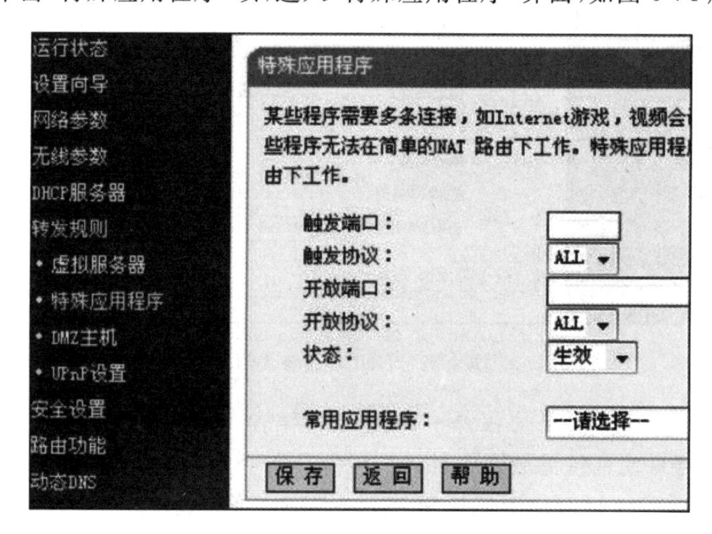

图 6-74　特殊应用程序的设置

某些程序可能需要多条连接，如 Internet 游戏、视频会议、网络电话等，由于防火墙的存在，这些程序无法在简单的 NAT 路由下工作。特殊应用程序可以使得某些这样的应用程序能够在 NAT 路由下工作。

(1) 触发端口：用于触发应用程序的端口号。

(2) 触发协议：用于触发应用程序的协议类型。

(3) 开放端口：当触发端口被探知后，在该端口上通向内网的数据包将被允许穿过防火墙，以使相应的特殊应用程序能够在 NAT 路由下正常工作。这里可以输入最多 5 组端口(或端口段)，每组端口必须以英文逗号“,”相隔。

步骤九：单击“DMZ 主机”，进入 DMZ 主机界面，如图 6-75 所示。

在某些特殊情况下，需要让局域网中的一台计算机完全暴露给广域网，以实现双向通信，此时可以把该计算机设置为 DMZ 主机。

注意：设置 DMZ 主机之后，与该 IP 相关的防火墙设置将不起作用。

首先在“DMZ 主机 IP 地址”文本框内输入要设为 DMZ 主机的局域网计算机的 IP 地址，然后选中“启用”单选按钮，如图 6-75 所示，最后单击“保存”按钮完成 DMZ 主机的设置。

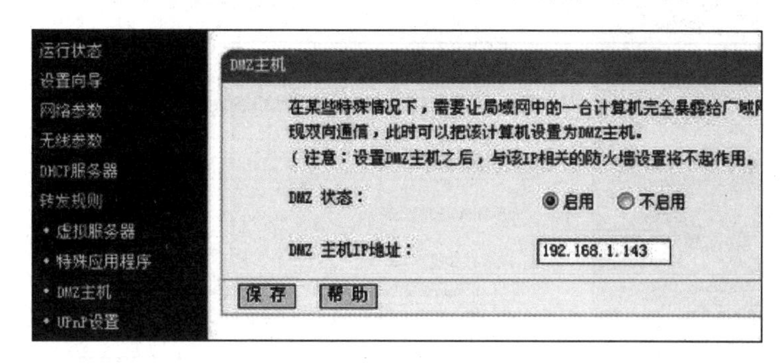

图 6-75　DMZ 主机设置

步骤十：单击“UPnP 设置”选项，进入“UPnP 设置”界面，如图 6-76 所示。

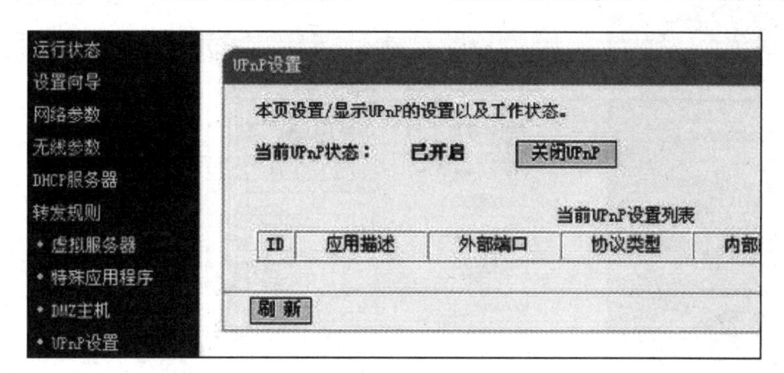

图 6-76　UPnP 设置

如果用户使用迅雷、电驴、快车等各类 BT 下载软件就建议将其开启，其效果是可以加快 BT 下载。

步骤十一：单击“安全设置”组中的“防火墙设置”选项，进入“防火墙设置”界面，如图 6-77 所示。

普通家用路由的内置防火墙功能比较简单，只是基本满足普通大众用户的一些基本安全要求。不过为了上网能多一层保障，开启家用路由自带的防火墙也是个不错的选择。

步骤十二：单击“IP 地址过滤”选项，进入“IP 地址过滤”界面，如图 6-78 所示，设置数据包过滤功能来控制局域网中的计算机对互联网上某些网站的访问。

(1) 生效时间：本条规则生效的起始时间和终止时间，时间要按 hhmm 格式输入，例如 0803。

(2) 局域网 IP 地址：局域网中被控制的计算机的 IP 地址，为空表示对局域网中所有计算机进行控制；也可以输入一个 IP 地址段，如 192.168.1.20-192.168.1.30。

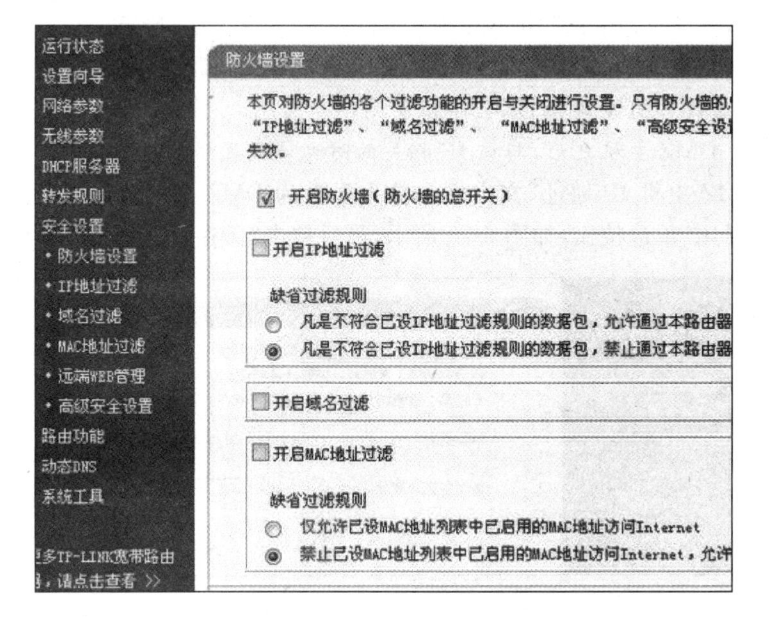

图 6-77　防火墙设置

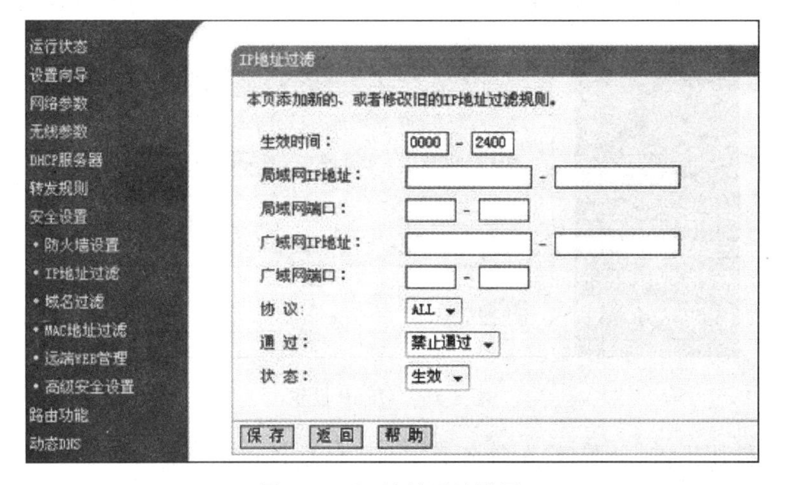

图 6-78　IP 地址过滤设置

(3) 局域网端口：局域网中被控制的计算机的服务端口，为空表示对该计算机的所有服务端口进行控制；也可以输入一个端口段，如 1030-2000。

(4) 广域网 IP 地址：广域网中被控制的网站的 IP 地址，为空表示对整个广域网进行控制；也可以输入一个 IP 地址段，如 61.145.238.6-61.145.238.47。

(5) 广域网端口：广域网中被控制的网站的服务端口，为空表示对该网站所有服务端口进行控制；也可以输入一个端口段，如 25-110。

(6) 协议：被控制的数据包所使用的协议。

(7) 通过：选择"允许通过"，符合本条目所设置的规则的数据包可以通过路由器，否则该数据包将不能通过路由器。

(8) 状态：只有选择"生效"后本条目所设置的规则才能生效。

步骤十三：单击“域名过滤”选项，进入“域名过滤”界面，如图 6-79 所示，指定不能访问的网站。

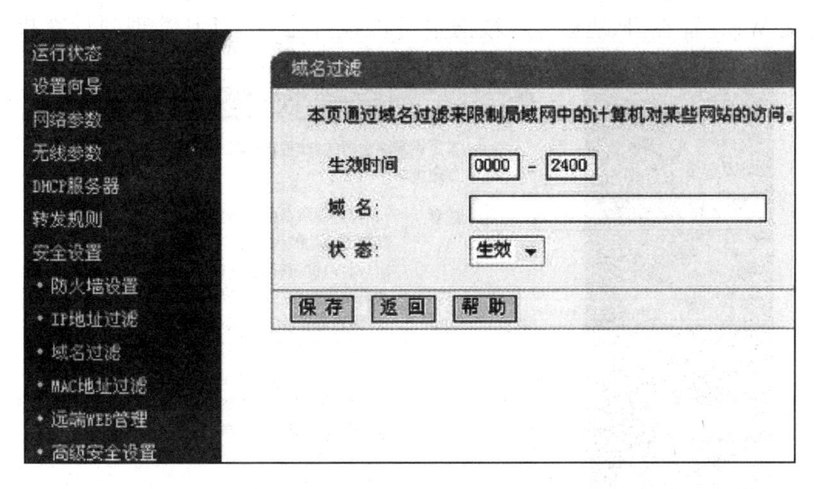

图 6-79　域名过滤设置

(1) 生效时间：本条规则生效的起始时间和终止时间，时间要按 hhmm 格式输入。如 0803，表示 8 时 3 分。

(2) 域名：被过滤的网站的域名或域名的一部分，为空表示禁止访问所有网站。如果在此处填入某一个字符串（不区分大小写），则局域网中的计算机将不能访问所有域名中含有该字符串的网站。

(3) 状态：只有选中“生效”后本条目所设置的过滤规则才能生效。

步骤十四：单击“MAC 地址过滤”选项，进入“MAC 地址过滤”界面，如图 6-80 所示，控制局域网中计算机对 Internet 的访问。

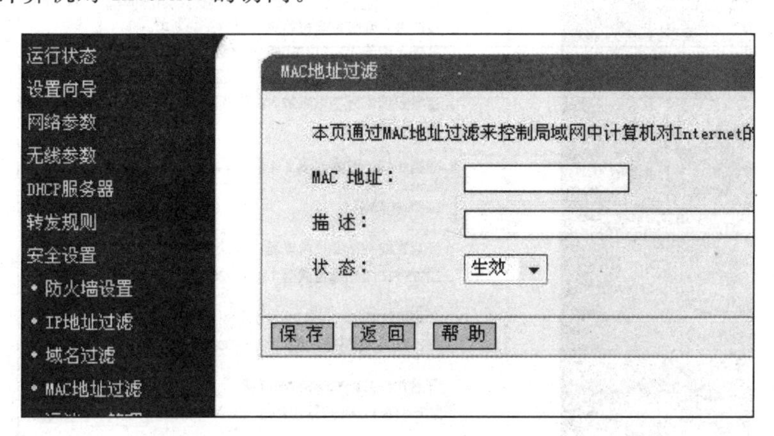

图 6-80　MAC 地址过滤设置

(1) MAC 地址：局域网中被控制的计算机的 MAC 地址。

(2) 描述：对被控制的计算机的简单描述。

(3) 状态：只有设为“生效”的时候本条目所设置的规则才能生效。

步骤十五：单击“远端 WEB 管理”选项，进入“远端 WEB 管理”界面，如图 6-81 所示，设置路由器的WEB管理端口和广域网中可以执行远端WEB管理的计算机的IP地址。

(1) WEB管理端口：可以执行WEB管理的端口号。

(2) 远端WEB管理IP地址：广域网中可以执行远端WEB管理的计算机的IP地址。

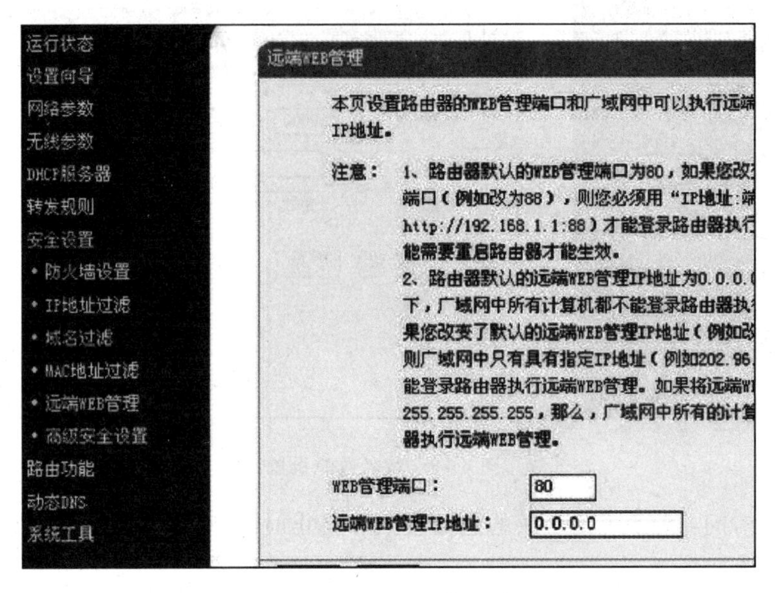

图6-81　远端WEB管理设置

步骤十六：单击"高级安全设置"选项，进入"高级安全选项"界面，如图6-82所示。

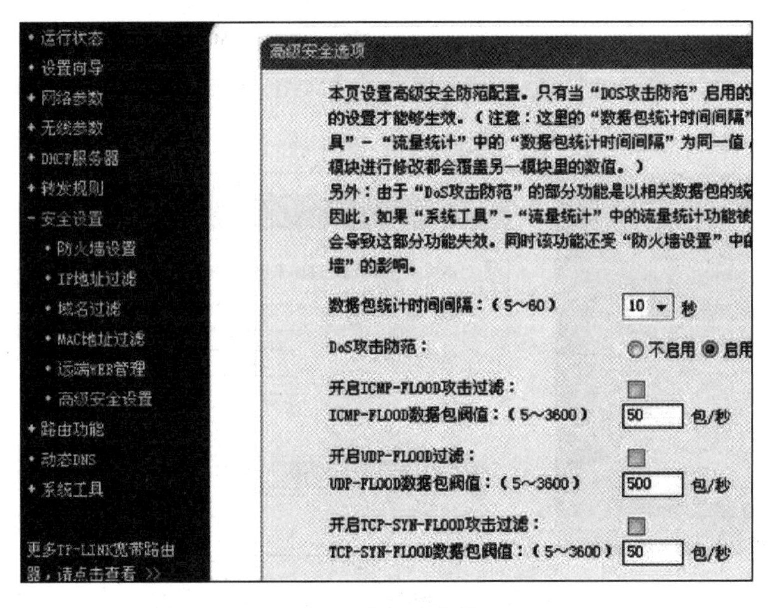

图6-82　高级安全设置

(1) 数据包统计时间间隔：对当前这段时间里的数据进行统计，如果统计得到的某种数据包(如UDP FLOOD)达到了指定的阈值，那么系统将认为UDP-FLOOD攻击已经发生；如果UDP-FLOOD过滤已经开启，那么路由器将会停止接收该类型的数据包，从而达到防范攻击的目的。

(2) DoS攻击防范：这是开启以下所有防范措施的总开关，只有启用此项，才能使几种防范措施生效。

步骤十七：单击"路由功能"组中的"静态路由表"选项，进入"静态路由表"界面，如图6-83所示，设置连接其他路由的网络。

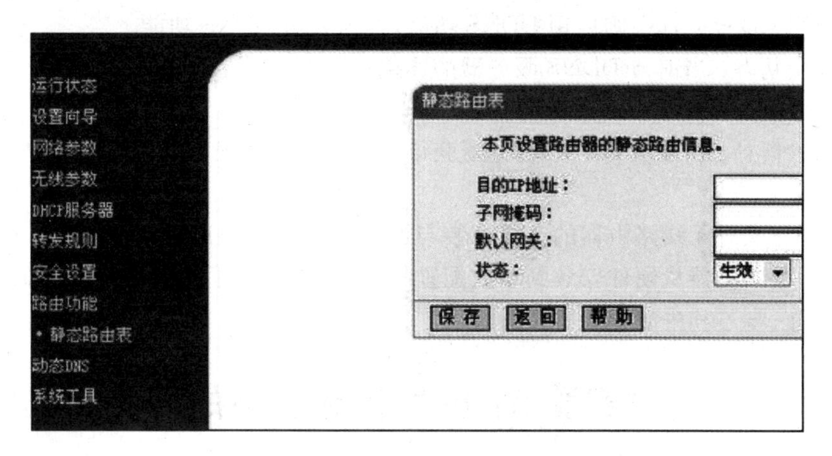

图6-83　静态路由表设置

(1) 目的IP地址：欲访问的网络或主机IP地址。

(2) 子网掩码：填入子网掩码。

(3) 默认网关：数据包被发往的路由器或主机的IP地址。该IP必须与WAN或LAN口属于同一个网段。

(4) 状态：只有选择"生效"后本条目所设置的规则才能生效。

步骤十八：单击"动态DNS"选项，进入"动态DNS设置"界面，如图6-84所示。

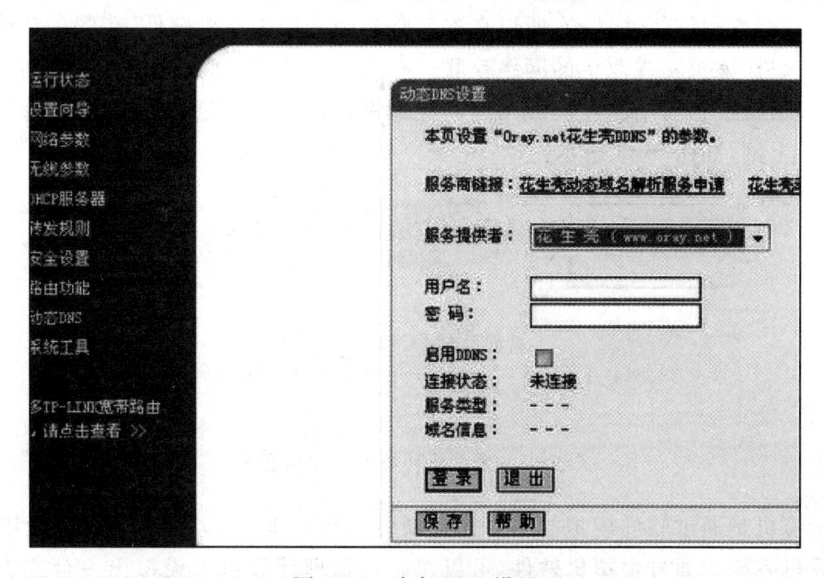

图6-84　动态DNS设置

动态DNS是部分TP-LINK路由的一个新的设置内容。这里所提供的"Oray.net花生壳DDNS"可以用来解决动态IP的问题。针对大多数不使用固定IP地址的用户，通过动态域名解析服务可以经济、高效地构建自己的网络系统。

(1) 服务提供者：提供DDNS的服务器。

(2) 用户名：在DDNS服务器上注册的用户名。

(3) 密码：在DDNS服务器上注册的密码。

(4) 启用DDNS：选中则启用DDNS功能，否则关闭DDNS功能。

(5) 连接状态：当前与DDNS服务器的连接状态。

(6) 服务类型：在DDNS服务器上注册的服务类型。

(7) 域名信息：当前从DDNS服务器获得的域名服务列表。有兴趣的用户可以尝试一下这个功能。

至此，已完成对无线路由器的全部安装与配置。本实验到这里就完成了。通过这个实验，介绍了无线路由器从硬件安装到参数配置的知识，也介绍了很多网络参数的含义，希望对读者在工作、学习和生活中有所帮助。

6.5 选做实验2：虚拟机环境下的网络工具

知道了有关网络安全的常识以后，接下来了解一下网络上常用的用来配置和调试网络的工具软件，希望读者能对计算机网络的特点有更加深刻的认识。虽然这些工具的原本目的是用来测试和配置网络时使用，不过网络攻击者往往也把这些工具作为破坏计算机安全的武器来使用。了解了这些工具的使用，也会更加理解如何保护自己的计算机。

6.5.1 实验环境的搭建

因为网络相关的实验需要在局域网的两台计算机之间进行，而且可能会有一些对原本主机的安全和配置的破坏性试验，所以在本实验当中使用虚拟机软件，在同一台计算机中模拟另一台计算机，虚拟实现双机的网络互联。在这个实验里，真实的计算机起到了网关路由器的作用，而虚拟机相当于跑在局域网内的计算机，所有数据都是经过真实的计算机网卡传输，实现共享上网，如图6-85所示。

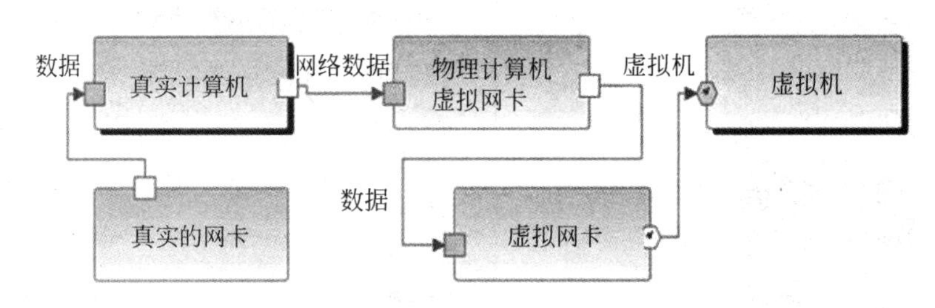

图6-85 虚拟机环境的搭建示意图

上述虚拟机是通过软件模拟的具有完整硬件系统功能的、运行在一个完全隔离环境中的完整计算机系统。通过虚拟机软件，可以在一台物理计算机上模拟出一台或多台虚拟的计算机，这些虚拟机完全像真正的计算机那样工作，可以在虚拟机上安装操作系统、安装应用程序、访问网络资源等。虽然它只是运行在原始物理计算机上的一个应用程序，但是对于在虚拟机中运行的应用程序而言，它就像是在真正的计算机中工作。

现在流行的虚拟机软件有 VMware 和 Virtual PC，这里使用 VMware 9.0 作为实验平台。

1. 虚拟机的安装

步骤一：双击虚拟机软件 VMware 9.0 的安装程序，出现虚拟机软件的安装向导，如图 6-86 所示。

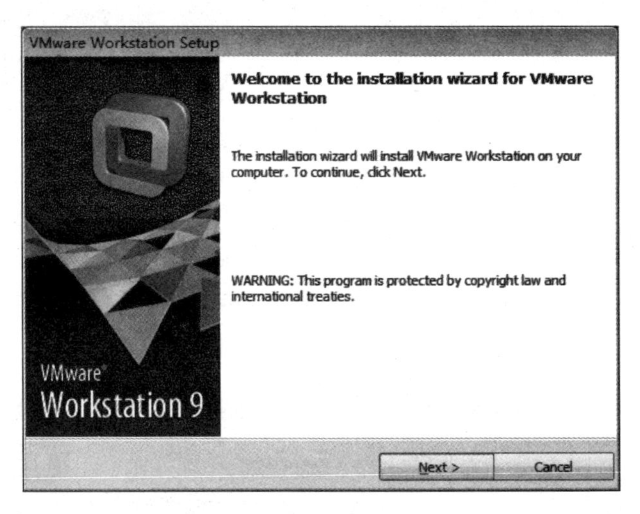

图 6-86　虚拟机的安装向导

步骤二：单击 Next 按钮，然后选择 Typical 标准安装，如图 6-87 所示。

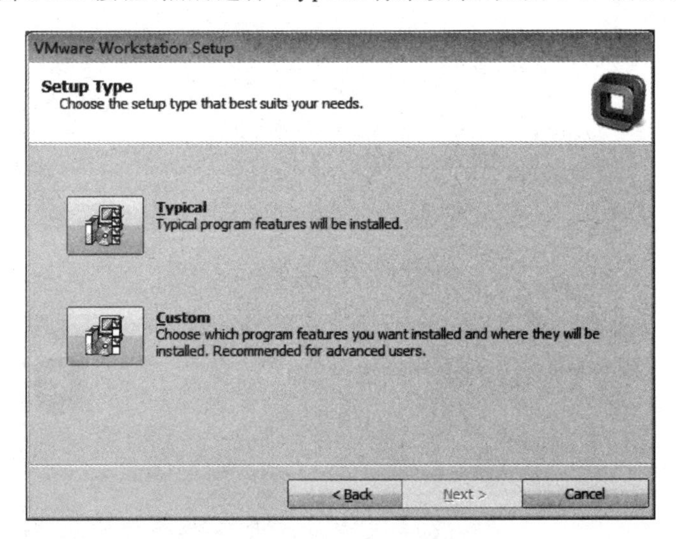

图 6-87　选择"Typical"标准安装

步骤三：继续单击 Next 按钮，选择安装文件的路径，一般默认就可以，也可以单击 Change 按钮修改文件安装路径，如图 6-88 所示。

步骤四：单击 Next 按钮以后，会询问快捷方式的出现位置，可以按自己的习惯修改或者采用默认设置，如图 6-89 所示。单击 Next 按钮以后，就可以单击 Install 按钮开始安装了。

步骤五：开始安装过程，如图 6-90 所示，直到安装完成，如图 6-91 所示，然后重新启动计算机。

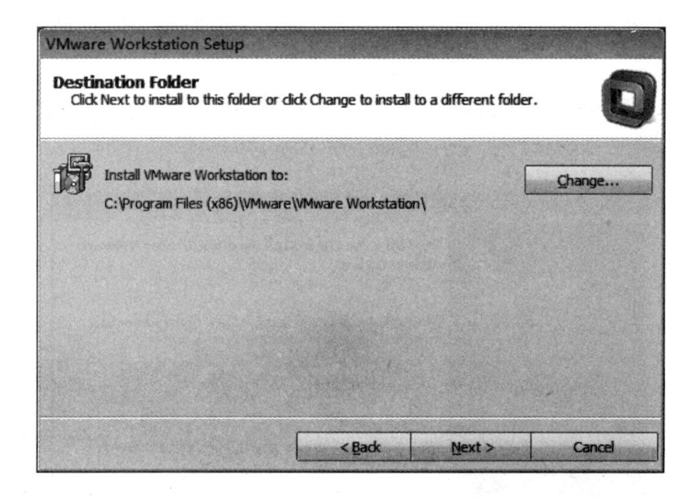

图 6-88 选择安装到的路径

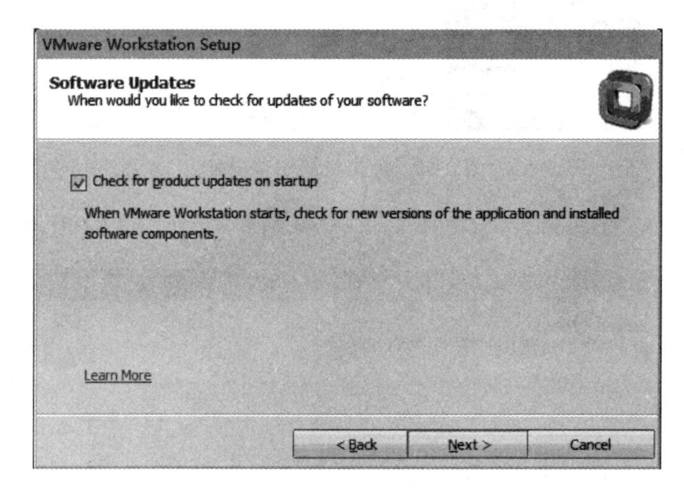

图 6-89 设置快捷方式

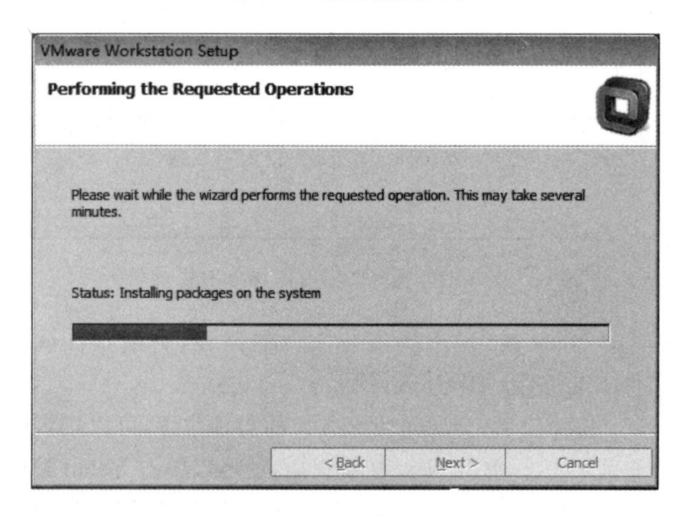

图 6-90 安装过程

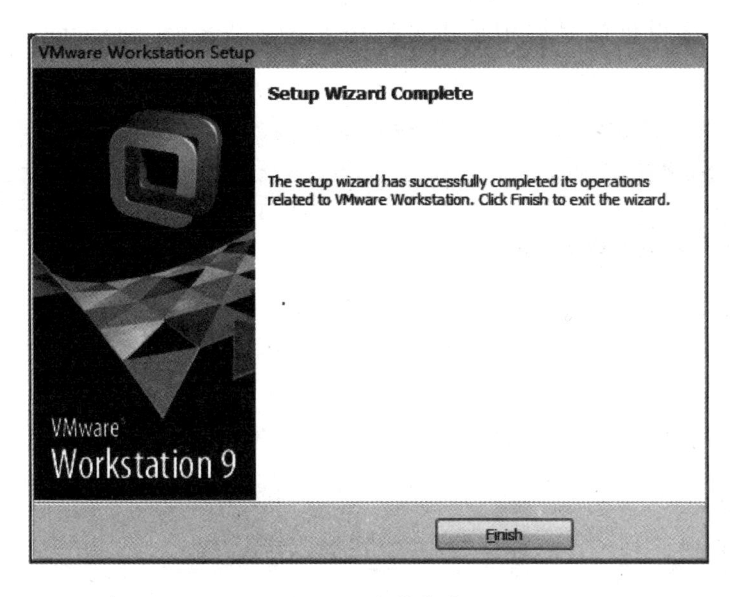

图 6-91　安装完成

2. 在虚拟机中安装操作系统

因为虚拟机只是一个计算机模拟程序，所以要安装一个操作系统，才能进行这个网络实验。

步骤一：通过“开始”菜单运行安装好的虚拟机程序，如图 6-92 所示。

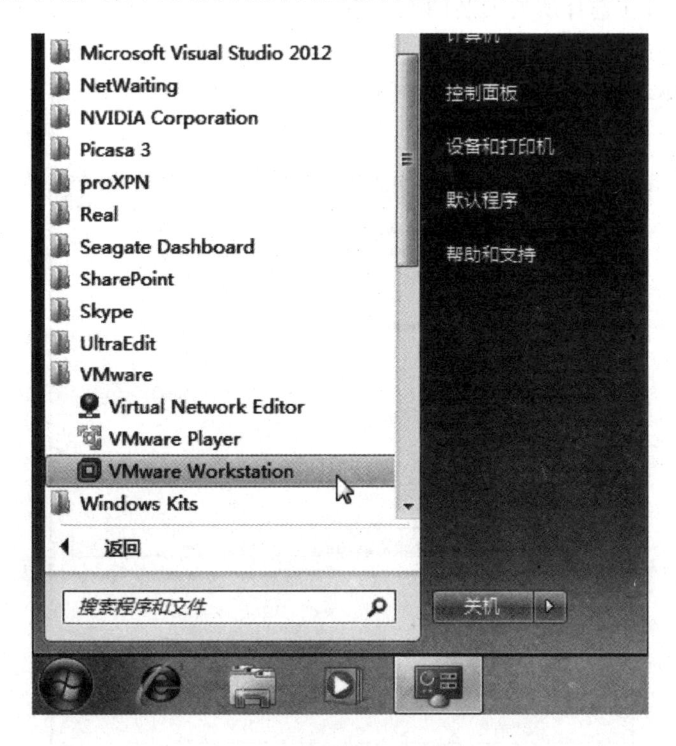

图 6-92　“开始”菜单里面的虚拟机快捷方式

步骤二：在虚拟机的界面中单击 Create a New Virtual Machine 新建虚拟机，如图 6-93 所示。

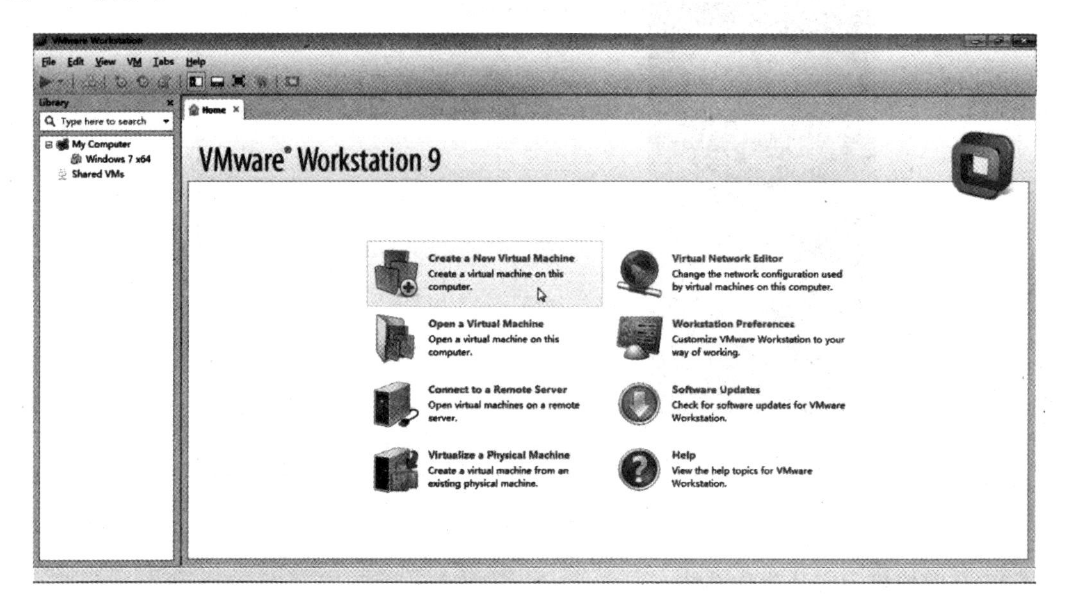

图 6-93　虚拟机的界面

步骤三：弹出向导对话框，一直单击 Next 按钮，根据向导去修改设置。基本都是默认的设置就可以，不过在选择所要安装的操作系统的时候应选择自己想使用的操作系统，一般用 Windows 比较方便，如图 6-94 所示。在选择安装目录的时候，如图 6-95 所示，要注意虚拟机文件所在的驱动器是否有足够的空间。至于虚拟机硬盘的大小，一般 60GB 足够，如图 6-96 所示。

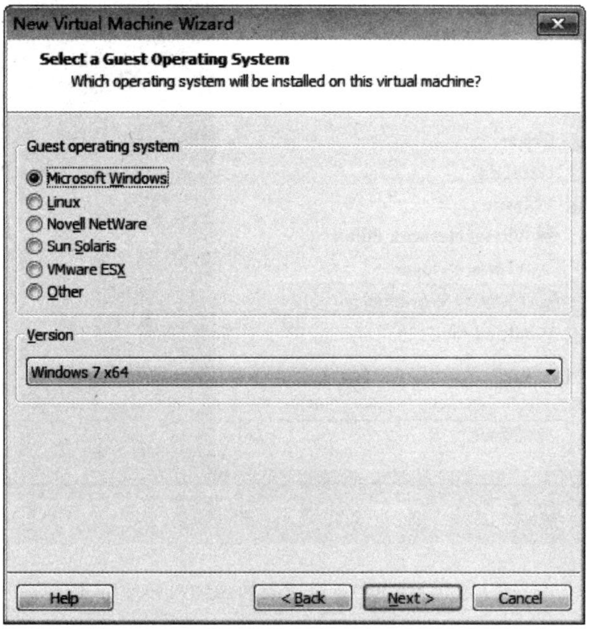

图 6-94　设置支持的操作系统

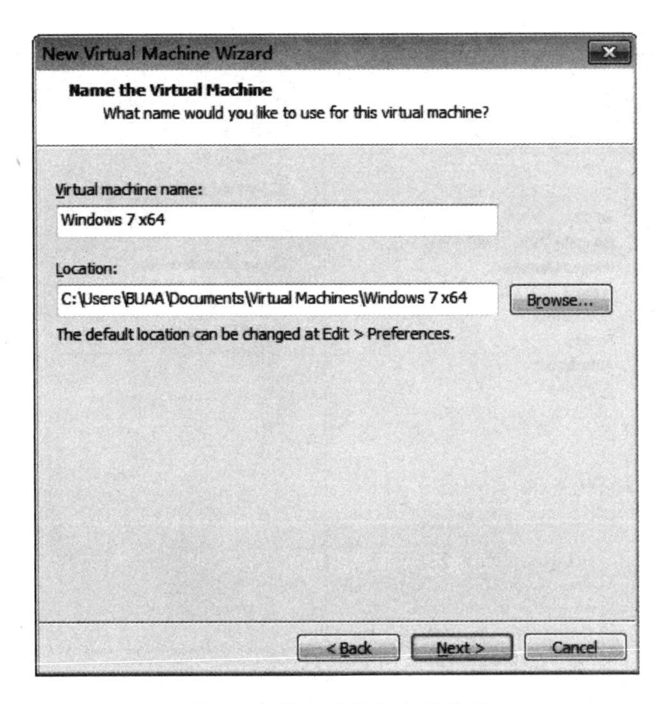

图 6-95　设置虚拟机文件位置

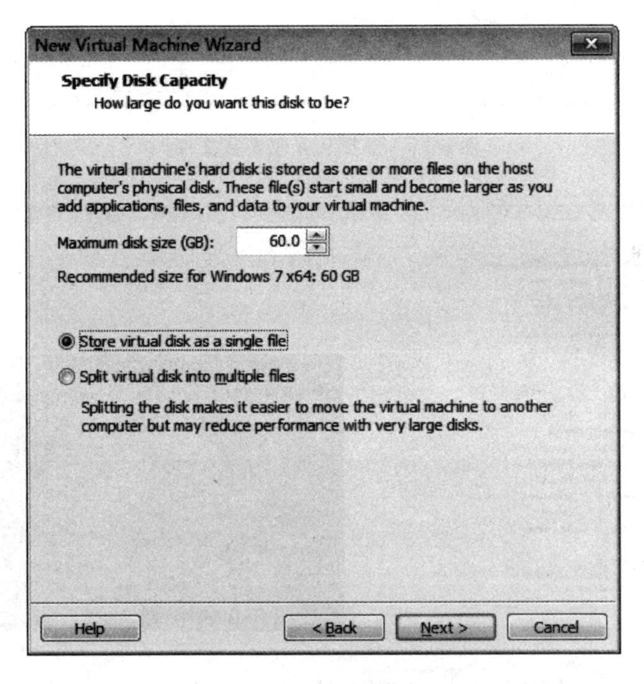

图 6-96　设置虚拟机硬盘大小

步骤四：选择光驱要加载的安装操作系统光盘的映像文件，如图 6-97 所示，单击 OK 按钮，然后单击绿色的启动按钮，如图 6-98 所示，开始安装操作系统，具体过程请参考第 2 章。虚拟机启动画面如图 6-99 所示。

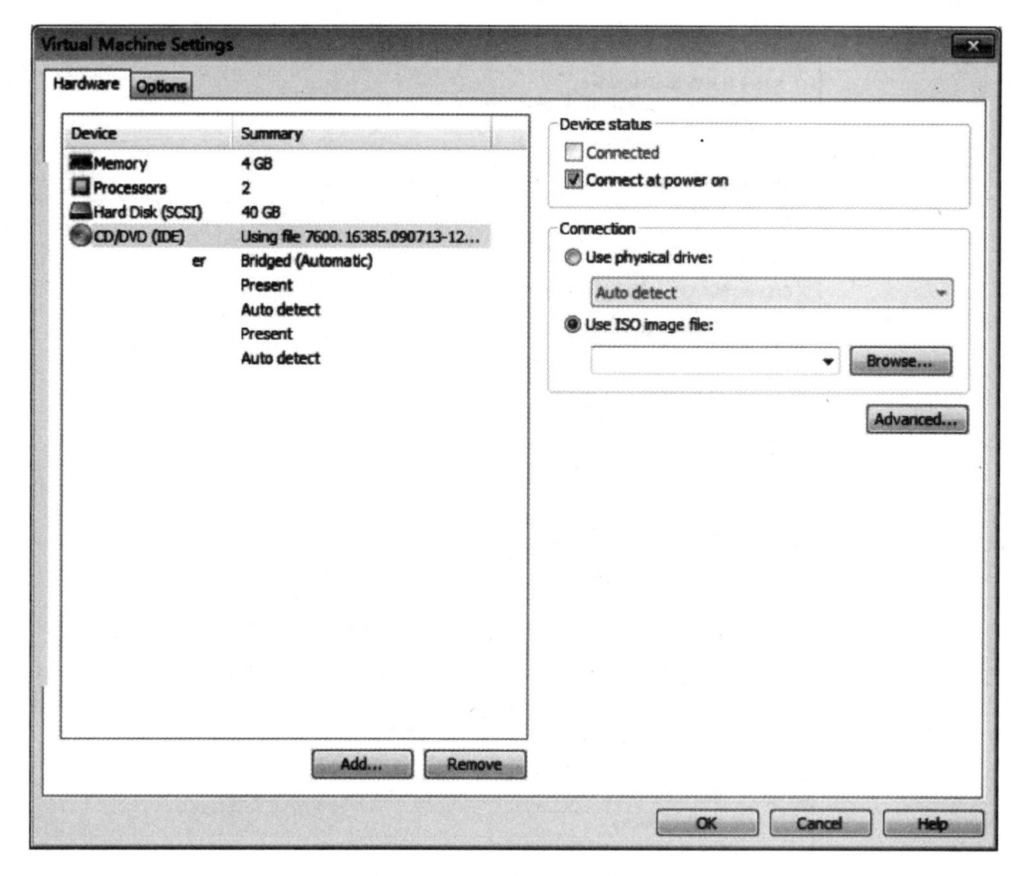

图 6-97　选择从光驱安装文件

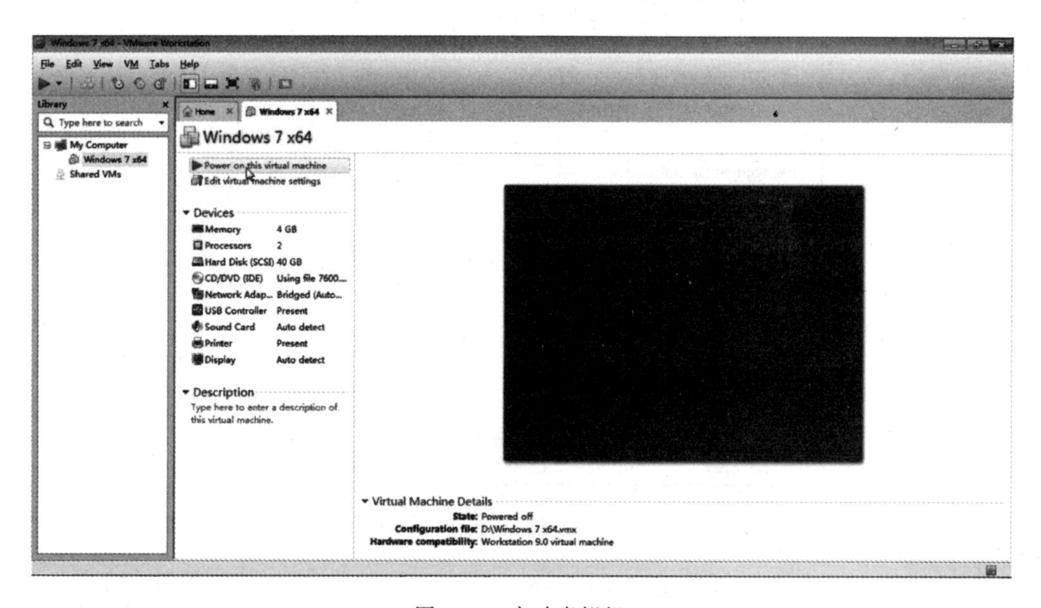

图 6-98　启动虚拟机

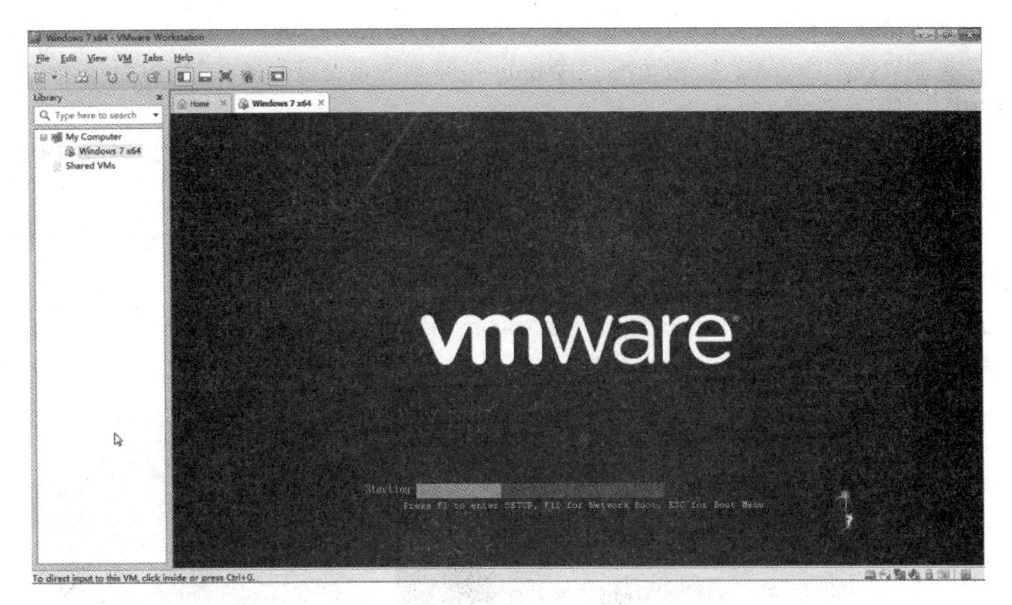

图 6-99　虚拟机启动画面

6.5.2　实验常见网络工具

安装好虚拟机的操作系统以后，实验环境就基本搭建完毕了。下一步开始网络工具应用实验，本实验主要使用的网络工具有 ping 命令、代理服务器和网络嗅探器。

1. ping 命令

ping 是 Windows 系列自带的一个可执行命令。利用它可以检查网络是否能够连通，可以很好地帮助用户分析和判定网络故障。该命令只有在安装了 TCP/IP 协议后才可以使用。ping 命令的主要作用是通过发送数据包并接收应答信息来检测两台计算机之间的网络是否连通。当网络出现故障的时候，可以用这个命令来预测故障和确定故障点。ping 命令成功执行说明当前主机与目的主机之间存在一条连通的路径；如果不成功，则考虑网线是否连通、网卡设置是否正确、IP 地址是否可用等。

需要注意：成功地与另一台主机进行一次或两次数据报交换并不表示 TCP/IP 配置就是正确的，必须执行大量的本地主机与远程主机的数据报交换才能确信 TCP/IP 的正确性。默认情况下，Windows 上运行的 ping 命令可发送 4 个 ICMP(因特网控制报文协议)回送请求，每个为 32 字节的数据，如果一切正常，应能得到 4 个回送应答。

ping 能够以毫秒为单位显示发送回送请求到返回回送应答之间的时间量。如果应答时间短，表示数据报不必通过太多的路由器，或网络连接速度比较快。ping 还能显示 TTL (Time To Live)值，通过 TTL 值可以推算数据包已经通过了多少个路由器：源地点 TTL 起始值(就是比返回 TTL 略大的一个 2 的乘方数)减去返回时 TTL 值。例如，返回 TTL 值为 119，那么可以推算数据报离开源地址的 TTL 起始值为 128，而源地点到目标地点要通过 9 个路由器网段(128～119)；如果返回 TTL 值为 246，TTL 起始值就是 256，源地点到目标地点要通过 9 个路由器网段。

一般情况下，还可以通过 ping 对方让对方返回用户的 TTL 值的大小，还可以粗略地判断目标主机的系统类型是 Windows 系列还是 UNIX/Linux 系列，如果是黑客，就可以通过这个信息制订攻击的方案。一般情况下 Windows 系列的系统返回的 TTL 值为 100～130，而 UNIX/Linux 系列的系统返回的 TTL 值在 240～255。

本实验是通过在虚拟机上 ping 回真实计算机的 IP 地址，观察这个虚拟的局域网是否真的连通了。

步骤一：启动虚拟机以后，选择"开始"→"运行"，输入 cmd，弹出一个黑色的 DOS 命令行窗口，如图 6-100 所示。

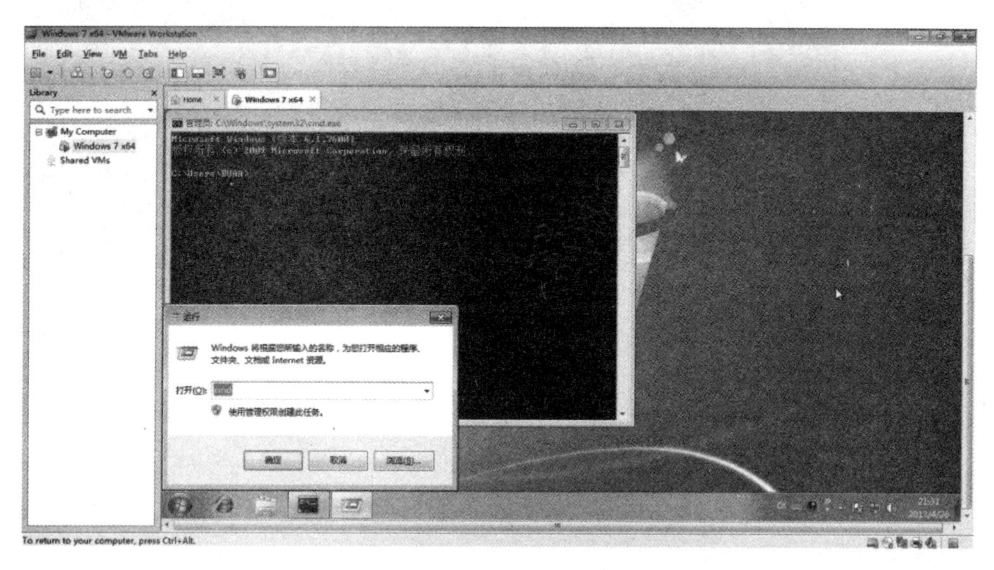

图 6-100 进入 DOS 命令行

步骤二：在 DOS 命令行窗口下输入 ping 加上真实计算机的 IP，按 Enter 键，观察网络连通情况。假设真实计算机的 IP 是 172.16.71.61，示例结果如图 6-101 所示。

图 6-101 ping 之后的结果

2. 代理服务器

代理服务器(Proxy Server)的功能就是代理网络用户去取得网络信息。形象地说：它是网络信息的中转站。一般情况下，使用网络浏览器直接去连接其他 Internet 站点取得网络信息时，都是直接连接到目的站点的 Web 服务器，然后由目的站点服务器把信息传送回来。介于浏览器和 Web 服务器之间的另一台服务器就是代理服务器，有了它之后，浏览器不是直接到 Web 服务器去取回网页，而是向代理服务器发出请求，信号先送到代理服务器，再由代理服务器取回浏览器所需要的信息并传送给浏览器。

代理服务器的作用主要有共享上网、防止攻击、突破网盾限制、掩藏身份、提高访问某些网站的速度。在局域网中可以通过假设代理服务器的方法实现共享上网，而且一般的 HTTP 代理服务器很难被宽带服务运营公司屏蔽，这样就可以突破一个宽带账户只能供一台计算机上网的限制。

下面使用假设 CCProxy 代理服务器来实现共享上网。

步骤一：首先在真实的计算机上安装并运行 CCProxy，如图 6-102 所示。

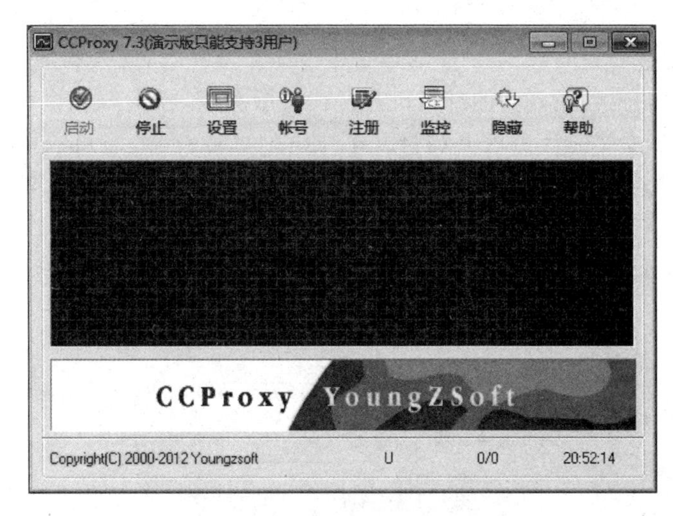

图 6-102　启动 CCProxy 代理服务器

步骤二：单击"设置"，设置代理服务器的端口，默认是 808，如图 6-103 所示。注意打开代理的时候，到真实计算机"控制面板"窗口中单击"网络连接"，把两个虚拟机的网卡全部禁用后代理服务器才能正常运行。

步骤三：在虚拟机的网络浏览器上设置使用这个代理服务器。打开 IE 浏览器，选择"工具"→"Internet 选项"→"连接"→"局域网设置"→"代理服务器"，然后输入真实计算机的 IP 地址和代理服务器的端口号，如图 6-104 所示。然后在浏览器地址栏中输入网址，也能通过这个代理服务器共享上网。

3. Ethereal 嗅探器

嗅探器是一种监视网络数据运行的软件，它里面的协议分析器既能用于合法网络管理，也能用于窃取网络信息。例如，网络运行和维护可以采用协议分析器，如监视网络流量、分析数据包、监视网络资源利用、执行网络安全操作规则、鉴定分析网络数据以及诊断并修复网络问题等。非法使用嗅探器会严重威胁网络安全，这是因为它实质上不能进行探测行为，而且容易随处插入盗取信息,网络黑客常将它作为一种攻击武器。

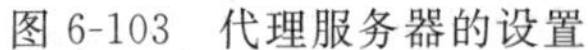

图 6-103　代理服务器的设置

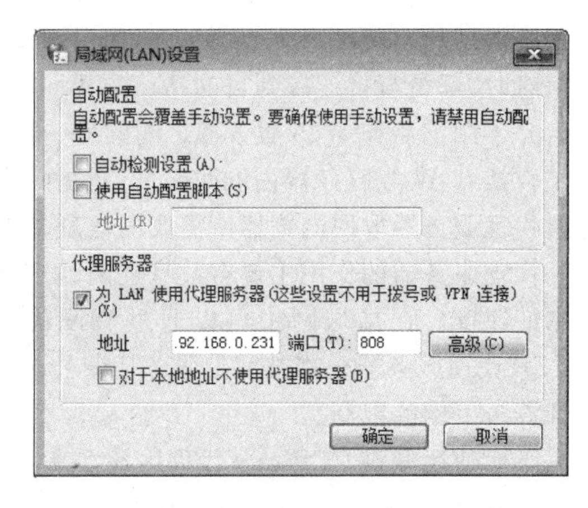

图 6-104　设置虚拟机的代理服务器

这里选用的嗅探器是开源的0.99版本的Ethereal嗅探器,现在利用虚拟机进行网络数据包截获实验。思路是利用真实的计算机打开代理服务器,在虚拟机里面利用这个代理服务器访问网络,而在真实的计算机上却打开了Ethereal嗅探器,它可以截获所有经过本机网卡的数据包,因此虚拟机所访问的网络内容都可以被真实计算机上的嗅探器看到。

步骤一:安装并启动Ethereal嗅探器。选择Capture→Start,开始抓包,如图6-105所示。

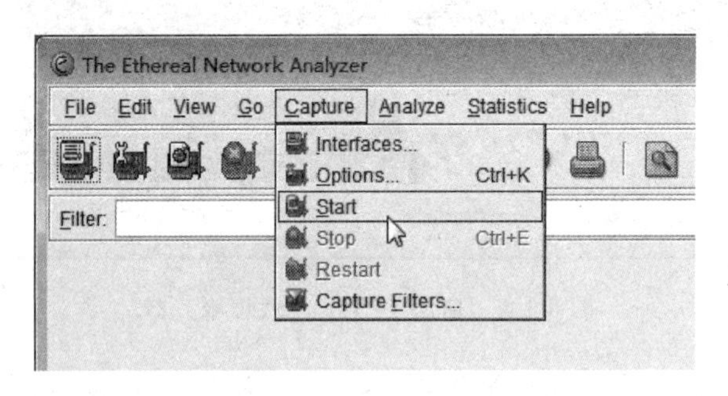

图 6-105　开始嗅探

步骤二:在虚拟机中,设置好代理服务器,再任意打开一个网页,如图6-106所示。

图 6-106　虚拟机打开网页

步骤三：停止嗅探器的抓包，选择 Capture→Stop，然后观察抓包结果，会发现几乎虚拟机访问以上网页所发出的所有操作信息和数据信息都在抓包的结果当中，如图 6-107 所示。

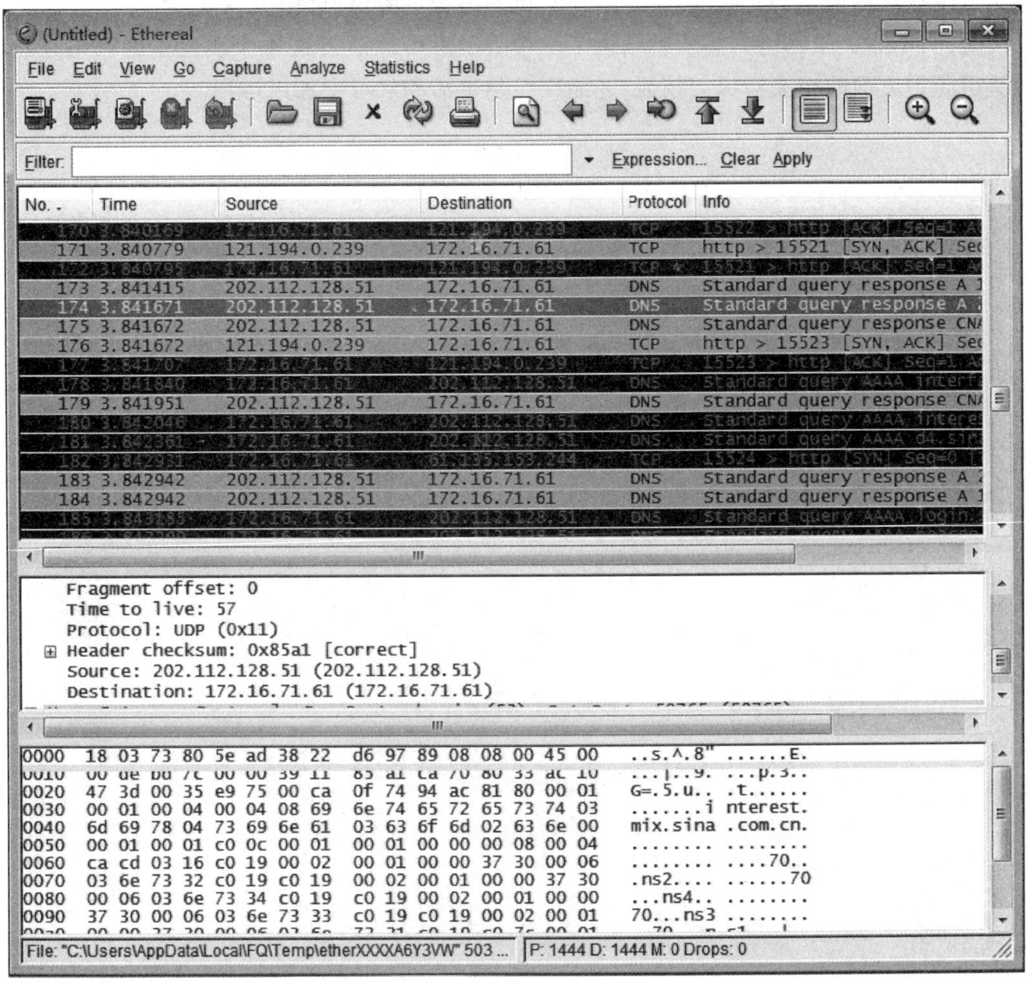

图 6-107 嗅探的一部分结果

嗅探器是很多高级黑客盗取密码和账号的重要工具，他们一般会利用伪造路由报文，吸引别的计算机的报文经过被黑客控制的计算机或者路由器，在这些计算机和路由器上运行嗅探程序，从而截获有价值的信息和资料。

黑客们伪造的报文通常是 ARP 报文，这种攻击方式一般被称为 ARP 欺骗攻击。被 ARP 欺骗攻击的主要表现为使用局域网时会突然掉线，过一段时间后又会恢复正常。例如，客户端状态频频变红、用户频繁断网、IE 浏览器频繁出错以及一些常用软件出现故障等，不过在 MS-DOS 窗口下运行 arp-d 命令后，又可恢复上网。

现在也有专门进行 ARP 欺骗的病毒和木马，一旦 ARP 欺骗木马成功感染了一台计算机，就可能导致整个局域网都无法上网，严重的甚至可能使整个网络瘫痪。木马发作时除了会导致同一局域网内的其他用户上网出现时断时续的现象外，还会窃取用户密码，如盗取 QQ 密码，盗取各种网络游戏密码和账号去做金钱交易，盗窃网上银行账号来做非法交易活动等。目前应对ARP攻击最多是绑定IP和MAC的方法,或者使用ARP防护软件。现在的"360安全卫士"木马清理软件就集成了防止ARP攻击的防火墙。为了防止ARP报文欺骗结合嗅探器的信息盗窃活动,最好给计算机安装合适的ARP防火墙。

至此,本章关于网络的实验就结束了。希望读者可以通过这4个实验掌握网络连接和计算机防护方面的相关知识与技能,并能在实际生活和学习中加以运用。

第7章 编程环境与数据库配置

集成开发环境(Integrated Development Environment,IDE)是用于提供程序开发环境的应用程序,一般包括代码编辑器、编译器、调试器和图形用户界面工具,它集成了代码编写、分析、编译、调试等功能,有的还提供了开发框架、自动代码生成和建模等功能。它可以独立运行,也可以和其他程序并用。一个好的IDE能够在一定程度上有助于提高程序员的开发效率和代码质量。

数据库是人们为解决特定的任务,以一定的组织方式存储在一起的相关数据的集合。它是通过数据库管理系统(DataBase Management System,DBMS)软件来实现数据的存储、管理与使用的。人们经常也把这些管理系统简称为数据库。使用数据库,可以有效地对数据进行存储、管理和使用,IDE经常与数据库结合使用,在程序中对数据库进行操作以实现更丰富的功能。

对于计算机相关专业的学生而言,熟练掌握至少一门编程语言,熟悉至少一种集成开发环境,并掌握数据库的基本操作是专业领域的基本技能,也是后续很多课程学习和进行软件开发实践的基础。本章将重点介绍Visual Studio 2012的安装和基本操作、Microsoft SQL Server 2012数据库的安装和基本操作以及Java环境和Android环境的配置与使用。

7.1 基础知识储备与扩展

7.1.1 常用编程语言概述

语言是人与人之间传递信息的媒介和手段。在计算机领域,编程语言充当了人与问题和协助解决该问题的计算机之间的接口和工具。根据对现实世界的抽象层次,计算机语言可以分成机器语言、汇编语言和高级语言。现在使用的编程语言通常是高级语言,在嵌入式和一些底层的环境中也可能会使用汇编语言进行编程。

下面对一些高级编程语言做简要介绍。

(1) FORTRAN语言。FORTRAN语言出现于1954年,是世界上最早的高级语言,广泛应用于科学和工程计算领域。FORTRAN语言以其特有的功能在数值、科学和工程计算领域发挥着重要作用。

(2) Pascal语言。Pascal语言是最早的结构化编程语言,常用于算法和数据结构的描述。用Pascal编写的程序有一种结构化的美感,学习Pascal语言有助于培养良好的程序设计风格和编程习惯。

(3) BASIC语言。BASIC语言相对于其他编程语言来说简单易用,并具有“人机会话”

功能,是一种比较适合于初学者和爱好编程的非专业人士的语言。但是其简单与随意的特性也容易让使用者养成不好的编程习惯。

(4) COBOL语言。COBOL语言是最接近于自然语言的高级语言之一,它使用了300多个英文保留字,语法规则严格,程序通俗易懂,是一种功能很强而又极为冗长的语言。它常用于商业数据处理等领域。

(5) C语言。C语言兼顾高级语言和汇编语言的特点,灵活性很好,效率高,常用来开发比较底层的软件。例如,Linux操作系统就是用C语言编写的。要充分掌握该语言,需要一定的计算机基础和编程经验,所以虽然现在很多高校选择C语言作为入门编程语言,但它并不十分适合初学者。

(6) C++语言。C++语言在C语言的基础上加入了面向对象的特性,既支持结构化编程,又支持面向对象编程,使其应用领域十分广泛,是现在使用较多的语言之一。

(7) Java语言。Java语言是现在非常流行的一种编程语言,具有平台无关性、安全性、面向对象、分布式、健壮性等特点。Java本身也是一个平台,分为3个体系(Java SE、Java EE和Java ME),适合企业应用程序和各种网络程序的开发。

(8) Delphi语言。Delphi语言以Pascal语言为基础,扩充了面向对象的能力,并加入了可视化的开发手段,用于开发Windows环境下的应用程序。

(9) C#语言。C#语言是微软公司发布的一种面向对象的、运行于.NET Framework之上的高级程序设计语言,它充分借鉴了C++、Java和Delphi的优点,是现在微软.NET平台上的主角。

(10) Objective-C。Objective-C是扩充C的面向对象编程语言,主要用于macOS和GNUstep这两个使用OpenStep标准的系统。它的流行归功于iPhone的成功,因为Objective-C一直被用于编写iPhone应用程序。

(11) 标记语言。标记语言主要用来描述网页的数据和格式,没有传统编程语言提供的控制结构和复杂的数据结构定义。例如,超文本标记语言(HTML)和可扩展标记语言(XML)。

(12) 脚本语言。脚本语言是可以被另一种语言解释执行的语言。脚本语言假设已经存在了一系列由其他语言写成的有用的组件,它不是用于实现最原始的应用,而主要是把组件连接在一起,实现某一特定领域功能。例如Shell、Perl、Python等。这种领域特定语言的应用是未来编程的发展方向之一。

随着计算机科学的发展和应用领域的扩大,编程思想在不断发展,编程语言也在不断演化。每个时期都有一些主流的编程语言,也都有一些语言出现或消亡。每种语言都有其自身的优点和缺点,适合于不同的应用领域,也都不可避免地具有一定的局限性。

计算机相关专业的学生不仅应当以熟练掌握某一种编程语言作为学习目标,更应该掌握编程语言所体现的面向过程、面向对象、面向服务等编程思想,普遍存在于各种语言下的数据结构、算法、编译和操作系统原理以及良好的编程习惯和软件工程思想。只有这样才能以不变应万变,不被新技术"迷信症"蛊惑,不被编程语言的快速发展拖垮,不被日新月异的计算机领域淘汰,始终拥有主动权和核心竞争力。

7.1.2 集成开发环境概述

集成开发环境与编程语言并不是一对一的关系。一个集成开发环境可能支持多种编程语言,而一种编程语言也可能被多个集成开发环境所支持。

Borland 公司在 1987 年首次推出 Turbo C 1.0 产品,其中使用了全然一新的集成开发环境,即使用了一系列下拉式菜单,将文本编辑、程序编译、连接以及程序运行一体化,大大方便了程序的开发。然后 Borland 公司开发的 Borland Turbo C/C++独领风骚,风靡全球,成为 DOS 时代最强大的开发工具。

1991 年,微软公司推出了 DOS 版本的 Visual Basic 1.0,这在当时引起了很大的轰动,它是第一个“可视”的编程软件。而且,Visual Basic 还引入了“控件”的概念,使得大量已经编好的 Visual Basic 程序可以被直接拿来使用,大量程序员由此被吸引到 Visual Basic 的阵营中。

1993 年,微软公司推出 Visual C++ 1.0,并不断地进行版本升级,现在的 Visual C++ 6.0 依然是很多人编写 C/C++程序的首选集成开发环境。但是,由于国际标准组织(ISO)在 1998 年才颁布了 C++程序设计语言的国际标准,这款集成开发环境的编译器并没有完全实现标准 C++。在这方面做得比较好的是开源社区 GNU 推出的 DEV C++,它使用了 gcc 编译器。

1995 年,Borland 公司推出了 Delphi 集成开发环境,它集中了第三代语言的优点,并且完美地结合了可视化开发手段。此外,Delphi 使用了本地编译器直接生成技术,使程序的执行性能远远高于其他产品生成的程序。这款编译器的主要开发者正是 C# 的创始人 Anders Hejlsberg。

Java 语言流行后,很多公司都进入了其集成开发环境的开发中,这场角逐的胜出者是 IBM 赞助开发的开源软件 Eclipse,它以插件架构以及在功能和用户交互上的创新赢得了无数 Java 使用者的好评。Sun 公司开发并推出的 NetBeans 也发展很快,有后来居上之势。

2002 年,随着.NET 口号的提出与 Windows XP / Office XP 的发布,微软公司发布了 Visual Studio .NET。与此同时,微软公司引入了建立在.NET 框架上的托管代码机制以及一门新的语言,即 C#。2003 年,微软公司对 Visual Studio 2002 进行了部分修订,以 Visual Studio 2003 的名义发布;.NET 框架也升级到了 1.1。2005 年,微软公司发布了 Visual Studio 2005,这时的 Visual Studio 已经是一款成熟而杰出的集成开发环境。2007 年 11 月,微软发布了 Visual Studio 2008。2010 年 4 月 12 日,微软发布了 Visual Studio 2010 以及.NET Framework 4.0。当前最新的版本是 Visual Studio 2018 以及.NET Framework 4.5。

7.1.3 常用数据库概述

数据库的发展大致可划分为人工管理阶段、文件系统阶段、数据库系统阶段和高级数据库阶段等几个阶段。历史上出现过的数据库系统模型主要有层次数据库、网状数据库和关系数据库,现在的主流数据库基本上都属于关系数据库。

经常会接触到的数据库如下所述。

(1) Access。Access 是由微软公司发布的关联式数据库管理系统,是 Office 家族的成员之一。它缺乏数据库触发和预存程序,比较适合简单的数据管理和开发简单的 Web 应用程序。

(2) SQL Server。SQL Server 最初是由微软、Sybase 和 Ashton-Tate 三家公司共同开发的关系数据库,于1988年推出了第一个OS/2版本,SQL Server 2000是比较成熟的一个版本。最新版本是SQL Server 2017。

(3) Oracle。Oracle 是由甲骨文公司推出的数据库系统,当前最新版本是 Oracle 11g。该数据库有无限可伸缩性、高可用性、高安全性、商业智能等特性,并可在集群环境中运行商业软件,特别适合大型业务的开发和运营。

(4) MySQL。MySQL 是一个小型关系数据库管理系统,开发者为瑞典 MySQL AB 公司,目前属于 Oracle 公司。其体积小、速度快、总体拥有成本低,尤其是开放源代码这一特点,使得许多中小型网站为了降低网站总体拥有成本而选择了 MySQL 作为网站数据库。

随着网络技术的兴起、海量数据的获取和编程思想的改变,数据库技术也有了很大的发展,近年来涌现出很多新型数据库模型,如面向对象数据库、XML 数据库等。应用领域的扩展也产生了很多结合计算机科学最新发展成果的各种特殊功能的数据库类型,如主动数据库、时态数据库、网格数据库、嵌入式数据库、多媒体数据库及空间数据库等,感兴趣的读者可以查阅一些这方面的资料。

7.2 基础实验:Python 环境的安装与配置

Python 是近期非常热门的语言,其语法规则非常简单,相比于传统的高级语言没有数据类型一类的学习难点,非常容易上手,开发效率也很高。本实验使用 Python 3 搭建实验环境并运行 Hello World 例子。

步骤一:打开浏览器,登录 https://www.python.org/downloads/ 网站,如图 7-1 所示。

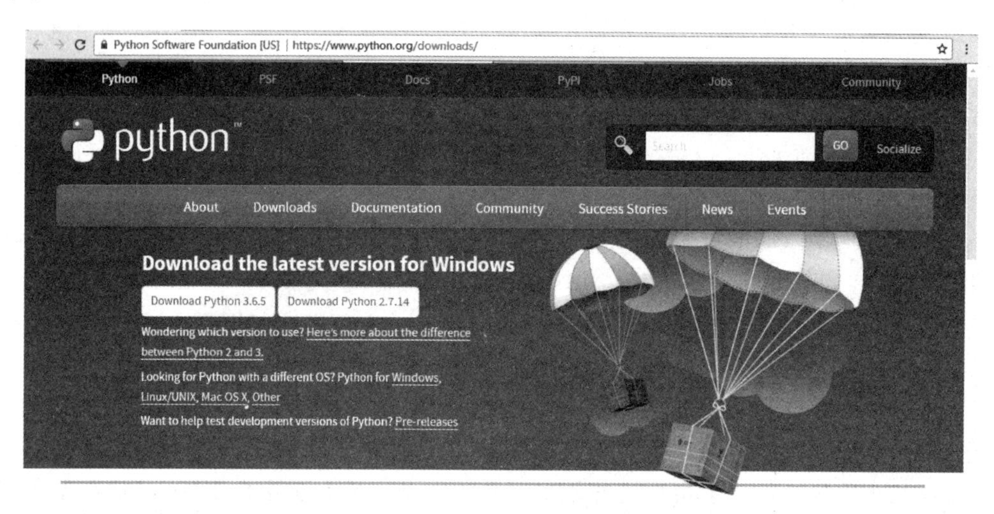

图 7-1 Python 官网

单击页面中的 Download Python 3.x.x(具体版本号随时间变化,下载最新版本即可)按钮下载 Python 3 安装程序。

步骤二:运行下载的安装程序并进行安装。这里需要注意的是,最下方有一个“Add

Python 3.x to PATH"复选框，选中这个复选框，就可以直接在"运行"对话框或命令提示符中使用 Python 命令和 pip 等命令了，推荐选中，如图 7-2 所示。

图 7-2　Python 安装程序

步骤三：安装完毕后，选择"开始"→"IDLE (Python 3)"，IDLE 是 Python 自带的 IDE，功能比较有限，但是也能够完成大部分工作了，界面如图 7-3 所示。

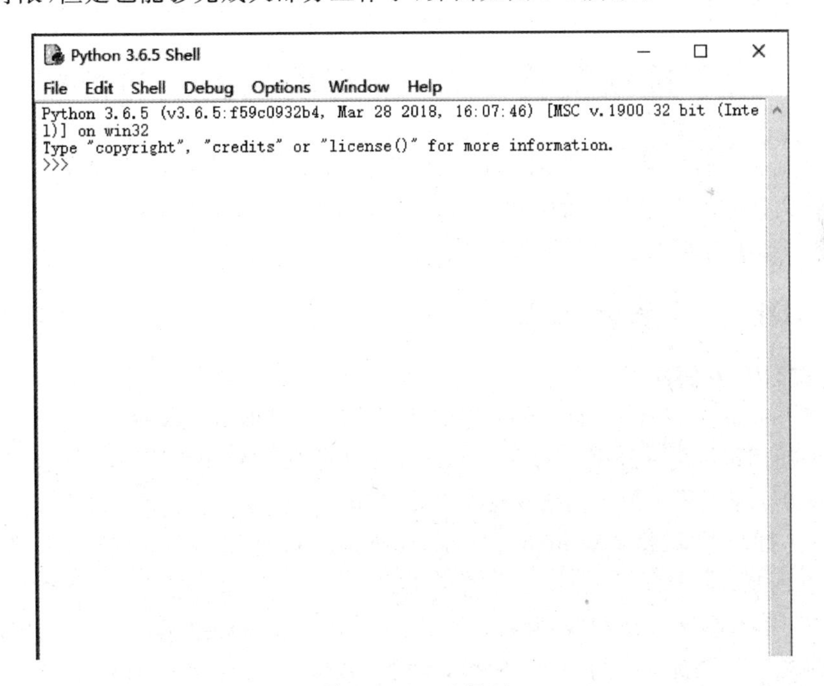

图 7-3　IDLE 界面

步骤四：选择 File→New File 或者按 Ctrl＋N 组合键新建文件，输入代码 print ("Hello World!")，如图 7-4 所示。

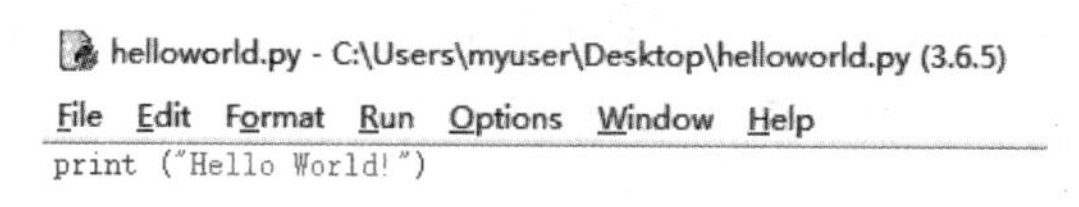

图 7-4　输入代码

print 是 Python 语言的输出语句，其本质也是一个函数(可以理解为程序定义的一种操作)，这里将字符串 Hello World! 作为 print 函数的参数传入，计算机就会将传入的这个参数打印到屏幕上。

步骤五：选择 Run→Run Module 或者按 F5 快捷键运行程序，如果未保存，会在运行前提示保存，运行结果如图 7-5 所示。

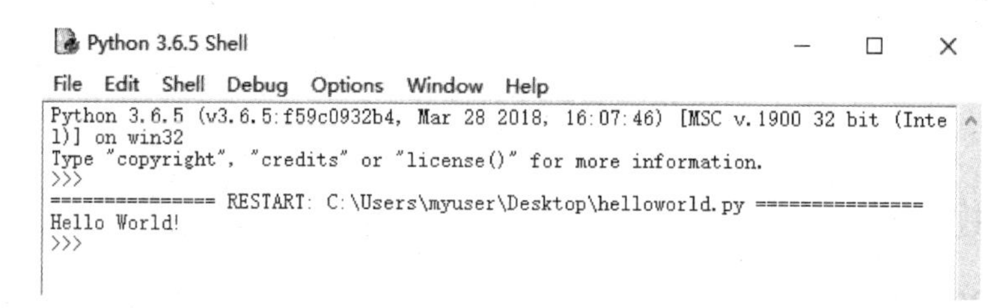

图 7-5　运行结果

可以看到，程序正常地将 Hello World! 打印到了屏幕上。

如果读者有兴趣，可以进一步通过网络学习 Python 语言，并尝试使用 Python 语言复现第 8 章的选做实验 1。

7.3　选做实验 1：Java 环境的安装与配置

Java 是现在软件行业中非常流行的一种语言，它的开发环境配置起来比较麻烦，令很多初学者感到头疼。搭建 Java 的开发环境有很多种选择，本实验使用 JDK＋IntelliJ IDEA 的组合，介绍 Java 环境的安装与配置。

7.3.1　JDK 的安装与配置

1. 下载 JDK 安装程序

要配置 Java 的开发环境，首先要安装和配置 JDK。JDK 是 Java Development Kit(Java 开发工具包)的缩写，是一种用于构建在 Java 平台上发布的应用程序、Applet 和组件的开发环境，所有 Java 应用程序都是构建在这个开发环境之上的。

步骤一：打开浏览器，登录 http://www.oracle.com/technetwork/java/index.html 网站，如图 7-6 所示。

步骤二：单击右侧 Top Downloads 栏目中的 Java SE 超链接，进入 Java SE 的下载页面。该页面提供了最新发布的 JDK 各种版本的下载链接，如图 7-7 所示。

步骤三：单击 Java Platform (JDK) 7u21 上面的 Download 按钮，进入 JDK 版权页面，选中 Accept License Agreement 单选按钮，如图 7-8 所示。

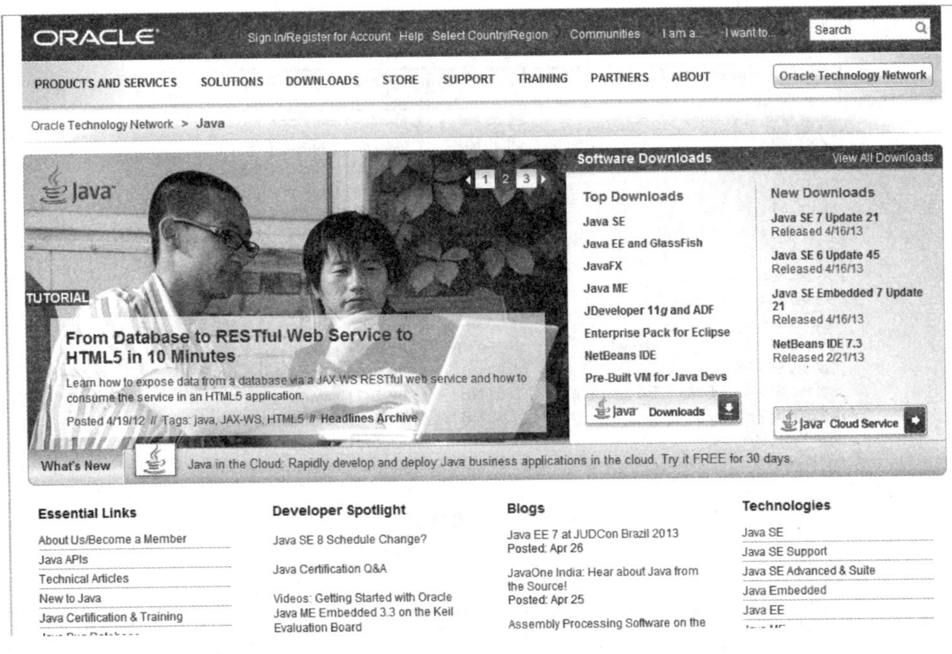

图 7-6　Oracle 官网

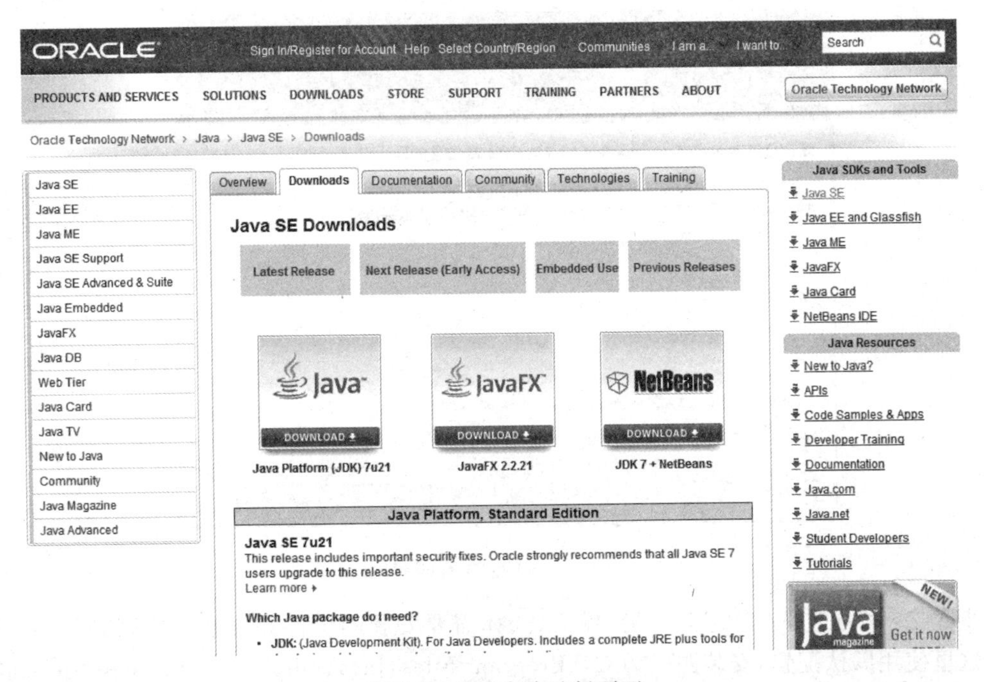

图 7-7　JDK 版本选择页面

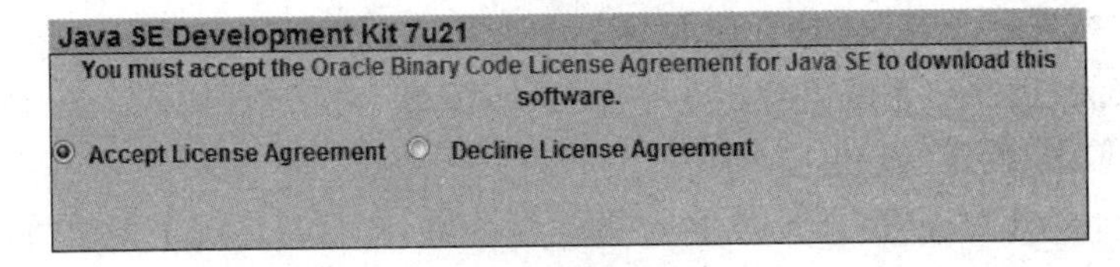

图 7-8　接受协议

步骤四：在跳转到的页面中选择操作系统版本进行下载，如图7-9所示。

Product / File Description	File Size	Download
Linux ARM v6/v7 Soft Float ABI	65.09 MB	jdk-7u21-linux-arm-sfp.tar.gz
Linux x86	80.35 MB	jdk-7u21-linux-i586.rpm
Linux x86	93.06 MB	jdk-7u21-linux-i586.tar.gz
Linux x64	81.43 MB	jdk-7u21-linux-x64.rpm
Linux x64	91.81 MB	jdk-7u21-linux-x64.tar.gz
Mac OS X x64	144.18 MB	jdk-7u21-macosx-x64.dmg
Solaris x86 (SVR4 package)	135.84 MB	jdk-7u21-solaris-i586.tar.Z
Solaris x86	92.08 MB	jdk-7u21-solaris-i586.tar.gz
Solaris x64 (SVR4 package)	22.67 MB	jdk-7u21-solaris-x64.tar.Z
Solaris x64	15.02 MB	jdk-7u21-solaris-x64.tar.gz
Solaris SPARC (SVR4 package)	136.09 MB	jdk-7u21-solaris-sparc.tar.Z
Solaris SPARC	95.44 MB	jdk-7u21-solaris-sparc.tar.gz
Solaris SPARC 64-bit (SVR4 package)	22.97 MB	jdk-7u21-solaris-sparcv9.tar.Z
Solaris SPARC 64-bit	17.58 MB	jdk-7u21-solaris-sparcv9.tar.gz
Windows x86	88.98 MB	jdk-7u21-windows-i586.exe
Windows x64	90.57 MB	jdk-7u21-windows-x64.exe

图7-9　下载页面

2. JDK安装

步骤一：在本地磁盘中找到刚下载的JDK安装程序，双击运行，弹出安装向导，如图7-10所示。

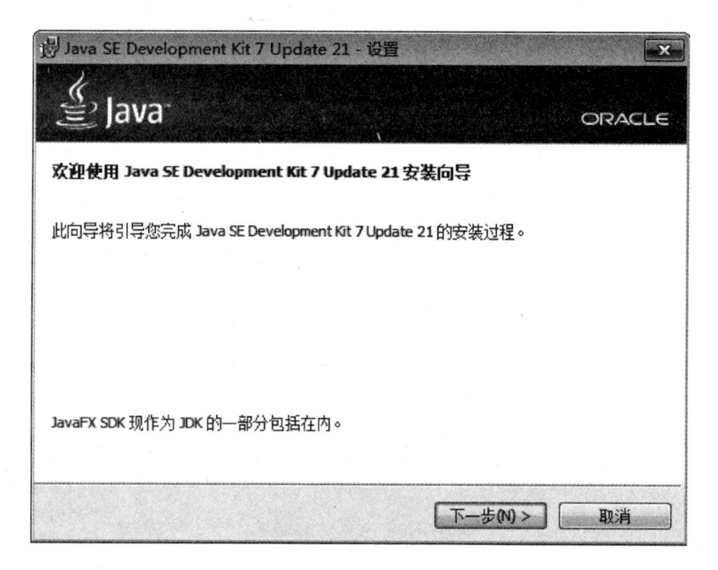

图7-10　JDK安装向导

步骤二：程序进入“自定义安装”界面，选择需要安装的组件和安装路径，如图7-11所示。这里使用默认配置，安装路径为C:\Program Files\Java\jdk1.7.0_21\，单击“下一步”按钮。

步骤三：系统开始安装，如图7-12所示。

步骤四：安装过程中，系统将弹出另一个“Java安装”对话框，如图7-13所示，这里依然使用默认配置，单击“确定”按钮。

JDK是Java的开发环境，JRE是Java的运行环境，在默认情况下两个将一起安装。

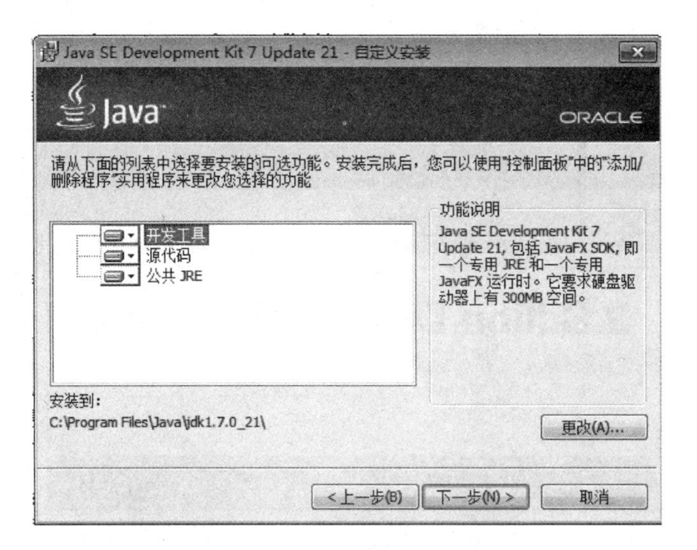

图 7-11　选择组件和安装路径

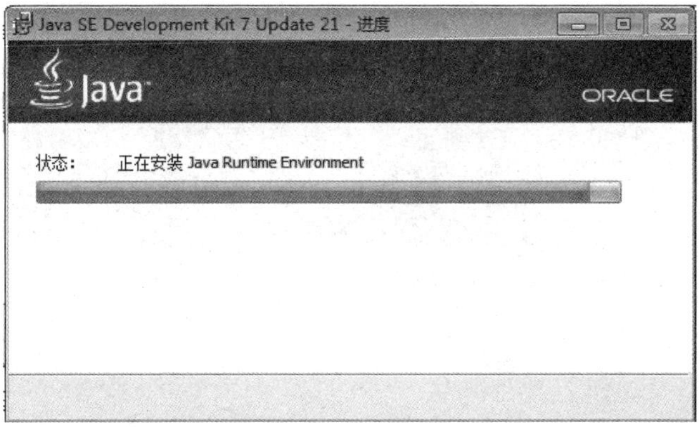

Java SE Development Kit 7 Update 21 - 进度

Java

ORACLE

状态：　正在安装 Java Runtime Environment

图 7-12　开始安装

图 7-13　"Java 安装"对话框

步骤五：系统继续安装，如图7-14所示。

图7-14 继续安装

步骤六：系统安装完成后进入“完成”界面，如图7-15所示，单击“关闭”按钮。

图7-15 安装完成

安装完成后可以看到本地安装路径下文件夹中的内容是Java开发和运行所需要的各种类库、运行环境和开发工具，其中比较重要的是java(解释器)、javac(编译器)、javah(头文件生成器)、javadoc(API文档生成器)和jdb(调试器)等。

3. JDK配置

步骤一：右击“计算机”图标，在弹出的快捷菜单中选择“属性”命令，打开“系统”窗口，单击“高级系统设置”选项，打开“系统属性”对话框，选择“高级”选项卡，如图7-16所示。

步骤二：单击“环境变量”按钮，弹出“环境变量”对话框，如图7-17所示。

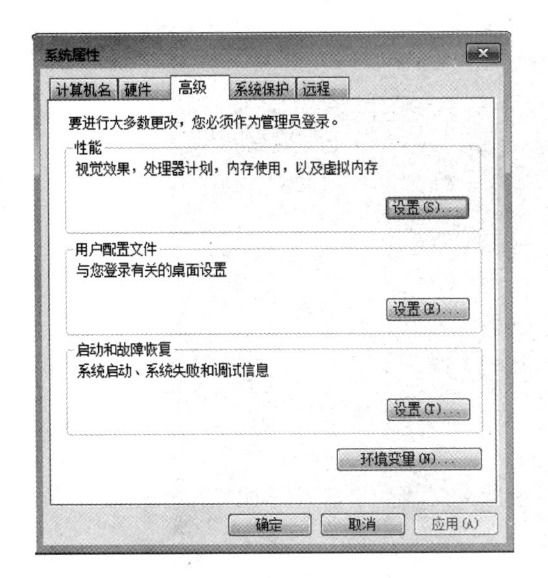

图 7-16 “系统属性”对话框

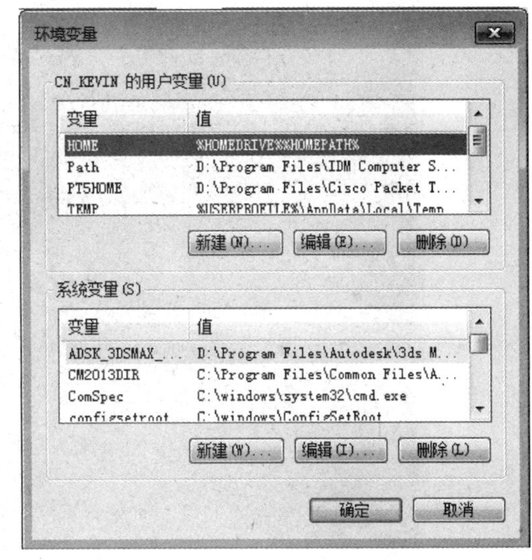

图 7-17 “环境变量”对话框

步骤三：选中“系统变量”选项组中的 Path 变量，单击“编辑”按钮，弹出“编辑系统变量”对话框。在“变量值”文本框中输入“;C:\Program Files\Java\jdk1.7.0_21\bin;”，如图 7-18 所示，单击“确定”按钮。

如果系统变量中不存在 Path 变量，可以单击“新建”按钮，将变量名设为 Path，变量值为“;C:\Program Files\Java\jdk1.7.0_21\bin;”。

步骤四：选中“系统变量”选项组中的 CLASSPATH 变量，单击“编辑”按钮，弹出“编辑系统变量”对话框。在“变量值”文本框中输入“;C:\Program Files\Java\jdk1.6.0_05\lib\dt.jar;C:\Program Files\Java\jdk1.6.0_05\lib\tools.jar;”，如图 7-19 所示，单击“确定”按钮。

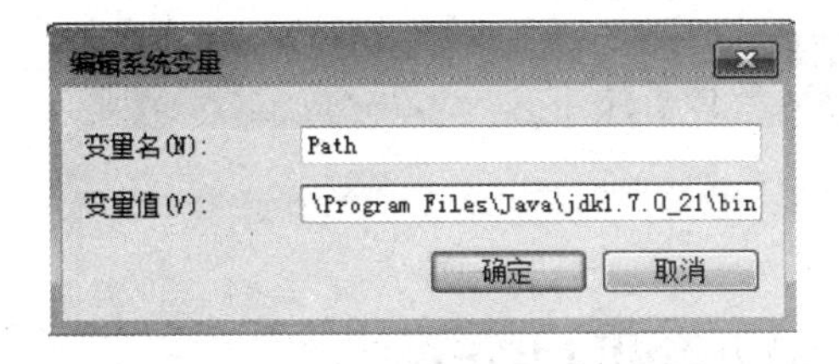

图 7-18 编辑 Path 变量值

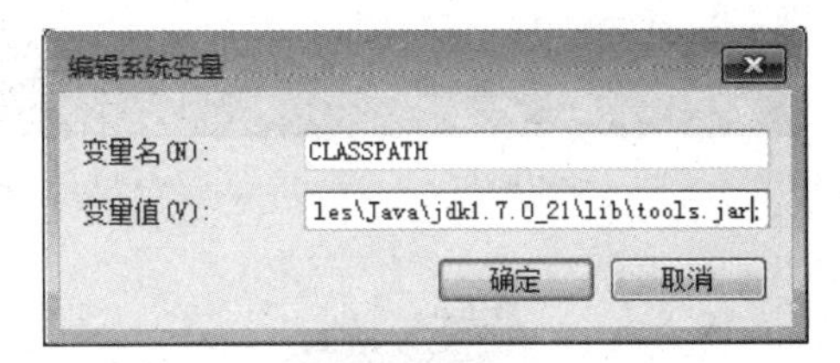

图 7-19 编辑 CLASSPATH 变量值

若 CLASSPATH 变量不存在，也可以按照上述方法添加该变量。

步骤五：单击“确定”按钮退出“环境变量”和“系统属性”对话框。

步骤六：打开命令行程序，输入 java 命令，按 Enter 键，如果弹出该命令的帮助信息，则说明 JDK 已经配置成功了，如图 7-20 所示。

JDK 安装和配置成功后，就可以编写和运行 Java 程序了，可以使用文字编辑器编写程序，然后在命令行程序中用 javac 命令编译，用 java 命令运行。很多专门讲解 Java 语言的教程都会推荐从这种编程方式开始学习 Java 语言，感兴趣的读者可以自己尝试一下。

```
C:\windows\system32\cmd.exe
C:\Users\CN_KEVIN>java
用法: java [-options] class [args...]
           (执行类)
   或  java [-options] -jar jarfile [args...]
           (执行 jar 文件)
其中选项包括:
    -d32          使用 32 位数据模型 (如果可用)
    -d64          使用 64 位数据模型 (如果可用)
    -client       选择 "client" VM
    -server       选择 "server" VM
    -hotspot      是 "client" VM 的同义词 [已过时]
                  默认 VM 是 client.

    -cp <目录和 zip/jar 文件的类搜索路径>
    -classpath <目录和 zip/jar 文件的类搜索路径>
                  用 ; 分隔的目录, JAR 档案
                  和 ZIP 档案列表, 用于搜索类文件。
    -D<name>=<value>
                  设置系统属性
    -verbose[:class|gc|jni]
                  启用详细输出
    -version      输出产品版本并退出
    -version:<value>
                  需要指定的版本才能运行
    -showversion  输出产品版本并继续
```

图 7-20　配置成功

7.3.2　IntelliJ IDEA 的安装与使用

IntelliJ IDEA 是 JetBrains 公司开发的一款跨平台 Java 集成开发环境，其最大特点是代码提示功能非常准确，使用体验非常流畅，同时支持绝大多数热门开发框架，无须自行配置。下面将安装并使用它编写一个 Java 语言的 Hello World 程序。

步骤一：打开浏览器，登录 http://www.jetbrains.com/idea/download/网站，并下载所需的版本，如图 7-21 所示。这里使用 Community 版本进行实验。实际上 JetBrains 向学生用户提供了所有高级版本软件的授权，如果有需要，可以通过教育网邮箱进行申请。

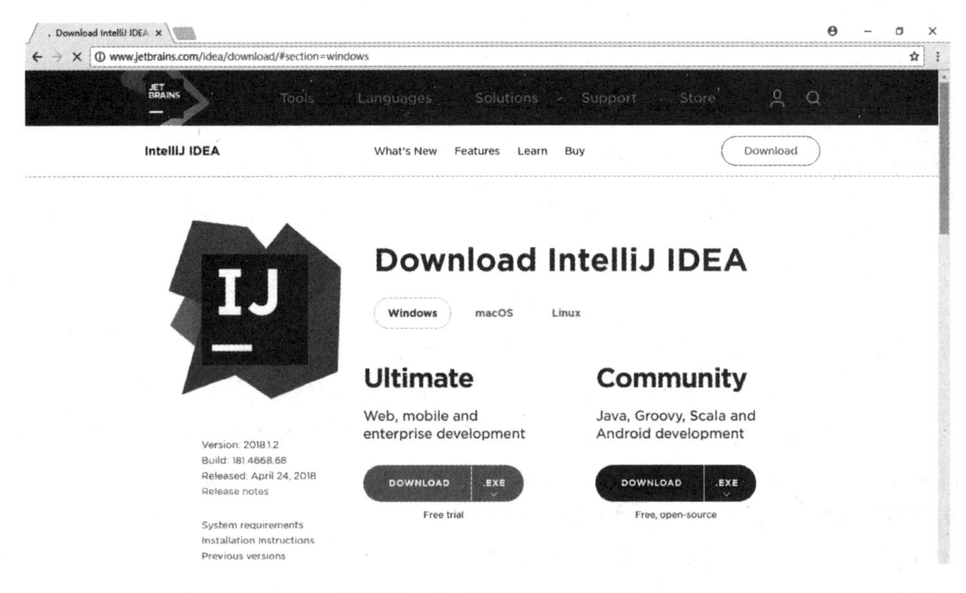

图 7-21　Intellij IDEA 下载页

步骤二：运行下载的安装包进行安装，如图 7-22 所示。

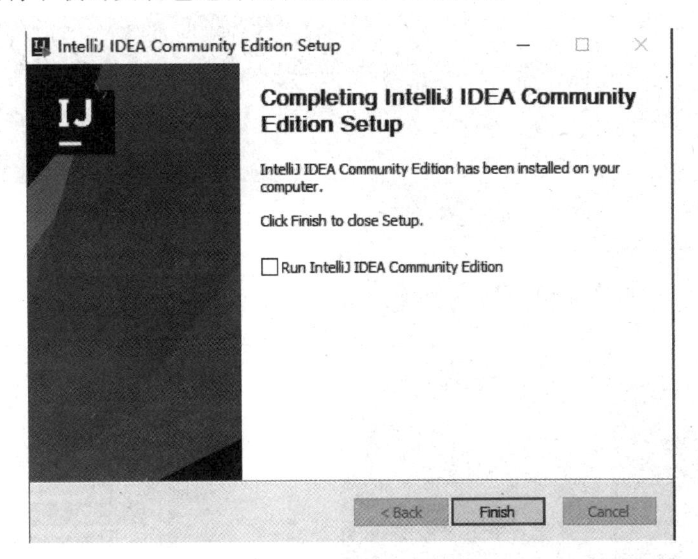

图 7-22　IntelliJ IDEA 安装

步骤三：从"开始"菜单或者桌面运行 IntelliJ IDEA。第一次运行时会询问是否要从老版本导入数据，本实验选择 Do not import settings 即可，如图 7-23 所示。之后会有使用条款和一些关于个性化设置的页面操作，如果不想仔细配置，也可以单击左下角的按钮跳过，如图 7-24 所示。

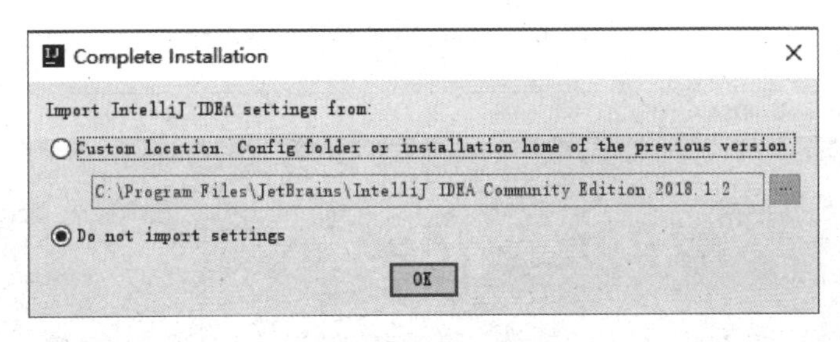

图 7-23　配置导入选项

步骤四：在启动页上选择 Create New Project 新建项目，如图 7-25 所示。

需要注意的是，IntelliJ IDEA 会自动记忆上一次退出时的状态并直接恢复，并不是每次都会弹出启动页的。

步骤五：由于是第一次使用，所以需要对 JDK 的根目录路径进行配置。单击 Project SDK 右侧的 New 按钮，选择上一个实验安装的 JDK 目录，并单击 OK 按钮，如图 7-26 所示。

步骤六：继续单击"下一步"按钮，注意给这个项目取一个合适的名字，本例为 HelloWorld，如图 7-27 所示。

步骤七：完成向导，进入 IDE 主界面，如图 7-28 所示。

步骤八：双击左上角的项目名称图标或按 Alt＋1 组合键打开项目视图，右击 HelloWorld/src 目录，选择 New→Java Class 命令，如图 7-29 所示。

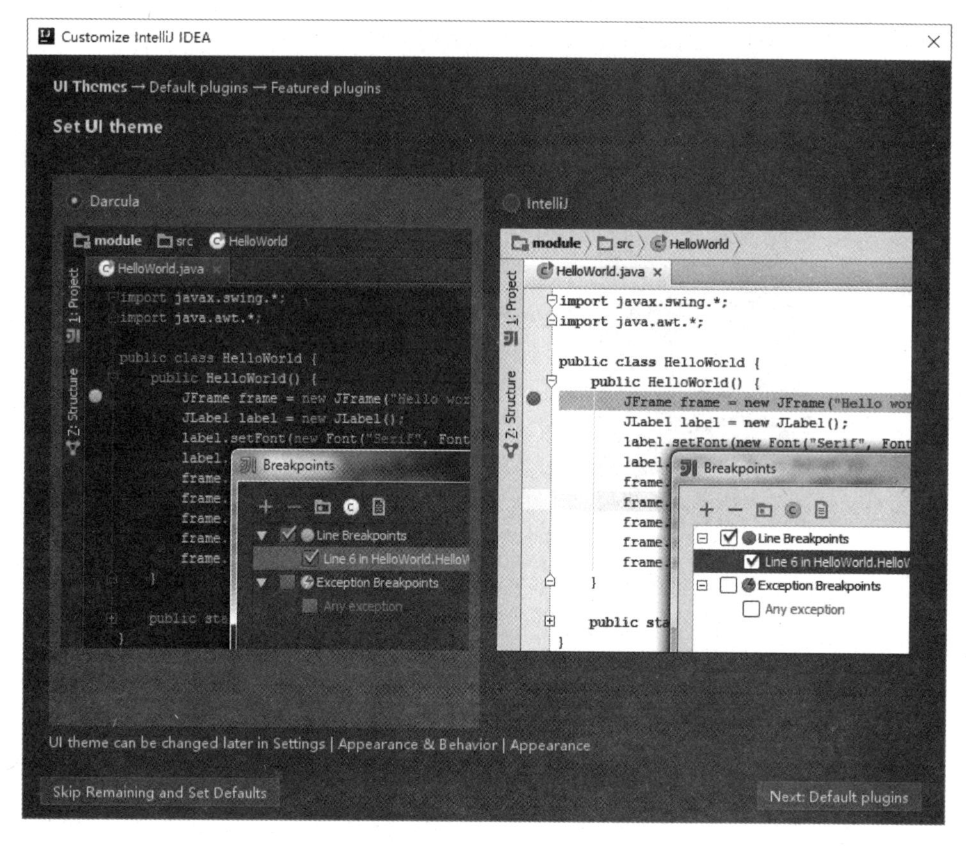

图 7-24　IntelliJ IDEA 个性化配置界面

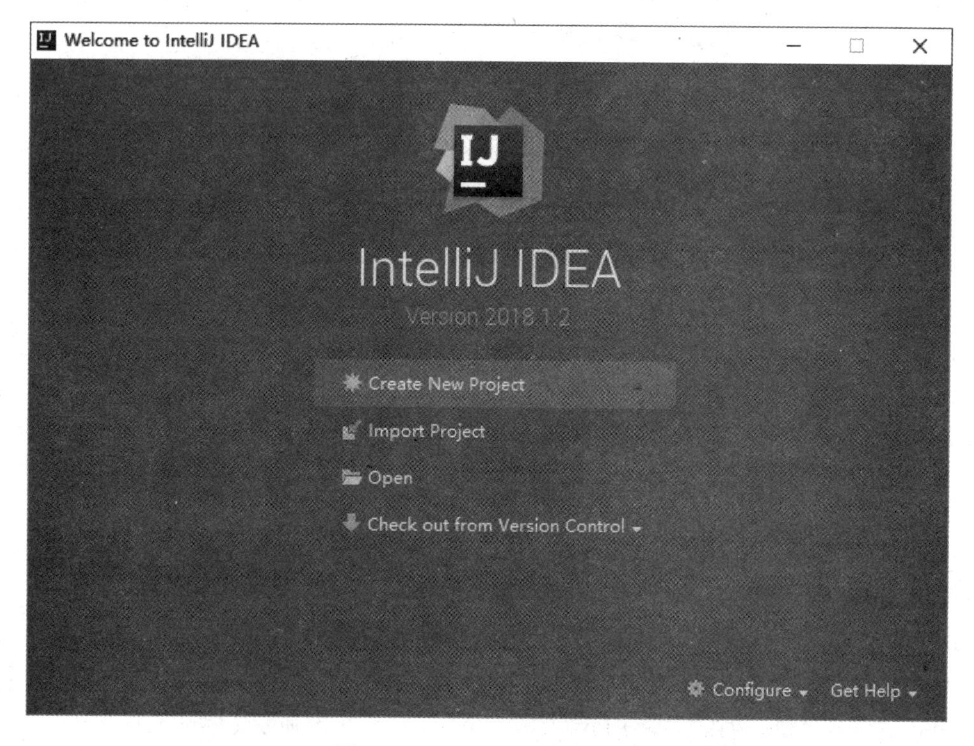

图 7-25　IntelliJ IDEA 启动页

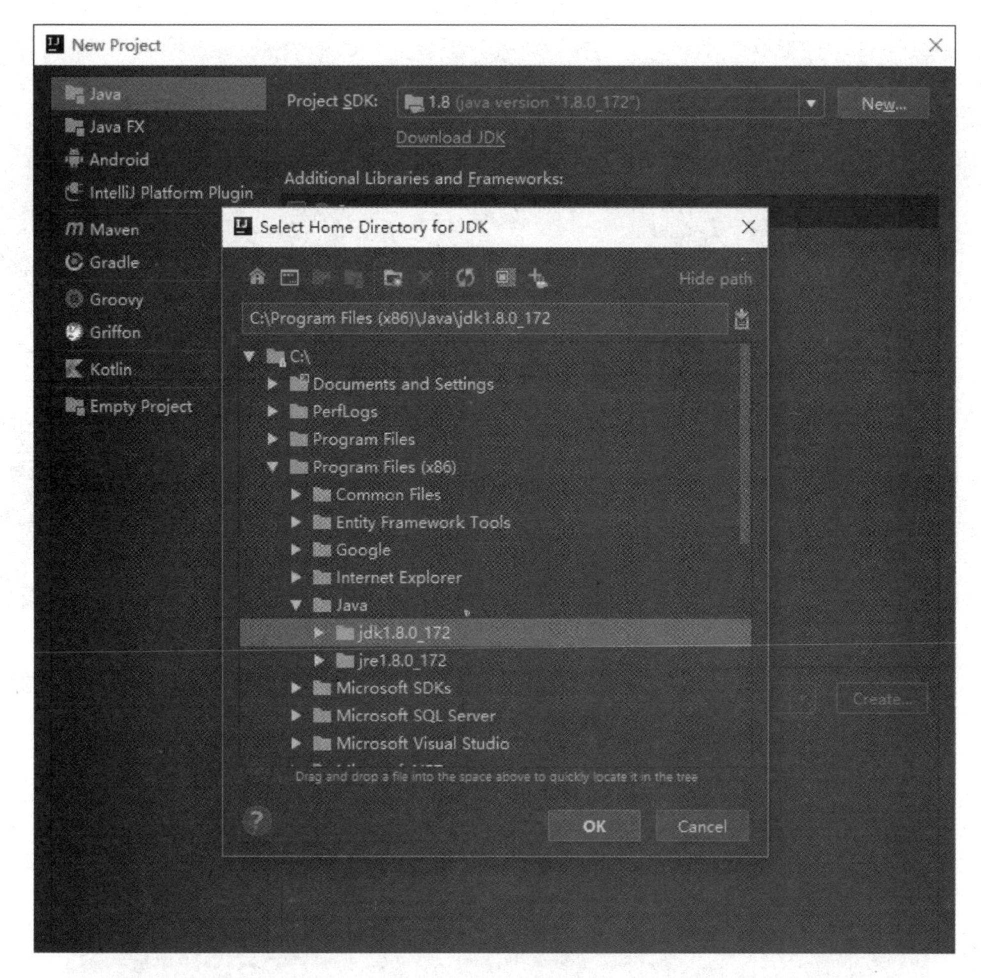

图 7-26　配置 JDK 路径

图 7-27　配置项目名称

步骤九：在弹出的对话框中填入类名为 Main，单击 OK 按钮。

步骤十：编写 Main 类的代码。基于篇幅有限，无法详述 Java 的语法，这里就简单使用 IntelliJ IDEA 的特性完成代码的编写。

(1) 在类 Main 的大括号内另起一行，输入 psvm 之后按 Tab 键，编辑器会自动生成 main 函数的框架。

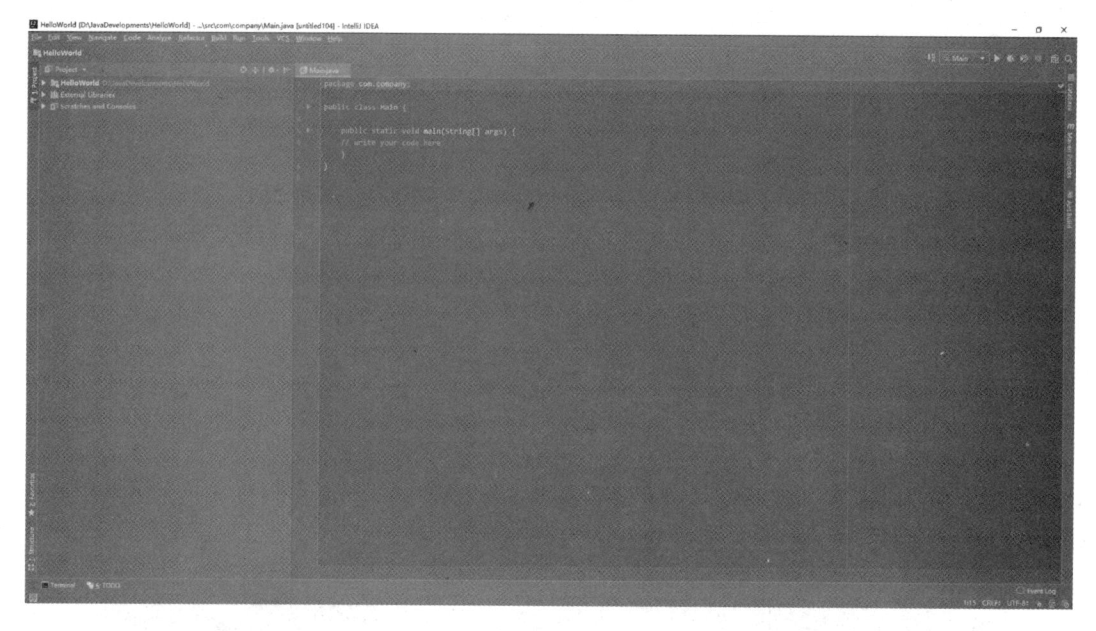

图 7-28　Intellij IDEA 主界面

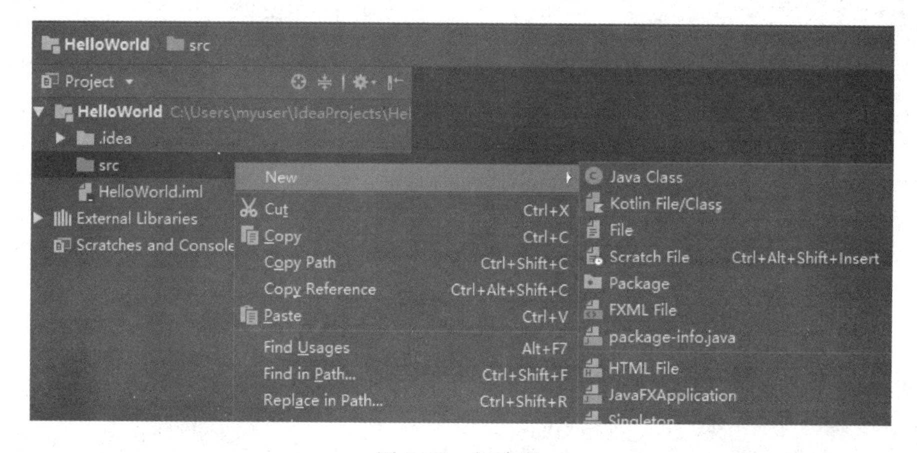

图 7-29　新建类

(2) 在函数 main 的大括号内输入 sout 之后按 Tab 键，在生成的语句的括号内写上需要输入的内容“Hello World!”。写完的代码如图 7-30 所示。

步骤十一：右击 Main 页面的标签，选择 Run Main. main()命令来运行这个程序，运行结果如图 7-31 所示，成功输出了 Hello World!。

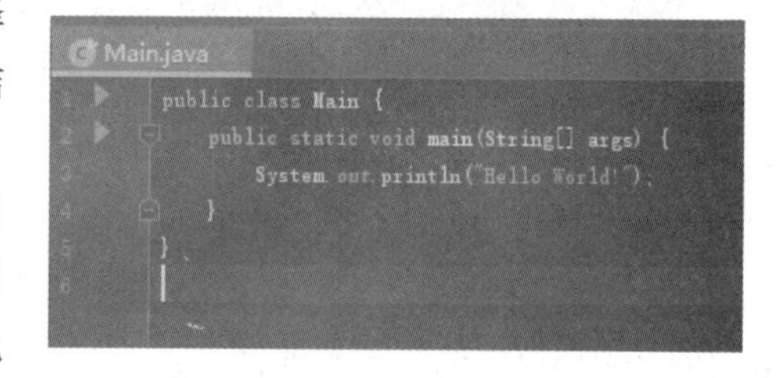

图 7-30　编写的 Java 代码

Java 相比于 Python，语法规则更严谨，学习也较为困难，但是一门更严谨的语言在大型项目的开发中有非常多的好处。如果读者有兴趣，也可以尝试用 Java 复现第 8 章的选做实验 1，体会一下 Java 与 Python 的不同之处。

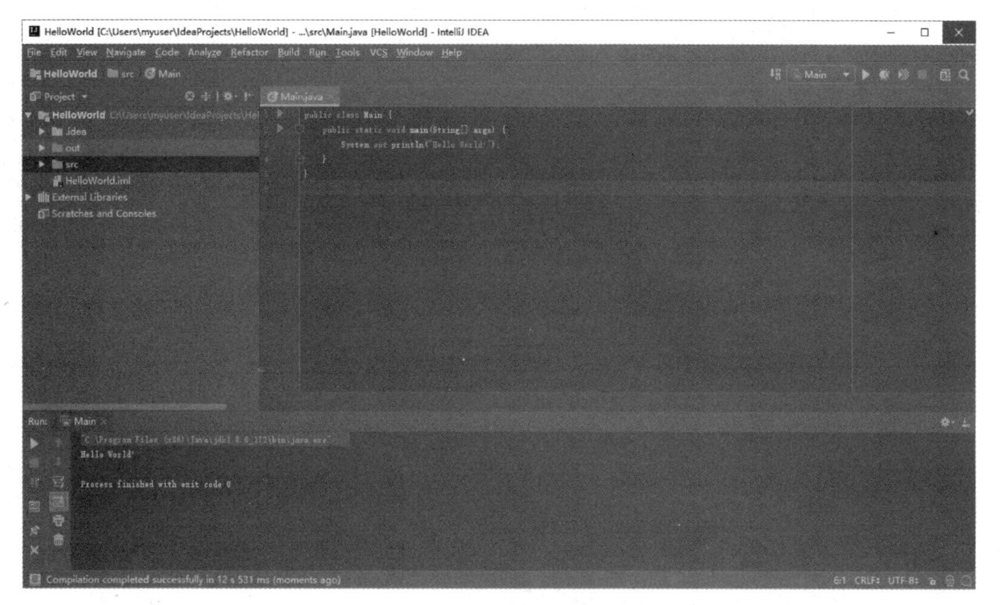

图 7-31　程序运行结果

7.4　选做实验 2：Android 开发环境的搭建

Android 是一款基于 Linux 的自由及开放源代码的操作系统，主要使用于移动设备，如智能手机和平板电脑，由 Google 公司和开放手机联盟领导及开发。目前，尚未有统一中文名称，中国大陆较多使用“安卓”。Android 操作系统最初由 Andy Rubin 开发，主要支持手机。2005 年 8 月由 Google 收购注资。2007 年 11 月，Google 与 84 家硬件制造商、软件开发商及电信营运商组建开放手机联盟共同研发改良 Android 系统。随后 Google 以 Apache 开源许可证的授权方式，发布了 Android 系统的源代码。第一部 Android 智能手机发布于 2008 年 10 月，然后逐渐扩展到平板电脑及其他领域，如电视、数码相机、游戏机等。2011 年第一季度，Android 系统在全球的市场份额首次超过塞班系统，跃居全球第一。2018 年 11 月数据显示，Android 系统占据全球智能手机操作系统市场 70.12%的份额，中国市场占有率超过 80%。

本实验将介绍如何在 Windows 环境下搭建 Android 开发环境。

1. 搭建 Android 开发环境

步骤一：打开浏览器，登录 http://developer.android.com/index.html 网站，下载最新的 SDK，如图 7-32 所示。

步骤二：将下载好的 SDK 压缩包解压到硬盘目录下，在环境变量中配置参数，配置系统变量 Path 值为 C:\Program Files\android-sdk-windows\tools。

步骤三：打开 Eclipse，执行 Help→Install New Software 命令，进入 Install 界面，如图 7-33 所示。

步骤四：单击 Add 按钮，在 Name 文本框中输入 Android ADT，在 Location 文本框中输入“http://dl-ssl.google.com/android/eclipse/”，如图 7-34 所示，单击 OK 按钮。

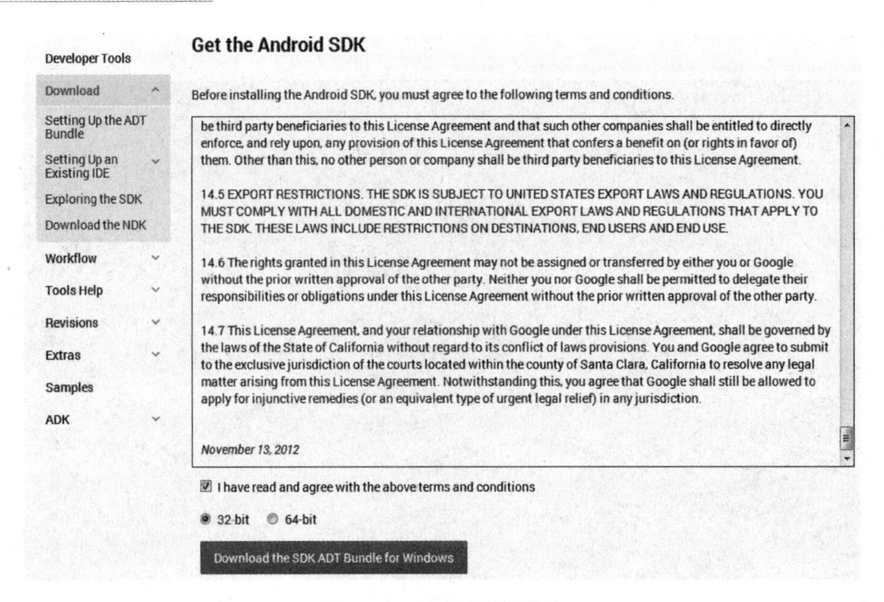

图 7-32 SDK 下载页面

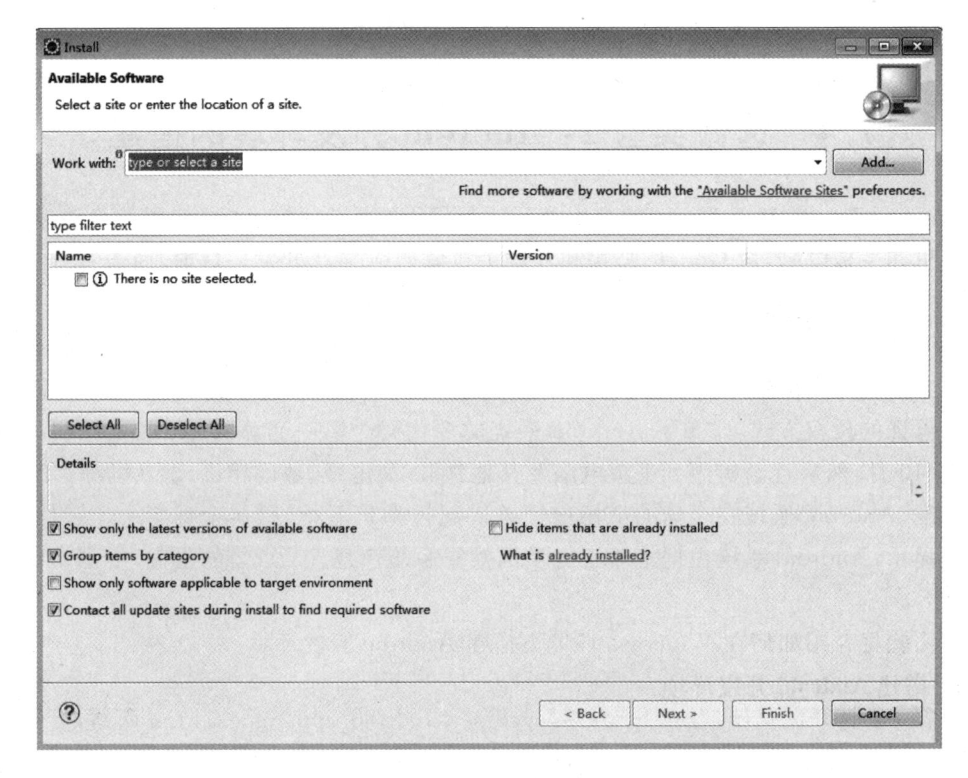

图 7-33 Install 界面

步骤五：在主界面中选择 Developer Tools，单击 Next 按钮，进入安装界面，如图 7-35 所示。

步骤六：等待安装完成，单击 Finish 按钮，重新启动 Eclipse。

步骤七：重新启动 Eclipse 后，选择 Windows 菜单中的 Preferences 命令，打开 Preferences 界面。单击 Browse 按钮，添加 android-sdk，如图 7-36 所示。

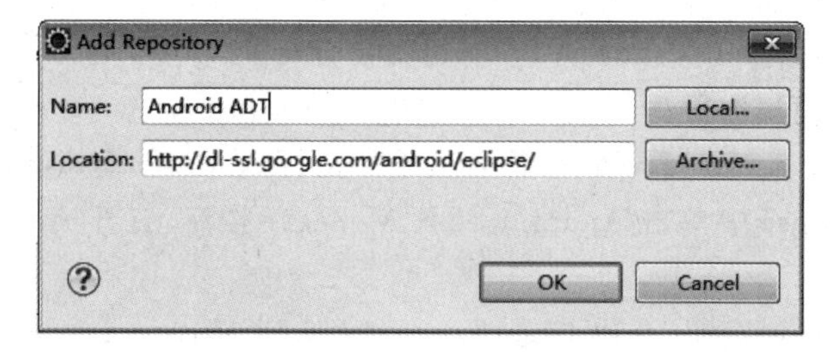

图 7-34　输入名称和地址

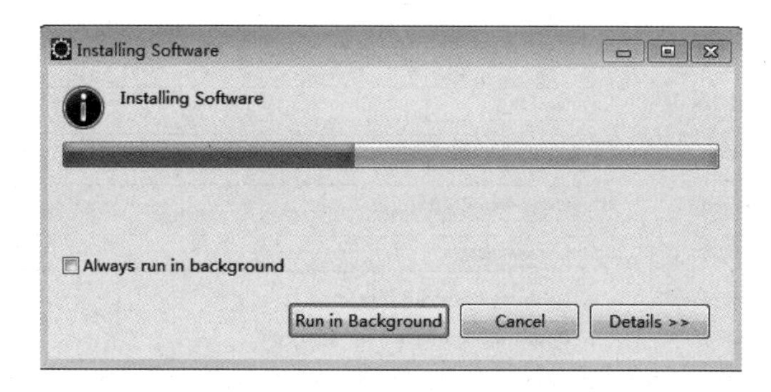

图 7-35　安装工具

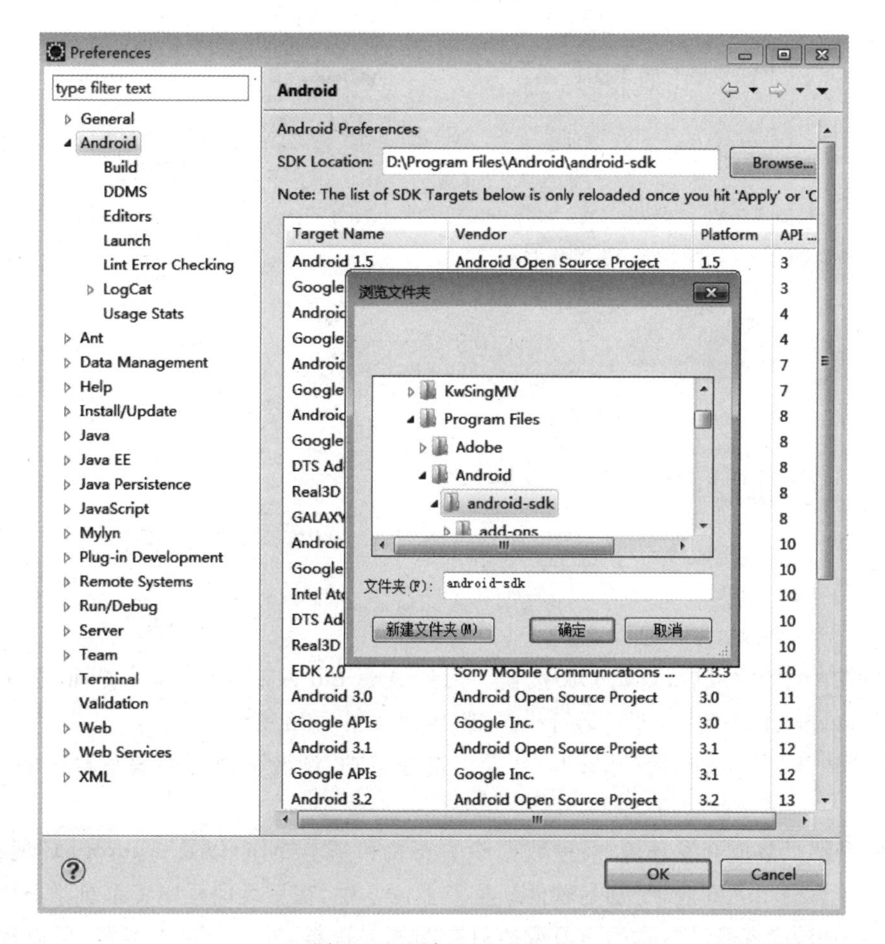

图 7-36　添加 android-sdk

至此,完成了 Eclipse 中 Android SDK 的安装与配置。

2. 模拟器的创建与运行

成功安装和配置 Android SDK 后便可创建和运行 Android 模拟器了。

步骤一:在 Eclipse 中单击 Android SDK Manager 按钮,打开 Android AVD Manager 界面。

步骤二:单击 New 按钮,弹出 Create new Android Virtual Device(AVD)对话框。设置模拟器名称、模拟器版本、分辨率以及 SD Card 容量等参数,如图 7-37 所示。

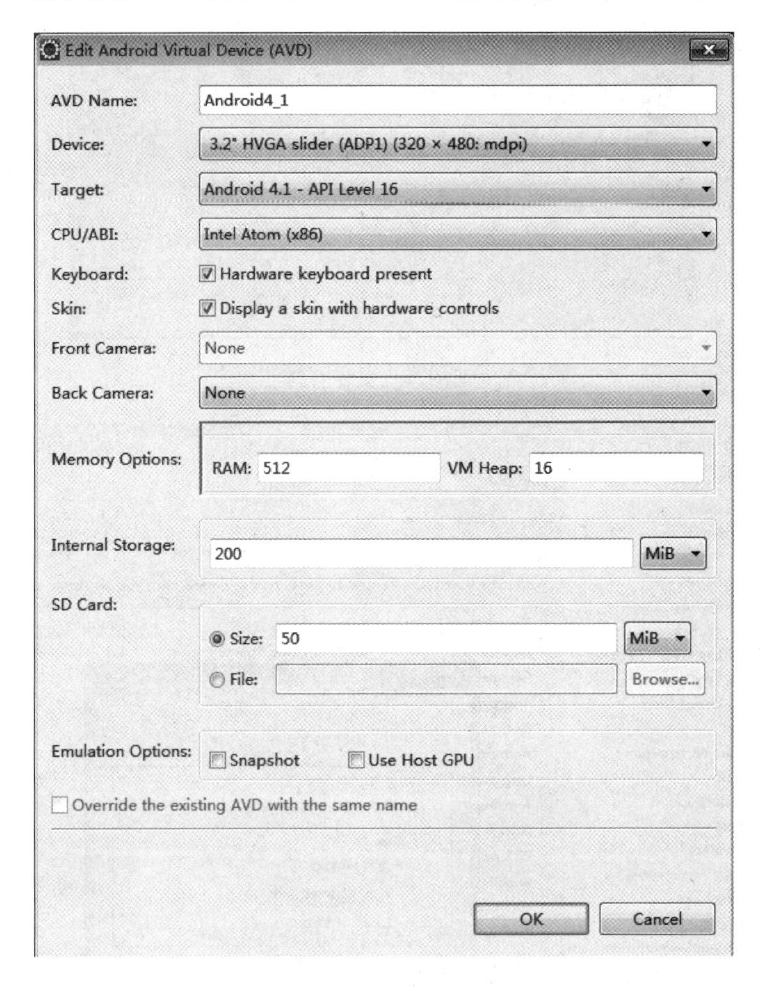

图 7-37 设置参数

步骤三:配置完成后,单击 OK 按钮。回到 Android AVD Manager 界面,选中刚设定的模拟器,单击 Start 按钮,即可运行模拟器,界面如图 7-38 所示。

至此,基于 Eclipse 环境的 Android 平台搭建成功,读者可以开始编写自己的 Android 程序了。

本章介绍了集成开发环境、一种数据库的安装和基本操作,以及 Android 环境的搭建。虽然对于计算机相关专业,特别是软件工程专业的学生,在后续课程中将系统学习编程和数据库相关知识,读者通过本章的学习或通过查阅相关资料,并结合个人实践,可以提前进入更深层次的专业学习中。

图 7-38　模拟器

第8章 计算思维和自动化

8.1 如何正确并高效地使用计算机

随着计算机在日常生活中的地位一步步提高,"编程"在教育中的地位也随之上升。学习编程并不是简单记忆一些语法,也不像背书一样背代码。学习程序设计的核心意义是学会像计算机科学家一样思考,通过这种思维方式把计算机(此处不包括互联网)作为解决问题的工具和媒介。

8.1.1 简述计算思维

计算思维是在制订一个问题和表达其解决方案所涉及的思维过程,是一个基于三个阶段的迭代过程。

- 问题的形成(抽象)。
- 解决方案表达(自动化)。
- 解决方案执行和评估(分析)。

计算思维的历史至少可以追溯到20世纪50年代,但大多数想法都比较古老。计算思维这个术语在1980年被西摩·帕珀特(Seymour Papert)首次使用,并在1996年又被使用。

8.1.2 计算思维的具体表现

目前,计算思维被广义地定义为一套认知技能和解决问题的过程,包括(但不限于)以下特征。

- 使用抽象和模式识别的方法,用不同的方式来表示问题。
- 从逻辑上组织和分析数据。
- 把问题分解成更小的部分。
- 使用诸如迭代、符号表示和逻辑运算等编程思维技术来处理问题。
- 将问题重新编排成一系列有序步骤(算法思维)。
- 识别、分析和实施可能的解决方案,以实现步骤和资源的最有效组合。
- 将问题解决过程推广到各种各样的问题。

这也是一个算法设计者会面对的最基础的一系列问题。可以说,只有掌握这种思维方式,才能正确地向计算机表达问题和问题的解决方案,甚至是设计者自己的意图。

举个简单的例子,使用聊天工具的第一步通常是注册,这个操作通过把这个软件需要的数据收集起来并保存到服务器,形成对于一个用户的抽象;注册完成后,可以通过很多方式，例如密码、手机短信认证、扫描二维码等方式登录，它们是判断操作者是否账户主人的不同的认证方式，但是结果都是一样的，这就是对于问题的分解；发送一条消息的同时，实际上在后台经过了数据加密解密、网络交互、编码转换等一系列操作，将这些操作编排成一系列有序步骤也是消息发送成功的基本前提。

上述例子也只是计算思维在日常生活中的一种体现。接下来将通过两个实验，从不同的角度利用计算机的特性解决一些实际问题。

8.2 选做实验1：使用Excel解决实际问题

在很多人的眼中，Excel等同于表格。实际上并不是这样，Excel在绘制表格的功能之上，加入了绘制图表功能以及强大的公式系统，甚至还可以通过VBA实现超出表格范围的自动化功能。

计算机在处理大量数据的时候相比人脑有得天独厚的优势，本实验将使用Excel来计算圆周率π的近似值。

首先假设有一个边长为1的正方形，在这个正方形上绘制一个四分之一圆，如图8-1所示。

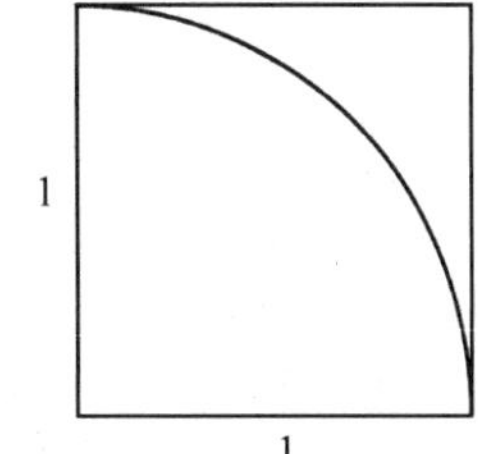

图8-1　问题分析示意图

由于圆的面积公式$S=\pi*r^{\wedge}2$，所以只要求出这个四分之一圆的面积的近似值，就可以由这个公式推导出圆周率的近似值了。

为了求出这个四分之一圆的面积，这里用计算机模拟向这个正方形内随机撒下大量点，不难发现，当点的数量足够多的时候，圆内的点的数量与撒下点的总数之比近似等于圆的面积与整个正方形的面积之比。这个模拟的过程，可以通过以下操作在Excel中完成。

步骤一：启动Excel并新建一个电子表格，在第一行中分别填入表头，如图8-2所示。

	A	B	C	D	E	F
1	X坐标	Y坐标	是否在圆内	在圆内点数	总计点数	圆周率
2						
3						
4						
5						
6						
7						
8						
9						
10						

图8-2　表头示例

步骤二：直接使用Excel提供的RAND函数生成X坐标和Y坐标。将A2和B2单元格中的值都改为=RAND()。

步骤三：很显然，由于圆的定义是到圆心距离等于圆的半径的点的集合，也可以使用这个作为判断依据来决定一个点是否在圆内。

这里需要使用一个较为复杂的IF函数，可以使用Excel的插入函数向导。选中单元格C2，单击编辑栏左侧的“插入函数”按钮，如图8-3所示。

在弹出的对话框中找到IF函数并选中，之后单击“确定”按钮，如图8-4所示。

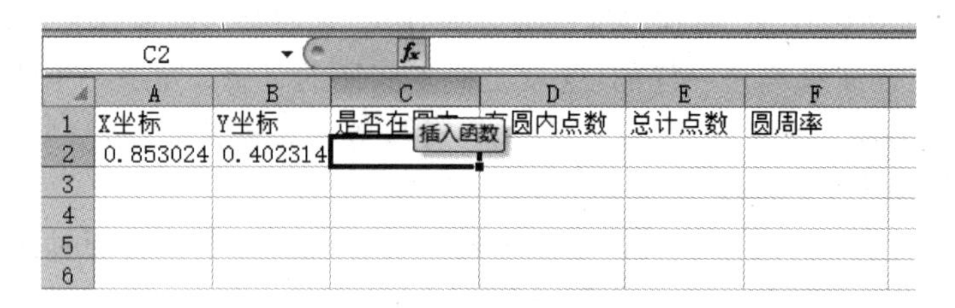

图 8-3　插入函数 1

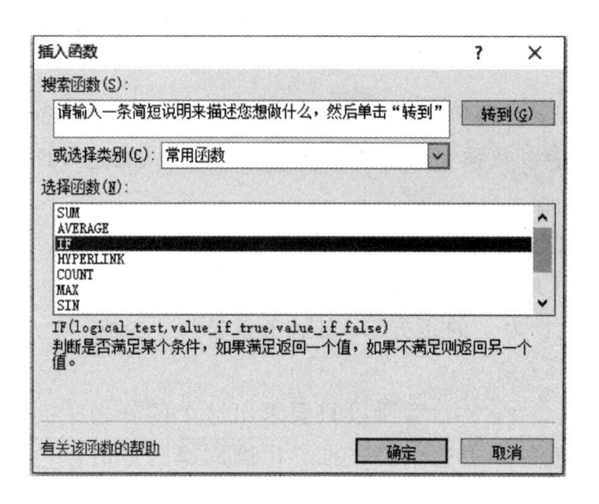

图 8-4　选择函数

打开“函数参数”对话框，输入 IF 函数的参数如图 8-5 所示。

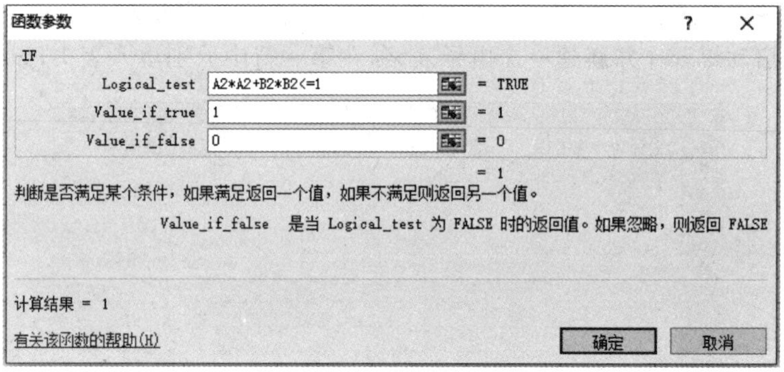

图 8-5　设置函数参数

这里参数的含义就是当 XY 坐标分别平方后求和的值小于 1 的时候，这个单元格的值为 1，否则值为 0。配置完成后，单击“确定”按钮。

在不清楚具体如何使用一个函数或者不知道需要使用什么函数来完成计算的时候，都可以使用插入函数向导以便于寻找。篇幅起见，之后的函数将不再讲解这个向导的使用，而是直接给出函数表达式。

步骤四：之后只要进行自动填充，Excel 就会自动使用刚才写好的函数进行模拟实验了。但是，由于需要模拟的次数比较多，这时使用滚动条和填充柄来进行自动填充的效率较低，可以通过手动选择范围后填充的方式进行这一操作。

单击工作表上方的名称框，在其中输入 A2：C100000 以选中这一区域，之后选择“开始”→“编辑”→“填充”→“向下”，成功填充后的工作表如图 8-6 所示。

A2　　f_x =RAND()

	A	B	C	D	E	F
1	X坐标	Y坐标	是否在圆内	在圆内点数	总计点数	圆周率
2	0.479784	0.307234	1			
3	0.976325	0.233288	0			
4	0.7259	0.939991	0			
5	0.108556	0.572331	1			
6	0.796206	0.206659	1			
7	0.012479	0.770514	1			
8	0.466302	0.279701	1			
9	0.352405	0.569047	1			
10	0.583597	0.60995	1			
11	0.912029	0.405228	1			
12	0.847937	0.664805	0			
13	0.158373	0.541987	1			
14	0.700772	0.895369	0			

图 8-6　填充后的工作表

步骤五：之后使用 SUM 函数对 C 列求和，就可以得到在圆内的总点数了。总计点数可以通过 COUNT 函数求得，在 D2 单元格中输入＝SUM(C2：C100000)，在 E2 单元格中输入＝COUNT(C2：C100000)，在这两个单元格中可以看到统计结果。

步骤六：最后，根据推导出的计算公式，在 F2 单元格中输入＝(D2/E2) * 4，得到的结果如图 8-7 所示。

	A	B	C	D	E	F
1	X坐标	Y坐标	是否在圆内	在圆内点数	总计点数	圆周率
2	0.069893	0.07754	1	78697	99999	3.14791148
3	0.626856	0.154273	1			
4	0.532618	0.777164	1			
5	0.582676	0.443029	1			

图 8-7　统计后的工作表

得到的圆周率为 3.148，与圆周率的真实值的误差在 0.2%左右。不难发现，如果继续扩大实验规模，是可以得到更好的圆周率结果的。

如果读者有兴趣，也可以使用其他程序设计语言来复现这个实验。

8.3　选做实验 2：使用 Photoshop 进行图像批处理

平时经常会遇到需要进行大量重复劳动的场景，而计算机正是为了这样的场景而存在的。平时用到的各类应用软件中，也有很大一部分具备批处理的功能。这个实验主要是希望读者在未来需要使用计算机做一些重复的事情的时候，能够想到使用类似的方法来简化操作，利用计算机带来的最大便利。

假设有一大批照片需要发送，但是源文件过大不方便传输，需要把每一张照片都缩小到高 1080 像素以适合在屏幕上显示。使用 Photoshop 一张一张缩小再保存显然是不现实的，这里将用批处理功能解决这个问题。

首先要把缩放图片的操作保存为一个动作，Photoshop 中的动作类似于微软 Office 中的宏功能，可以保存一系列步骤并简化为一个操作。

步骤一：启动 Photoshop，并选择“文件”→“打开”，打开要处理的其中一张照片。这里会将录制这张照片的处理流程并形成一个动作。

步骤二：打开“动作”面板。如果在工作区找不到这个面板，可以按 Alt＋F9 组合键或选择“窗口”→“动作”，将“动作”面板添加到工作区中，如图 8-8 所示。

步骤三：单击“动作”面板下方的“创建新动作”按钮，在弹出的对话框中输入合适的动作名称，并单击“记录”按钮开始录制，如图 8-9 所示。

图 8-8 “动作”面板

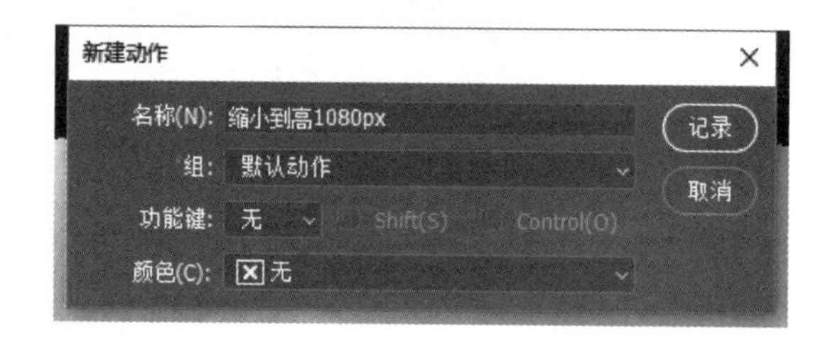

图 8-9 “新建动作”对话框

需要注意的是，单击记录按钮以后录制会立刻开始，此时应避免进行任何没有意义的动作，例如新建选区再取消选择，以保持动作的整洁。

步骤四：选择“图像”→“图像大小”，并在弹出的对话框中确认保持长宽比，之后在“高度”文本框中输入需要的高度 1080 像素，如图 8-10 所示，之后单击“确定”按钮。

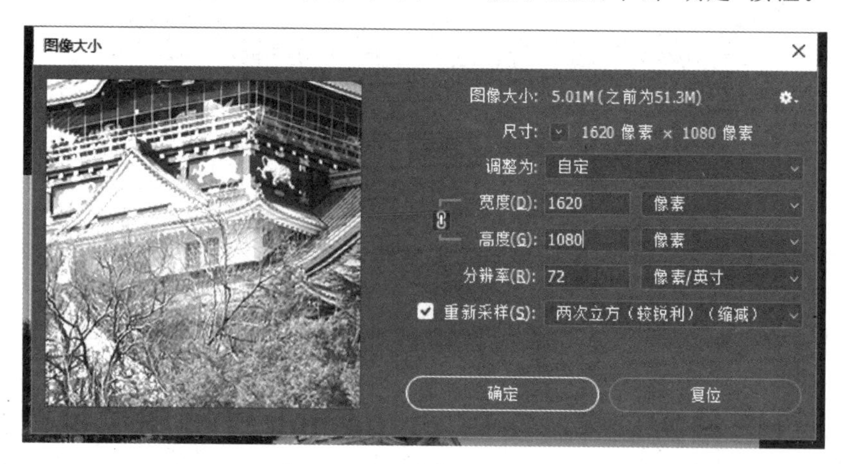

图 8-10 “图像大小”对话框

步骤五：为了进一步减小图像大小，需要将其存储为 JPEG 格式，并略微降低图像质量。选择“文件”→“存储为”，并在弹出的“保存”对话框中选择合适的保存位置，选择保存类型为 JPEG，单击“保存”按钮。之后，在弹出的“JPEG 选项”对话框中拖动“品质”滑块到 8，如图 8-11 所示，之后单击“确定”按钮。

步骤六：为了防止处理大量图片时暂存盘不足，在保存完之后切记关闭图片，并一定要将关闭操作录制到动作中。

步骤七：至此我们就完成了单张图片的处理和动作保存工作，可以结束动作录制了，单

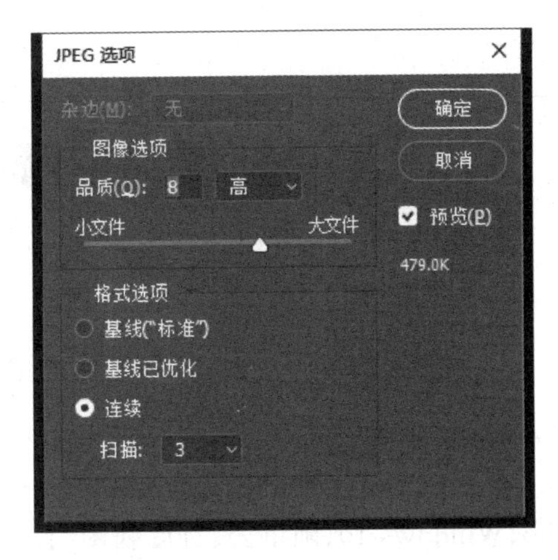

图 8-11 “JPEG 选项”对话框

击“动作”面板下方的停止按钮结束录制即可。

步骤八：选择“文件”→“自动”→“批处理”，在弹出的“批处理”对话框中设置“源”为保存照片的文件夹。由于已经在批处理中进行了存储，如果不需要改变文件存储路径，可以不配置输出目标。配置完成后的对话框如图 8-12 所示。

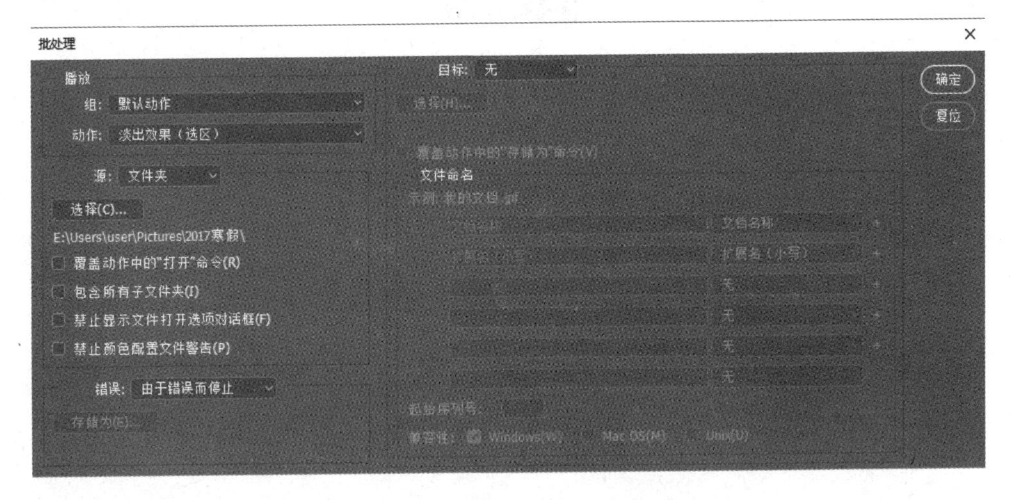

图 8-12 “批处理”对话框

确认无误后单击“确定”按钮，等待批处理完成之后，去之前设定的文件夹检查结果，比较处理前后的照片的大小和在屏幕上直接查看时的清晰度。

附录A 微课视频

本附录详细介绍了Access、After Effects、Anaconda、Android Studio、Audition、Dev-C++、Dreamweaver、Github、Java、LaTeX、MindManager、MATLAB、Photoshop、PowerPoint、Python、Visio、Visual Studio、Windows 10、阿里云、百度脑图、百度搜索、微信开发者工具、印象笔记、虚拟机等常用软件的安装和使用方法，适合作为上机实践练习。

扫描下面的二维码，可以观看视频讲解。

视频讲解

参 考 文 献

[1] 吕云翔,张岩,李朝宁. 计算机导论与实践[M]. 北京:清华大学出版社,2013.

[2] Wright R S. OpenGL 超级宝典[M]. 付飞,李艳辉,译. 5 版. 北京:人民邮电出版社,2012.

[3] 吴亚峰. Android 3D 游戏开发技术详解与典型案例[M]. 北京:电子工业出版社,2011.

[4] 谢希仁. 计算机网络[M]. 北京:电子工业出版社,2011.

[5] 中关村在线[EB/OL]. http://www.zol.com.cn/,2013-04.

[6] 贺忠华,黄勇. 计算机基础与计算思维[M]. 北京:中国铁道出版社,2016.

[7] 周海芳,周竞文,谭春娇,等. 大学计算机基础实验教程[M]. 2 版. 北京:清华大学出版社,2018.

[8] 金一宁,杨俊,张启涛. 大学计算机基础实验教程[M]. 北京:科学出版社,2018.

图书资源支持

感谢您一直以来对清华版图书的支持和爱护。为了配合本书的使用，本书提供配套的资源，有需求的读者请扫描下方的"书圈"微信公众号二维码，在图书专区下载，也可以拨打电话或发送电子邮件咨询。

如果您在使用本书的过程中遇到了什么问题，或者有相关图书出版计划，也请您发邮件告诉我们，以便我们更好地为您服务。